普通高等教育"十三五"规划教材

有限单元法原理与实例教程

赵 奎　袁海平　编著

北 京
冶 金 工 业 出 版 社
2018

内 容 提 要

有限单元法是工程技术领域中最常用的数值计算方法之一，现已成为现代工程设计不可或缺的重要组成部分。本书共分7章，内容主要包括绪论、有限单元法的理论基础、杆系结构单元、平面三角形单元、平面等参数单元，有限单元法线性方程组的求解方法以及有限单元法网格划分。书中含有虚功方程推导过程和算例的matlab程序，便于初学者掌握有限单元法编程的基本原理和思路。

本书可作为岩土工程、采矿工程、工程力学、机械工程、水利工程等工科专业硕士研究生和本科生的教材，也可供从事相关专业的工程人员参考。

图书在版编目(CIP)数据

有限单元法原理与实例教程/赵奎，袁海平编著．—北京：冶金工业出版社，2018.1

普通高等教育"十三五"规划教材

ISBN 978-7-5024-7637-3

Ⅰ.①有… Ⅱ.①赵… ②袁… Ⅲ.①有限元法—程序设计—高等学校—教材 Ⅳ.①O241.82-39

中国版本图书馆CIP数据核字(2017)第246381号

出 版 人　谭学余

地　　址　北京市东城区嵩祝院北巷39号　邮编　100009　电话　(010)64027926

网　　址　www.cnmip.com.cn　电子信箱　yjcbs@cnmip.com.cn

责任编辑　杨盈园　美术编辑　彭子赫　版式设计　禹　蕊

责任校对　禹　蕊　责任印制　牛晓波

ISBN 978-7-5024-7637-3

冶金工业出版社出版发行；各地新华书店经销；三河市双峰印刷装订有限公司印刷

2018年1月第1版，2018年1月第1次印刷

787mm×1092mm　1/16；10.25印张；250千字；156页

39.00元

冶金工业出版社　投稿电话　(010)64027932　投稿信箱　tougao@cnmip.com.cn

冶金工业出版社营销中心　电话　(010)64044283　传真　(010)64027893

冶金书店　地址　北京市东四西大街46号(100010)　电话　(010)65289081(兼传真)

冶金工业出版社天猫旗舰店　yjgycbs.tmall.com

(本书如有印装质量问题，本社营销中心负责退换)

前　言

有限单元法是工程技术领域中最常用的数值计算方法之一，该方法最初在结构分析中得到应用，随后又在其他领域中得到广泛应用，已成为现代工程设计技术不可或缺的重要组成部分。有限单元法可以解决流体、电磁场、弹性、弹塑性等各种工程问题。

由于学习本课程所应具备的基础知识较多，如变分法、各种变分原理（最小势能原理、余能原理等），数值分析（计算方法）、计算机编程等，而且有限单元法公式可以从各种不同方法得到，往往使初学者感到难以在较短的时间内掌握本课程的要旨。为了能够在有限的时间内掌握有限元的实质，能够达到自己编制平面问题的简单程序，使用通用有限单元法软件所应具有的基础知识和基本技能之目的，本书以“虚功原理”为主线，将一维及平面弹性力学有限单元法公式建立起来，方便读者理解、掌握和使用，而深入详细的专门研究则可在以后科研工作中结合实际工程问题进行。

本书介绍了有限单元法的理论基础、杆系结构单元、平面三角形单元、平面等参数单元，并对有限单元法线性方程组的求解方法以及有限单元法网格划分进行了介绍。作者多年从事研究生与本科生有限单元法课程的教学工作，编写时力求深入浅出、概念清晰、思路简明、系统性强。在学习的过程中应注意：定理、原理、公式等其中有些是通过严格数理推导得到的，如弹性力学经典的平衡方程、几何方程等；有些则是基于大量客观事实归纳统计得到的。对于前者，尽可能熟知推演过程及所采用的数学方法；对于后者，则应尽可能多考虑其所揭示的问题之本质。

作者在2009年出版的《有限元简明教程》内容基础上又根据近10年的教材使用经验总结，在本书中增加了虚功方程详细推导过程，便于初学者系统掌握有限单元法公式的由来和具体推导过程。同时，书中增加了算例的matlab程序，便于初学者掌握有限单元法编程的基本原理、思路。

本书适合于岩土工程、采矿工程、工程力学、机械工程、水利工程等工科专业硕士研究生和本科生阅读，也适合于从事相关专业的工程技术人员学习使用。

作者的研究生帮助查阅了大量资料并做了文字整理方面的工作，在此一并致以深切谢意。另外，本书参考文献较多，有些文献未能一一列出，在此谨向这些文献的作者表示衷心感谢。

由于作者水平有限，加上时间仓促，书中不妥之处，敬请各位专家、学者和广大读者批评指正。

作　者

2017年7月于江西理工大学

目　录

1 绪　论

1.1 概　述

在科学技术领域内，对于许多力学问题和物理问题，人们已经得到了它们应遵循的基本方程（常微分方程或偏微分方程）和相应的定解条件。但能用解析方法求出精确解的只是少数方程性质比较简单，且几何形状相当规则的问题。对于大多数问题，由于方程的某些特征的非线性性质或由于求解区域的几何形状比较复杂，则不能得到解析的答案。这类问题的解决通常有两种途径。一是引入简化假设，将方程和几何边界简化为能够处理的情况，从而得到问题在简化状态下的解答。但是这种方法只是在有限的情况下是可行的，因为过多的简化可能导致误差很大甚至错误的解答。因此人们多年来寻找和发展了另一种求解方法——数值解法。随着计算机的飞速发展和广泛应用，数值分析方法已成为求解科学技术问题的主要工具。

已经发展的数值分析方法可以分为二大类：

一类以有限差分法为代表。其特点是直接求解基本方程和相应定解条件的近似解。一个问题的有限差分法求解步骤是：首先将求解域划分为网格，然后在网格的结点上用差分方程近似微分方程。当采用较多的结点时，近似解的精度可以得到改进。借助于有限差分法，能够求解某些相当复杂的问题，特别是求解建立子空间坐标系的流体流动问题，有限差分法有自己的优势。因此在流体力学领域内，它至今仍占支配地位。但用于几何形状复杂的问题时，它的精度将降低，甚至求解很困难。

另一类数值分析方法是首先建立和原问题基本方程及相应定解条件相等效的积分提法，然后据之建立近似解法，例如，配点法、最小二乘法、Galerkin 法、力矩法等都属于这一类数值方法。如果原问题的方程具有某些特定的性质，则它的等效积分提法可以归结为某个泛函的变分，相应的近似解法实际上是求解泛函的驻值问题，里兹法就属于这一类近似方法。上述不同方法在不同的领域或类型的问题中得到成功的应用，但也只能限于几何形状规则的问题。其基本原因是它们都是在整个求解区域上假设近似函数。对于几何形状复杂的问题，不可能建立合乎要求的近似函数，有限单元法的出现，是数值分析方法研究领域内重大突破性的进展。

有限单元法简称有限元法，是当今公认的一种用数值方法求解工程中所遇到的各种问题的最有效通用的方法（各种力学问题、场问题等），是求解具有已知边界和初始条件（或两者条件之一）的偏微分方程组的一种通用的数值解法，属于连续介质微分法。

有限元法是利用计算机进行的一种数值近似计算分析方法，它是通过对连续问题进行有限数目的单元离散来近似的，是分析复杂结构和复杂问题的一种强有力的分析工具。目前，有限元法在技术领域中的应用十分广泛，几乎所有的弹塑性结构静力学和动力学问题都可用它求得满意的数值近似结果。

1.2 有限单元法的分析过程

有限单元法的基本思想是将连续的求解区域离散为一组有限个，且按一定方式相互联结在一起的单元组合体。由于单元能按不同的联结方式进行组合，且单元本身又可以有不同形状，因此可以模型化几何形状复杂的求解域。有限单元法作为数值分析方法的另一个重要特点，是利用在每一个单元内假设的近似函数来分片地表示全求解域上待求的未知场函数。单元内的近似函数通常由未知场函数及其导数在单元的各个结点的数值和其插值函数来表达。这样一来，一个问题的有限元分析中，未知场函数及其导数在各个结点上的数值就成为新的未知量（也即自由度），从而使一个连续的无限自由度问题变成离散的有限自由度问题。一经求解出这些未知量，就可以通过插值函数计算出各个单元内场函数的近似值，从而得到整个求解域上的近似解。显然随着单元数目的增加，也即单元尺寸的缩小，或者随着单元自由度的增加及插值函数精度的提高，解的近似程度将不断改进。如果单元是满足收敛要求的，近似解最后将收敛于精确解。

简言之，有限单元的求解思路是：根据力学的虚功原理，利用变分法将整个结构（求解域）的平衡微分方程、几何方程和物理方程建立在结构离散化的各个单元上，从而得到各个单元的应力、应变及位移，进而求出结构内部应力、应变，其理论基础是弹性力学的变分原理。在有限元方法中，势函数的选取不是整体的，整体的就是经典的里兹法、迦辽金法（参看加权残数法），而是在弹性体内分区（单元）完成的，因此势函数形式简单统一。

以结构分析为例，有限元分析的过程大概可分为以下 6 个步骤：

（1）结构的离散化。将结构物分割成有限个单元体，并在单元体的指定点设置结点，使相邻单元的有关参数具有一定的连续性，并构成一个单元的集合体，以它来代替原来的结构。

（2）选择位移模式。假定位移是坐标的某种简单的函数（位移模式或插值函数），通常采用多项式作为位移模式。在选择位移模式时，应该注意以下事宜：

1）多项式项数应该等于单元的自由度数；

2）多项式阶次应包含常数项和线性项；

3）单元自由度应等于单元结点独立位移的个数。

位移矩阵为：

$$\{u\} = [N]\{\delta\}^e \tag{1-1}$$

式中，$\{u\}$ 为单元内任一点的位移；$\{\delta\}^e$ 为单元结点的位移；$[N]$ 为形函数。

（3）分析单元的力学性能。

1）由几何方程，从式（1-1）导出用结点位移表示的单元应变为：

$$\{\varepsilon\} = [B]\{\delta\}^e \tag{1-2}$$

式中，$[B]$ 为单元应变矩阵。

2）由本构方程，导出用结点位移表示的单元应力为：

$$\{\sigma\} = [D][B]\{\delta\}^e \tag{1-3}$$

式中，$[D]$ 为与单元材料有关的弹性矩阵。

3）由变分原理，建立单元上结点力与结点位移间的关系式——平衡方程为：

$$\{F\}^{e} = [k]^{e}\{\delta\}^{e} \tag{1-4}$$

式中，$[k]^{e}$ 为单元刚度矩阵，其形式为：

$$[k]^{e} = \iiint [B]^{T}[D][B]\mathrm{d}x\mathrm{d}y\mathrm{d}z \tag{1-5}$$

（4）集合所有单元的平衡方程，建立整个结构的平衡方程，组集整刚，整刚矩阵为 $[K]$。由整刚矩阵形成的整个结构的平衡方程为：

$$[K]\{\delta\} = \{F\} \tag{1-6}$$

上述方程在引入几何边界条件时，将进行适当修改。

（5）求解结点位移和计算单元应力。对平衡方程进行求解，解出未知的结点位移，然后根据前面给出的关系计算结点的应变和应力以及单元的应力和应变。

（6）整理并输出结果。通过该步骤可以输出应力、应变以及位移等计算结果，一般通用软件可同时输出计算结果的数值和各种数字化图形直观显现，如应力等色图、位移等值线图等等。

通常，需要对有限元法的直接计算结果进行进一步的计算分析，才能应用于工程实际，比如对岩土工程稳定性分析而言，在有限元法计算得到的应力结果的基础上，一般还需要采用各种应力破坏准则，对工程实际稳定性进行分析。

1.3　有限单元法的发展历程

从应用数学角度来看，有限单元法基本思想的提出，可以追溯到 Courant 在 1943 年的工作，他第一次尝试应用定义在三角形区域上的分片连续函数和最小位能原理相结合，来求解 St. Venant 扭转问题。一些应用数学家、物理学家和工程师由于各种原因都涉足过有限单元的概念。但只是在 1960 年以后，随着电子数值计算机的广泛应用和发展，有限单元法的发展速度才显著加快。

现代有限单元法第一个成功的尝试，是将刚架位移法推广应用于弹性力学平面问题，这是 M. J. Turner、R. W. Clough 等人在分析飞机结构时于 1956 年得到的成果，他们第一次给出了用三角形单元求得平面应力问题的正确解答。三角形单元的单元特性是由弹性理论方程来确定的，采用的是直接刚度法。他们的研究工作打开了利用电子计算机求解复杂平面弹性问题的新局面。1960 年 R. W. Clough 进一步处理了平面弹性问题，并第一次提出了“有限单元法”的名称，使人们开始认识了有限单元法的功效。随后，有限单元法的理论和应用都得到迅速的、持续不断的发展。

从确定单元特性和建立求解方程的理论基础和途径来说，正如上面所提到的，Turner、Clough 等人开始提出有限单元法时是利用直接刚度法。它来源于结构分析的刚度法，这对明确有限单元法的一些物理概念是很有帮助的，但是它只能处理一些比较简单的实际问题。1963~1964 年，Besseling、Melosh、Jones 等人证明了有限单元法是基于变分原理的里兹（Ritz）法的另一种形式，从而使里兹法分析的所有理论基础都适用于有限单元法，确认了有限单元法是处理连续介质问题的一种普遍方法。利用变分原理建立有限元方程和经典里兹法的主要区别是有限单元法假设的近似函数不是在全部求解域而是在单元上规定的，而且事先不要求满足任何边界条件，因此它可以用来处理很复杂的连续介质问题。从1960年代后期开始，进一步利用加权余量法来确定单元特性和建立有限元求解方程。有限单元法中所利用的主要是伽辽金法。它可以用于已经知道问题的微分方程和边界条件，但变分的泛函尚未找到或者根本不存在的情况，因而进一步扩大了有限单元法的应用领域。

有限单元法的应用已由弹性力学平面问题扩展到空间问题、板壳问题，由静力平衡问题扩展到稳定问题、动力问题和波动问题。分析的对象从弹性材料扩展到塑性、黏弹性、黏塑性和复合材料等，从固体力学扩展到流体力学、传热学等连续介质力学领域。在工程分析中的作用已从分析和校核扩展到优化设计并和计算机辅助设计技术相结合。可以预计，随着现代力学、计算数学和计算机技术等学科的发展，有限单元法作为一个具有巩固理论基础和广泛应用效力的数值分析工具，必将在国民经济建设和科学技术发展中发挥更大的作用，其自身也将得到进一步的发展和完善。

有限单元软件作为商业软件在工程界普遍使用。目前世界上最著名的有限单元软件有：ANSYS、ADINA、ABAQUS等，针对采矿、岩土工程开发的专业性有限单元软件有：PLAXIS、Geo-Studio等。

1.4 有限单元法基础理论学习的重要性

除了从事有限单元法理论研究者之外，广大的应用有限单元法的科技工作者也需要加强有限单元法基础理论的学习。目前，大型通用的有限单元法商用软件日趋成熟，软件的前后处理功能也非常强大，使用者更为方便。有限单元法初学者往往急于应用各种软件解决工程实际问题，忽视或不重视对有限单元法基础理论的学习，实际上缺乏对有限单元法基础理论的系统学习，不仅难以真正掌握软件的正确使用，更难以结合专业知识利用有限单元法手段解决实际问题。尽管大型有限单元商用软件功能十分强大，但不可能涵盖所有的具体实际工程问题，只有在理解了有限单元法基本原理的基础上，结合实际工程问题，才可能用好用活软件的各种功能，

例如，在采矿工程、岩土工程中经常遇到支护问题、充填问题等，如果对有限单元法基本原理一无所知，应用软件成为“黑箱”，只是按照软件说明书操作，很容易得出错误的结论。一些初学者只是简单的改变充填体材料的物理力学参数，就用于模拟充填过程，结果就得到充填体位移量不是顶部最大而是中间最大的错误结论。其原因就在于不了解有限单元法模拟的是连续介质，充填体顶部与围岩体作为连续介质处理了，工程实际中，充填体顶部与围岩体为非连续介质，需要进行进一步处理才能进行有限单元计算分析。

1.5 习 题

1-1 试说明有限单元法解题的基本思路。

1-2 试说明用有限单元法解题的主要步骤。

1-3 与其他常用的数值分析方法比较，有限单元法主要有哪些优点？

2 有限单元法理论基础

2.1 有限单元原理与变分原理的关系

弹性力学问题的本质是求解偏微分方程的边值问题。由于偏微分方程边值问题的复杂性，只能采取各种近似方法或者渐近方法求解。变分原理就是将弹性力学的基本方程——偏微分方程的边值问题转换为代数方程求解的一种方法。

有限单元原理是目前工程上应用最为广泛的结构数值分析方法，它的理论基础仍然是弹性力学的变分原理。那么，为什么变分原理在工程上的应用有限，而有限单元原理却应用广泛，有限单元原理与一般的变分原理求解方法有什么不同呢？问题在于变分原理用于弹性体分析时，不论是瑞利-里茨法还是伽辽金法，都是采用在整个求解域建立位移势函数或者应力势函数的方法。由于势函数要满足一定的条件，导致对于实际工程问题求解仍然困难重重。

有限单元方法选取的势函数不是整体的，而是在弹性体内分区（单元）完成的，因此势函数形式简单统一。当然，这使得转换的代数方程阶数比较高。但是，面对强大的计算机处理能力，线性方程组的求解不再有任何困难。因此，有限单元原理成为目前工程结构分析的重要工具。

2.2 弹性力学基本方程

在有限单元法中经常要用到弹性力学的基本方程和与之等效的变分原理，现将它们连同相应的矩阵表达形式和张量表达形式综合引述于后。关于它们的详细推导可从弹性力学的有关教材中查到。

弹性体在载荷作用下，体内任意一点的应力状态可由 σ_x、σ_y、σ_z、τ_{xy}、τ_{yz}、τ_{zx}6 个应力分量来表示，其中 σ_x、σ_y、σ_z 为正应力；τ_{xy}、τ_{yz}、τ_{zx} 为剪应力。应力分量的正负号规定如下：如果某一个面的外法线方向与坐标轴的正方向一致，这个面上的应力分量就以沿坐标轴正方向为正，与坐标轴反向为负；相反，如果某一个面的外法线方向与坐标轴的负方向一致，这个面上的应力分量就以沿坐标轴负方向为正，与坐标轴同向为负，应力分量及其正方向如图 2-1 所示。

9 个应力分量作为一个整体称为应力张量，其中每一个量称为应力张量的分量，同时假设它们是坐标 x、y、z 的连续函数，则可写为：

$$\sigma_{ij}=\begin{bmatrix}\sigma_{11} & \sigma_{12} & \sigma_{13}\\ \sigma_{21} & \sigma_{22} & \sigma_{23}\\ \sigma_{31} & \sigma_{32} & \sigma_{33}\end{bmatrix}=\begin{bmatrix}\sigma_x & \tau_{xy} & \tau_{xz}\\ \tau_{yx} & \sigma_y & \tau_{yz}\\ \tau_{zx} & \tau_{zy} & \sigma_z\end{bmatrix} \tag{2-1}$$

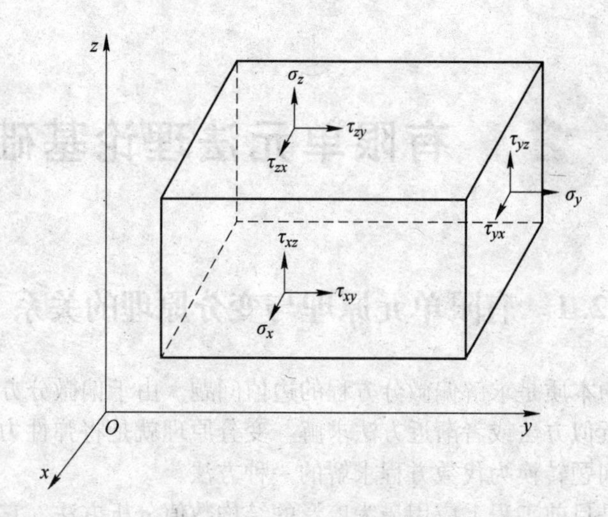

图 2-1　应力分量

由于剪应力互等，即：$\sigma_{ij}=\sigma_{ji}$，9 个应力分量中，实际只有 6 个是独立的。

应力分量的矩阵表示称为应力列阵或应力向量，具体表达为：

$$\boldsymbol{\sigma}=\begin{Bmatrix}\sigma_x\\ \sigma_y\\ \sigma_z\\ \tau_{xy}\\ \tau_{yz}\\ \tau_{zx}\end{Bmatrix}=[\sigma_x\quad \sigma_y\quad \sigma_z\quad \tau_{xy}\quad \tau_{yz}\quad \tau_{zx}]^T \tag{2-2}$$

弹性体在载荷作用下，还将产生位移和变形，即弹性体位置的移动和形状的改变。弹性体内任一点的位移可由沿直角坐标轴方向的 3 个位移分量 u、v、w 来表示。它的矩阵形式为：

$$u=\begin{Bmatrix}u\\ v\\ w\end{Bmatrix}=[u\quad v\quad w]^T \tag{2-3}$$

称作位移列阵或位移向量。

弹性体内任意一点的应变，可以由 6 个应变分量 ε_x、ε_y、ε_z、γ_{xy}、γ_{yz}、γ_{zx}来表示。其中 ε_x、ε_y、ε_z 为正应变，γ_{xy}、γ_{yz}、γ_{zx} 为剪应变。应变的正负号与应力的正负号相对应，即应变以伸长时为正，缩短为负；剪应变是以两个沿坐标轴正方向的线段组成的直角变小为正，反之为负。以平面问题为例，如图 2-2 所示，正应变 $\varepsilon_x=\dfrac{\left(u+\dfrac{\partial u}{\partial x}\mathrm{d}x\right)-u}{\mathrm{d}x}=\dfrac{\partial u}{\partial x}$，剪应变 $\gamma_{xy}=\alpha+\beta=\dfrac{\partial v}{\partial x}+\dfrac{\partial u}{\partial y}$。

应变的矩阵形式为：

$$\boldsymbol{\varepsilon}=\begin{Bmatrix}\varepsilon_x\\ \varepsilon_y\\ \varepsilon_z\\ \gamma_{xy}\\ \gamma_{yz}\\ \gamma_{zx}\end{Bmatrix}=\begin{bmatrix}\varepsilon_x & \varepsilon_y & \varepsilon_z & \gamma_{xy} & \gamma_{yz} & \gamma_{zx}\end{bmatrix}^T \tag{2-4}$$

称作应变列阵或应变向量。

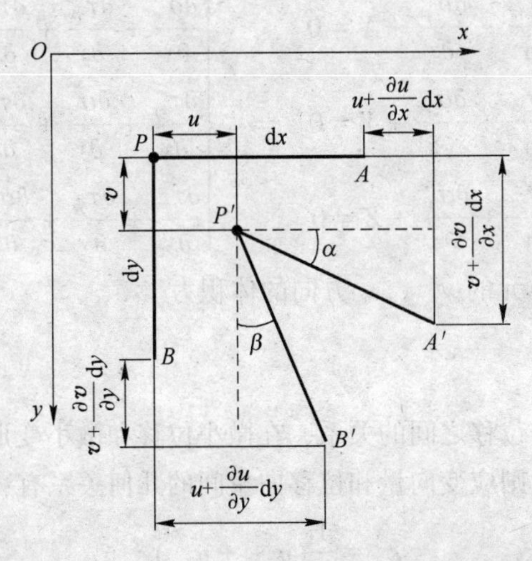

图 2-2　应变分量

弹性力学分析问题从静力学条件、几何学条件与物理学条件三方面考虑，分别得到平衡微分方程、几何方程与物理方程，统称为弹性力学的基本方程。弹性力学基本方程一般由标量符号表示，亦可用笛卡儿张量符号来表示，使用哑标求和约定可以得到十分简练的方程表达形式。在直角坐标系 x，y，z 中，应力张量和应变张量都是对称的二阶张量，分别用 σ_{ij} 和 ε_{ij} 表示，且有 $\sigma_{ij}=\sigma_{ji}$ 和 $\varepsilon_{ij}=\varepsilon_{ji}$。下面将分别给出弹性力学基本方程及边界条件的张量形式和张量形式的展开式。

2.2.1　平衡方程

弹性体 V 域内任一点沿坐标轴 x，y，z 方向的张量形式平衡方程为：

$$\sigma_{ij,\ i}+X_j=0\left(=\rho\frac{\partial^2 u_j}{\partial t^2}\right) \tag{2-5}$$

式（2-5）给出了应力和体力的关系，称为平衡微分方程，又称为 Navier 方程。式中下标“i”表示对独立坐标 x_i 求偏导数。

若考虑物体运动的情况，则式（2-5）的右边不为零，按 Newton 第二定律，应等于括号里边的项。这里 ρ 表示物体的密度，u 表示物体内任一点的位移矢量，其对时间 t 的二阶偏导数表示加速度。

本书中的物体为静止状态，则式（2-5）的展开形式为：

$$\begin{cases}\dfrac{\partial\sigma_{11}}{\partial x_1}+\dfrac{\partial\sigma_{21}}{\partial x_2}+\dfrac{\partial\sigma_{31}}{\partial x_3}+X_1=0\\\dfrac{\partial\sigma_{12}}{\partial x_1}+\dfrac{\partial\sigma_{22}}{\partial x_2}+\dfrac{\partial\sigma_{32}}{\partial x_3}+X_2=0\\\dfrac{\partial\sigma_{13}}{\partial x_1}+\dfrac{\partial\sigma_{23}}{\partial x_2}+\dfrac{\partial\sigma_{33}}{\partial x_3}+X_3=0\end{cases}$$

对应关系为 1 对应 x，2 对应 y，3 对应 z，即：

$$\begin{cases}\dfrac{\partial\sigma_{xx}}{\partial x}+\dfrac{\partial\sigma_{yx}}{\partial y}+\dfrac{\partial\sigma_{zx}}{\partial z}+X=0\\\dfrac{\partial\sigma_{xy}}{\partial x}+\dfrac{\partial\sigma_{yy}}{\partial y}+\dfrac{\partial\sigma_{zy}}{\partial z}+Y=0\\\dfrac{\partial\sigma_{xz}}{\partial x}+\dfrac{\partial\sigma_{yz}}{\partial y}+\dfrac{\partial\sigma_{zz}}{\partial z}+Z=0\end{cases}\Rightarrow\begin{cases}\dfrac{\partial\sigma_{x}}{\partial x}+\dfrac{\partial\tau_{yx}}{\partial y}+\dfrac{\partial\tau_{zx}}{\partial z}+X=0\\\dfrac{\partial\tau_{xy}}{\partial x}+\dfrac{\partial\sigma_{y}}{\partial y}+\dfrac{\partial\tau_{zy}}{\partial z}+Y=0\\\dfrac{\partial\tau_{xz}}{\partial x}+\dfrac{\partial\tau_{yz}}{\partial y}+\dfrac{\partial\sigma_{zz}}{\partial z}+Z=0\end{cases}$$

式中，X，Y，Z 为微分单元的 x，y，z 方向的体积力。

2.2.2 几何方程

几何方程表述应变与位移之间的关系，在微小位移和微小变形的情况下，略去位移导数的高次幂的几何关系，则应变向量和位移向量间的几何关系有：

$$\varepsilon_{ij}=\frac{1}{2}(u_{i,j}+u_{j,i})\tag{2-6}$$

其中，$u=\{u\quad v\quad w\}^T$，式（2-6）为几何方程，又称为 Cauchy 方程，其展开形式为：

$$\begin{cases}\varepsilon_{11}=\dfrac{\partial u_1}{\partial x_1}\\\varepsilon_{22}=\dfrac{\partial u_2}{\partial x_2}\\\varepsilon_{33}=\dfrac{\partial u_3}{\partial x_3}\\\varepsilon_{12}=\dfrac{1}{2}\left(\dfrac{\partial u_1}{\partial x_2}+\dfrac{\partial u_2}{\partial x_1}\right)=\varepsilon_{21}\\\varepsilon_{23}=\dfrac{1}{2}\left(\dfrac{\partial u_2}{\partial x_3}+\dfrac{\partial u_3}{\partial x_2}\right)=\varepsilon_{32}\\\varepsilon_{31}=\dfrac{1}{2}\left(\dfrac{\partial u_3}{\partial x_1}+\dfrac{\partial u_1}{\partial x_3}\right)=\varepsilon_{13}\end{cases}\Rightarrow\begin{cases}\varepsilon_{x}=\dfrac{\partial u}{\partial x}\\\varepsilon_{y}=\dfrac{\partial v}{\partial y}\\\varepsilon_{z}=\dfrac{\partial w}{\partial z}\\\varepsilon_{xy}=\dfrac{1}{2}\left(\dfrac{\partial u}{\partial y}+\dfrac{\partial v}{\partial x}\right)=\dfrac{1}{2}\gamma_{yx}\\\varepsilon_{yz}=\dfrac{1}{2}\left(\dfrac{\partial v}{\partial z}+\dfrac{\partial w}{\partial y}\right)=\dfrac{1}{2}\gamma_{zy}\\\varepsilon_{zx}=\dfrac{1}{2}\left(\dfrac{\partial w}{\partial x}+\dfrac{\partial u}{\partial z}\right)=\dfrac{1}{2}\gamma_{xz}\end{cases}$$

2.2.3 物理方程

每一种具体材料，在一定条件下，其应力和应变之间必然有着确定的关系，这种关系反映了材料固有的力学特性，应力与应变之间的这种物理关系即本构关系，对应的函数方程称为物理方程或本构方程。对于各向同性的线弹性材料，其应力与应变关系（广义胡克定律）的表达式为：

$$\varepsilon_{ij} = \frac{1}{E}[(1+\mu)\sigma_{ij} - \mu\sigma_{kk}\delta_{ij}] \tag{2-7}$$

展开为：

$$\begin{cases} \varepsilon_x = \dfrac{1}{E}[\sigma_x - \mu(\sigma_y + \sigma_z)] & \gamma_{yz} = \dfrac{2(1+\mu)}{E}\tau_{yz} \\ \varepsilon_y = \dfrac{1}{E}[\sigma_y - \mu(\sigma_z + \sigma_x)] & \gamma_{zx} = \dfrac{2(1+\mu)}{E}\tau_{zx} \\ \varepsilon_z = \dfrac{1}{E}[\sigma_z - \mu(\sigma_x + \sigma_y)] & \gamma_{xy} = \dfrac{2(1+\mu)}{E}\tau_{xy} \end{cases}$$

按位移求解时需要的是物理方程的另一种表达形式：

$$\begin{cases} \sigma_x = \dfrac{E}{1+\mu}\left(\dfrac{\mu}{1-2\mu}e + \varepsilon_x\right) & \tau_{yz} = \dfrac{E}{2(1+\mu)}\gamma_{yz} \\ \sigma_y = \dfrac{E}{1+\mu}\left(\dfrac{\mu}{1-2\mu}e + \varepsilon_y\right) & \tau_{zx} = \dfrac{E}{2(1+\mu)}\gamma_{zx} \\ \sigma_z = \dfrac{E}{1+\mu}\left(\dfrac{\mu}{1-2\mu}e + \varepsilon_z\right) & \tau_{xy} = \dfrac{E}{2(1+\mu)}\gamma_{xy} \end{cases}$$

其中，$e=\varepsilon_x+\varepsilon_y+\varepsilon_z$ 称为体积应变，用矩阵方程表示即：

$$\begin{Bmatrix} \sigma_x \\ \sigma_y \\ \sigma_z \\ \tau_{xy} \\ \tau_{yz} \\ \tau_{zx} \end{Bmatrix} = \frac{E(1-\mu)}{(1+\mu)(1-2\mu)} \begin{bmatrix} 1 & & & & & \\ \dfrac{\mu}{1-\mu} & 1 & & \text{对} & & \\ \dfrac{\mu}{1-\mu} & \dfrac{\mu}{1-\mu} & 1 & & \text{称} & \\ 0 & 0 & 0 & \dfrac{1-2\mu}{2(1-\mu)} & & \\ 0 & 0 & 0 & 0 & \dfrac{1-2\mu}{2(1-\mu)} & \\ 0 & 0 & 0 & 0 & 0 & \dfrac{1-2\mu}{2(1-\mu)} \end{bmatrix} \begin{Bmatrix} \varepsilon_x \\ \varepsilon_y \\ \varepsilon_z \\ \gamma_{xy} \\ \gamma_{xy} \\ \gamma_{yz} \\ \gamma_{zx} \end{Bmatrix}$$

简写成：

$$\{\sigma\} = [\boldsymbol{D}]\{\varepsilon\} \tag{2-8}$$

式中，$[\boldsymbol{D}]$ 称为弹性矩阵，它完全决定于弹性常数 E 和 μ。

对于平面应力问题，$\sigma_z=\tau_{yz}=\tau_{zx}=0$，式（2-8）变为：

$$\begin{bmatrix} \sigma_x \\ \sigma_y \\ \tau_{xy} \end{bmatrix} = \frac{E}{1-\mu^2} \begin{bmatrix} 1 & \mu & 0 \\ \mu & 1 & 0 \\ 0 & 0 & \dfrac{1-\mu}{2} \end{bmatrix} \begin{bmatrix} \varepsilon_x \\ \varepsilon_y \\ \gamma_{xy} \end{bmatrix} \tag{2-9}$$

对于平面应变问题，$\varepsilon_z=0$，式（2-8）变为：

$$\begin{bmatrix}\sigma_x\\ \sigma_y\\ \tau_{xy}\end{bmatrix}=\frac{E(1-\mu)}{(1+\mu)(1-2\mu)}\begin{bmatrix}1 & & \text{对}\\ \frac{\mu}{1-\mu} & 1 & \text{称}\\ 0 & 0 & \frac{1-2\mu}{2(1-\mu)}\end{bmatrix}\begin{bmatrix}\varepsilon_x\\ \varepsilon_y\\ \gamma_{xy}\end{bmatrix} \tag{2-10}$$

2.3 虚功原理

变形体的虚功原理可以叙述如下：变形体中满足平衡的力系在任意满足协调条件的变形状态上作的虚功等于零，即体系外力的虚功与内力的虚功之和等于零。

虚功原理是虚位移原理和虚应力原理的总称，它们都可以认为是与某些控制方程相等效的积分“弱”形式。虚位移原理是平衡方程和力的边界条件的等效积分“弱”形式；虚应力原理则是几何方程和位移边界条件的等效积分“弱”形式。

由于本教材将利用虚功原理建立书中涉及的所有的有限元方程，因此，为了使读者深刻理解有限元原理，下面将用较多篇幅详细介绍虚功原理和相应方程的推导过程。

2.3.1 虚位移

虚位移（virtual displacement）是指假定的、约束允许的、任意的微小的位移，它不是结构实际产生的位移。所谓约束允许，是指结构的虚位移必须满足变形协调条件和几何边界条件；所谓任意的和微小的，是指包括约束条件允许的所有可能出现的位移而与结构外载荷状况无关，同时它是一个微量。

2.3.2 外力虚功与内力虚功

结构上，凡是作用力在不是自身原因、而是其他原因引起的位移上做的功，就称为虚功。这里“虚”字不是“虚无”的意思，而是强调位移不是由力自身引起的，而是由其他力、支座移动或温度变化等原因引起的。

与实功相似，虚功也分为外力虚功和内力虚功。

如图 2-3 所示简支梁在集中力 F 的作用下，已经产生了一定的变形，如图点划线所示。后来由于别的原因，梁又产生新的变形，如图 2-3(a) 中虚线所示，在载荷 F 的作用点产生新的位移，由 A 点移动到 B 点，产生的位移量为 δ^*，这个位移与原来的力 F 无关，力 F 在产生新的位移过程中做了虚功，虚功大小为图 2-3(b) 中矩形面积。

简言之，外力虚功（external virtual work）是指如果在结构上作用有外载荷 F，在力作用点上相应产生虚位移 δ^*，外载荷在虚位移上所做的功称为外力虚功，用 W_e 表示，则有：

$$W_e=\delta^{*T}F \tag{2-11}$$

加 * 号表示虚位移、虚应变，其中：

$$\delta^*=[u\quad v\quad w]^T,\ F=[F_x\quad F_y\quad F_z]^T,\ [u\quad v\quad w]=[u_x\quad u_y\quad u_z]$$

内力虚功如图 2-4 所示简支梁在载荷作用下已经产生了一定的变形，后来由于别的原因，梁又产生新的变形，如图 2-4(a) 中虚线所示，取微段 dl 为分离体，载荷已经引起

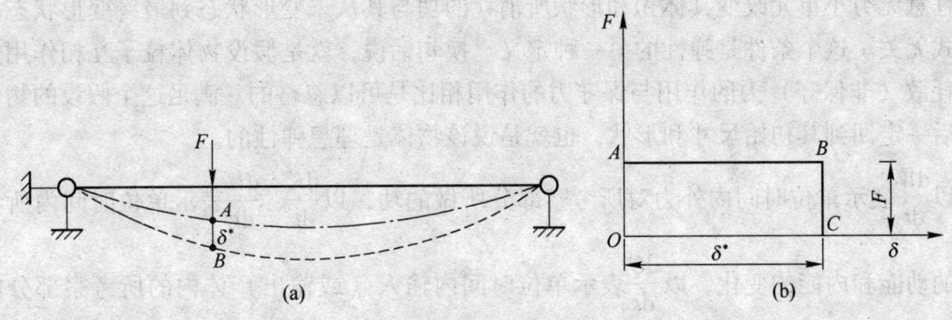

图 2-3 外力虚功

的内力有 N、Q 和 M。因为它们与新的变形无关，所以它们在新的变形上做了虚功。$\mathrm{d}w_N$、$\mathrm{d}w_Q$ 和 $\mathrm{d}w_M$ 各微段内力的虚功求和，就得到整个结构的内力虚功 W_i。

$$W_i = \sum \int \frac{N^2 \mathrm{d}l}{EA} + \sum \int \frac{M^2 \mathrm{d}l}{EI} + k \sum \int \frac{Q^2 \mathrm{d}l}{GA}$$

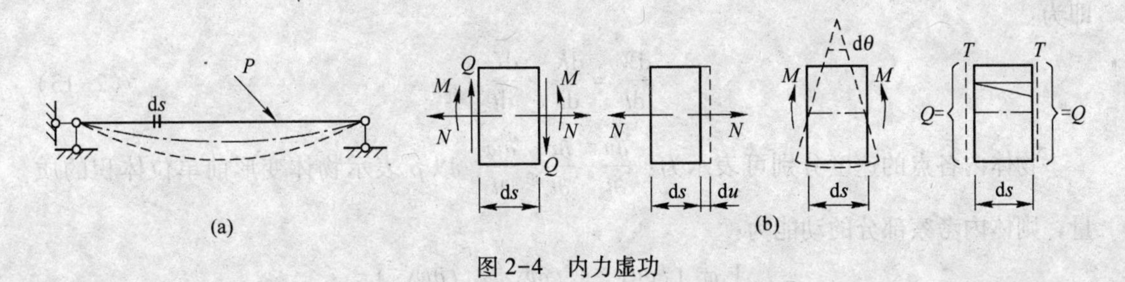

图 2-4 内力虚功

2.3.3 实功与虚功

实功是作用在结构上的力在实位移上所做的功，其大小为如图 2-5 所示三角形面积 $Fu/2$；虚功是作用在结构上的力在虚位移上所作的功：$W_e = F\delta^*$，虚位移过程中，力 F 是恒定不变的，如图 2-5 所示。

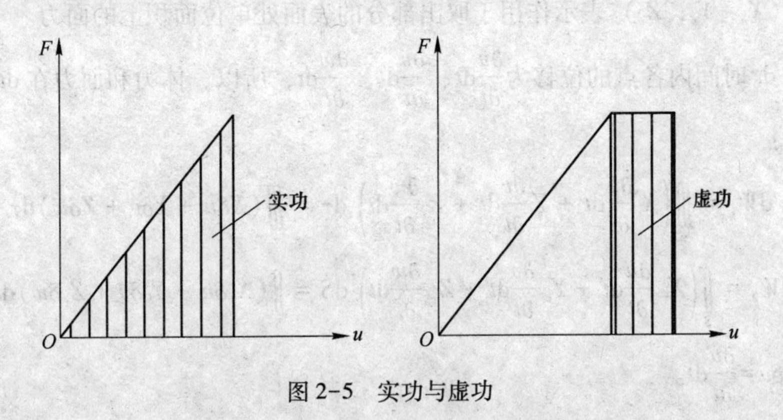

图 2-5 实功与虚功

2.3.4 虚应变能

假设物体变形的过程是绝热的，也就是在变形过程中系统没有热的损失，而且假设物体中任意无穷小单元改变其体积和形状所消耗的功与其从未变形状态到最终变形状态的转换方式无关。这个条件是弹性的另一种定义。换句话说，就是假设物体粒子互相作用过程中的耗散（非保守）力的作用与保守力的作用相比是可以忽略的。满足这个假设的物体在卸载后一定回到其初始尺寸和形状，也就是说该物体是理想弹性的。

以$\frac{dW}{dt}$表示单位时间内外力对所考察部分所做的功，以$\frac{dK}{dt}$、$\frac{dU}{dt}$表示单位时间内所考察部分的动能和内能的变化，以$\frac{dQ}{dt}$表示单位时间内输入（或输出）体内的所考察部分的热量的机械当量，则根据热力学第一定律，即：热量可以从一个物体传递到另一个物体，也可以与机械能或其他能量互相转换，但是在转换过程中，能量的总值保持不变。可得：

$$\frac{dW}{dt}=\frac{dK}{dt}+\frac{dU}{dt}-\frac{dQ}{dt} \tag{2-12}$$

这里考虑的是一个绝热过程，此时，外力所做的功全部变成动能和内能，式（2-12）即为：

$$\frac{dW}{dt}=\frac{dK}{dt}+\frac{dU}{dt} \tag{2-13}$$

物体内各点的速度分别可表示为：$\frac{\partial u}{\partial t}$、$\frac{\partial v}{\partial t}$、$\frac{\partial w}{\partial t}$，以$\rho$表示物体变形前单位体积的质量，则体内考察部分的动能为：

$$K=\frac{1}{2}\iiint_{\tau}\rho\left[\left(\frac{\partial u}{\partial t}\right)^2+\left(\frac{\partial v}{\partial t}\right)^2+\left(\frac{\partial w}{\partial t}\right)^2\right]d\tau \tag{2-14}$$

由式（2-14）可得：

$$\frac{dK}{dt}=\iiint_{\tau}\rho\left(\frac{\partial^2 u}{\partial t^2}\frac{\partial u}{\partial t}+\frac{\partial^2 v}{\partial t^2}\frac{\partial v}{\partial t}+\frac{\partial^2 w}{\partial t^2}\frac{\partial w}{\partial t}\right)d\tau \tag{2-15}$$

现在计算在dt时间内外力对物体的考察部分所作的功。以（X，Y，Z）表示单位体积的体力，（X_v，Y_v，Z_v）表示作用于取出部分的表面处单位面积上的面力。

由于在dt时间内各点的位移为$\frac{\partial u}{\partial t}dt$、$\frac{\partial v}{\partial t}dt$、$\frac{\partial w}{\partial t}dt$，所以，体力和面力在d$t$时间内所做的功分别为：

$$dW_1=\iiint_{\tau}\left(X\frac{\partial u}{\partial t}dt+Y\frac{\partial v}{\partial t}dt+Z\frac{\partial w}{\partial t}dt\right)d\tau=\iiint_{\tau}(X\delta u+Y\delta v+Z\delta w)d\tau \tag{2-16}$$

$$dW_2=\iint_{S}\left(X_v\frac{\partial u}{\partial t}dt+Y_v\frac{\partial v}{\partial t}dt+Z_v\frac{\partial w}{\partial t}dt\right)dS=\iint_{S}(X_v\delta u+Y_v\delta v+Z_v\delta w)dS \tag{2-17}$$

容易看出：$\delta u=\frac{\partial u}{\partial t}dt$。

将应力边界条件：
$$X_v=\sigma_x l+\tau_{yx}m+\tau_{zx}n$$
$$Y_v=\tau_{xy}l+\sigma_y m+\tau_{zy}n$$
$$Z_v=\tau_{xz}l+\tau_{yz}m+\sigma_z n$$
代入式（2-17），则可得：

$$dW_2 = \iint_S \left[(\sigma_x l + \tau_{yx} m + \tau_{zx} n) \frac{\partial u}{\partial t} + (\tau_{xy} l + \sigma_y m + \tau_{zy} n) \frac{\partial v}{\partial t} + (\tau_{xz} l + \tau_{yz} m + \sigma_z n) \frac{\partial w}{\partial t} \right] dtdS \tag{2-18}$$

式中，$\sum$ 的正侧为外侧，l、m、n 为 $\sum$ 外法线向量的方向余弦。

根据高斯散度定理，即：设空间有界闭合区域 τ，其边界 $\sum$ 为分片光滑闭曲面。函数 $P(x, y, z)$、$Q(x, y, z)$、$R(x, y, z)$ 及其一阶偏导数在 τ 上连续，则有：

$$\iint_{\sum} (Pl + Qm + Rn) \, d\sum = \iiint_{\tau} \left(\frac{\partial P}{\partial x} + \frac{\partial Q}{\partial y} + \frac{\partial R}{\partial z} \right) d\tau \tag{2-19}$$

应用式（2-19），则式（2-18）进一步推导为：

$$\begin{aligned}
dW_2 &= \iint_S \left[(\sigma_x l + \tau_{yx} m + \tau_{zx} n) \frac{\partial u}{\partial t} + (\tau_{xy} l + \sigma_y m + \tau_{zy} n) \frac{\partial v}{\partial t} + (\tau_{xz} l + \tau_{yz} m + \sigma_z n) \frac{\partial w}{\partial t} \right] dtdS \\
&= \iiint_{\tau} \left[\frac{\partial}{\partial x}\left(\sigma_x \frac{\partial u}{\partial t} + \tau_{xy} \frac{\partial v}{\partial t} + \tau_{xz} \frac{\partial w}{\partial t} \right) + \frac{\partial}{\partial y}\left(\tau_{yx} \frac{\partial u}{\partial t} + \sigma_y \frac{\partial v}{\partial t} + \tau_{yz} \frac{\partial w}{\partial t} \right) + \right. \\
&\quad \left. \frac{\partial}{\partial z}\left(\tau_{zx} \frac{\partial u}{\partial t} + \tau_{zy} \frac{\partial v}{\partial t} + \sigma_z \frac{\partial w}{\partial t} \right) \right] dtd\tau \\
&= \iiint_{\tau} \left[\left(\frac{\partial \sigma_x}{\partial x} + \frac{\partial \tau_{yx}}{\partial y} + \frac{\partial \tau_{zx}}{\partial z} \right) \frac{\partial u}{\partial t} + \left(\frac{\partial \tau_{xy}}{\partial x} + \frac{\partial \sigma_y}{\partial y} + \frac{\partial \tau_{zy}}{\partial z} \right) \frac{\partial v}{\partial t} + \left(\frac{\partial \tau_{xz}}{\partial x} + \frac{\partial \tau_{yz}}{\partial y} + \frac{\partial \sigma_z}{\partial z} \right) \frac{\partial w}{\partial t} \right] dtd\tau + \\
&\quad \iiint_{\tau} \left[\sigma_x \frac{\partial \varepsilon_x}{\partial t} + \sigma_y \frac{\partial \varepsilon_y}{\partial t} + \sigma_z \frac{\partial \varepsilon_z}{\partial t} + \tau_{xy} \frac{\partial}{\partial t}\left(\frac{\partial v}{\partial x} + \frac{\partial u}{\partial y} \right) + \tau_{xz} \frac{\partial}{\partial t}\left(\frac{\partial w}{\partial x} + \frac{\partial u}{\partial z} \right) + \tau_{yz} \frac{\partial}{\partial t}\left(\frac{\partial w}{\partial y} + \frac{\partial v}{\partial z} \right) \right] dtd\tau \\
&= \iiint_{\tau} \left[\left(\frac{\partial \sigma_x}{\partial x} + \frac{\partial \tau_{yx}}{\partial y} + \frac{\partial \tau_{zx}}{\partial z} \right) \frac{\partial u}{\partial t} + \left(\frac{\partial \tau_{xy}}{\partial x} + \frac{\partial \sigma_y}{\partial y} + \frac{\partial \tau_{zy}}{\partial z} \right) \frac{\partial v}{\partial t} + \left(\frac{\partial \tau_{xz}}{\partial x} + \frac{\partial \tau_{yz}}{\partial y} + \frac{\partial \sigma_z}{\partial z} \right) \frac{\partial w}{\partial t} \right] dtd\tau + \\
&\quad \iiint_{\tau} \left(\sigma_x \frac{\partial \varepsilon_x}{\partial t} + \sigma_y \frac{\partial \varepsilon_y}{\partial t} + \sigma_z \frac{\partial \varepsilon_z}{\partial t} + \tau_{xy} \frac{\partial \gamma_{xy}}{\partial t} + \tau_{xz} \frac{\partial \gamma_{xz}}{\partial t} + \tau_{yz} \frac{\partial \gamma_{yz}}{\partial t} \right) dtd\tau
\end{aligned}$$

在 dt 时间内外力作的全部功为：

$$\begin{aligned}
dW &= dW_1 + dW_2 \\
&= \iiint_{\tau} \left(X \frac{\partial u}{\partial t} + Y \frac{\partial v}{\partial t} + Z \frac{\partial w}{\partial t} \right) dtd\tau + \iiint_{\tau} \left[\left(\frac{\partial \sigma_{xx}}{\partial x} + \frac{\partial \tau_{yx}}{\partial y} + \frac{\partial \tau_{zx}}{\partial z} \right) \frac{\partial u}{\partial t} + \left(\frac{\partial \tau_{xy}}{\partial x} + \frac{\partial \sigma_{yy}}{\partial y} + \frac{\partial \tau_{zy}}{\partial z} \right) \times \right. \\
&\quad \left. \frac{\partial v}{\partial t} + \left(\frac{\partial \tau_{xz}}{\partial x} + \frac{\partial \tau_{yz}}{\partial y} + \frac{\partial \sigma_{zz}}{\partial z} \right) \frac{\partial w}{\partial t} \right] dtd\tau + \iiint_{\tau} \left(\sigma_x \frac{\partial \varepsilon_x}{\partial t} + \sigma_y \frac{\partial \varepsilon_y}{\partial t} + \sigma_z \frac{\partial \varepsilon_z}{\partial t} + \tau_{xy} \frac{\partial \gamma_{xy}}{\partial t} + \right. \\
&\quad \left. \tau_{xz} \frac{\partial \gamma_{xz}}{\partial t} + \tau_{yz} \frac{\partial \gamma_{yz}}{\partial t} \right) dtd\tau \\
&= \iiint_{\tau} \left(\frac{\partial \sigma_{xx}}{\partial x} + \frac{\partial \tau_{yx}}{\partial y} + \frac{\partial \tau_{zx}}{\partial z} + X \right) \frac{\partial u}{\partial t} dtd\tau + \iiint_{\tau} \left(\frac{\partial \tau_{xy}}{\partial x} + \frac{\partial \sigma_{yy}}{\partial y} + \frac{\partial \tau_{zy}}{\partial z} + Y \right) \frac{\partial v}{\partial t} dtd\tau + \\
&\quad \iiint_{\tau} \left(\frac{\partial \tau_{xz}}{\partial x} + \frac{\partial \tau_{yz}}{\partial y} + \frac{\partial \sigma_{zz}}{\partial z} + Z \right) \frac{\partial w}{\partial t} dtd\tau + \iiint_{\tau} \left(\sigma_x \frac{\partial \varepsilon_x}{\partial t} + \sigma_y \frac{\partial \varepsilon_y}{\partial t} + \sigma_z \frac{\partial \varepsilon_z}{\partial t} + \right. \\
&\quad \left. \tau_{xy} \frac{\partial \gamma_{xy}}{\partial t} + \tau_{xz} \frac{\partial \gamma_{xz}}{\partial t} + \tau_{yz} \frac{\partial \gamma_{yz}}{\partial t} \right) dtd\tau \\
&= \iiint_{\tau} \rho \frac{\partial^2 u}{\partial t^2} \frac{\partial u}{\partial t} dtd\tau + \iiint_{\tau} \rho \frac{\partial^2 v}{\partial t^2} \frac{\partial v}{\partial t} dtd\tau + \iiint_{\tau} \rho \frac{\partial^2 w}{\partial t^2} \frac{\partial w}{\partial t} dtd\tau +
\end{aligned}$$

$$\iiint_\tau\left(\sigma_x\frac{\partial\varepsilon_x}{\partial t}+\sigma_y\frac{\partial\varepsilon_y}{\partial t}+\sigma_z\frac{\partial\varepsilon_z}{\partial t}+\tau_{xy}\frac{\partial\gamma_{xy}}{\partial t}+\tau_{xz}\frac{\partial\gamma_{xz}}{\partial t}+\tau_{yz}\frac{\partial\gamma_{yz}}{\partial t}\right)\mathrm{d}t\mathrm{d}\tau$$

$$=\left(\iiint_\tau\rho\frac{\partial^2u}{\partial t^2}\frac{\partial u}{\partial t}\mathrm{d}\tau+\iiint_\tau\rho\frac{\partial^2v}{\partial t^2}\frac{\partial v}{\partial t}\mathrm{d}\tau+\iiint_\tau\rho\frac{\partial^2w}{\partial t^2}\frac{\partial w}{\partial t}\mathrm{d}\tau\right)\mathrm{d}t+$$

$$\iiint_\tau\left(\sigma_x\frac{\partial\varepsilon_x}{\partial t}+\sigma_y\frac{\partial\varepsilon_y}{\partial t}+\sigma_z\frac{\partial\varepsilon_z}{\partial t}+\tau_{xy}\frac{\partial\gamma_{xy}}{\partial t}+\tau_{xz}\frac{\partial\gamma_{xz}}{\partial t}+\tau_{yz}\frac{\partial\gamma_{yz}}{\partial t}\right)\mathrm{d}t\mathrm{d}\tau$$

所以:

$$\frac{\mathrm{d}W}{\mathrm{d}t}=\left(\iiint_\tau\rho\frac{\partial^2u}{\partial t^2}\frac{\partial u}{\partial t}\mathrm{d}\tau+\iiint_\tau\rho\frac{\partial^2v}{\partial t^2}\frac{\partial v}{\partial t}\mathrm{d}\tau+\iiint_\tau\rho\frac{\partial^2w}{\partial t^2}\frac{\partial w}{\partial t}\mathrm{d}\tau\right)+$$
$$\iiint_\tau\left(\sigma_x\frac{\partial\varepsilon_x}{\partial t}+\sigma_y\frac{\partial\varepsilon_y}{\partial t}+\sigma_z\frac{\partial\varepsilon_z}{\partial t}+\tau_{xy}\frac{\partial\gamma_{xy}}{\partial t}+\tau_{xz}\frac{\partial\gamma_{xz}}{\partial t}+\tau_{yz}\frac{\partial\gamma_{yz}}{\partial t}\right)\mathrm{d}\tau \tag{2-20}$$

将公式(2-15)、公式(2-20)代入公式(2-13),可得:

$$\frac{\mathrm{d}W}{\mathrm{d}t}-\frac{\mathrm{d}K}{\mathrm{d}t}=\frac{\mathrm{d}U}{\mathrm{d}t}=\iiint_\tau\left(\sigma_x\frac{\partial\varepsilon_x}{\partial t}+\sigma_y\frac{\partial\varepsilon_y}{\partial t}+\sigma_z\frac{\partial\varepsilon_z}{\partial t}+\tau_{xy}\frac{\partial\gamma_{xy}}{\partial t}+\tau_{xz}\frac{\partial\gamma_{xz}}{\partial t}+\tau_{yz}\frac{\partial\gamma_{yz}}{\partial t}\right)\mathrm{d}\tau \tag{2-21}$$

根据理想弹性体假设,单位体积的内能即为单位体积的应变能,用 A 表示,则:

$$U=\iiint_\tau A\mathrm{d}\tau$$

进而可得:

$$\mathrm{d}U=\iiint_\tau\delta A\mathrm{d}\tau=\iiint_\tau\frac{\partial A}{\partial t}\mathrm{d}t\mathrm{d}\tau \tag{2-22}$$

注意:这里单位体积的应变能的变分为 δA,$\delta=\frac{\partial A}{\partial t}\mathrm{d}t$。

将公式(2-22)代入公式(2-21),可得:

$$\iiint_\tau\frac{\partial A}{\partial t}\mathrm{d}t\mathrm{d}\tau=\iiint_\tau\left(\sigma_x\frac{\partial\varepsilon_x}{\partial t}+\sigma_y\frac{\partial\varepsilon_y}{\partial t}+\sigma_z\frac{\partial\varepsilon_z}{\partial t}+\tau_{xy}\frac{\partial\gamma_{xy}}{\partial t}+\tau_{xz}\frac{\partial\gamma_{xz}}{\partial t}+\tau_{yz}\frac{\partial\gamma_{yz}}{\partial t}\right)\mathrm{d}t\mathrm{d}\tau \tag{2-23}$$

由于区域 τ 可以任意选择,可得:

$$\delta A=\frac{\partial A}{\partial t}\mathrm{d}t=\left(\sigma_x\frac{\partial\varepsilon_x}{\partial t}\mathrm{d}t+\sigma_y\frac{\partial\varepsilon_y}{\partial t}\mathrm{d}t+\sigma_z\frac{\partial\varepsilon_z}{\partial t}\mathrm{d}t+\tau_{xy}\frac{\partial\gamma_{xy}}{\partial t}\mathrm{d}t+\tau_{xz}\frac{\partial\gamma_{xz}}{\partial t}\mathrm{d}t+\tau_{yz}\frac{\partial\gamma_{yz}}{\partial t}\mathrm{d}t\right) \tag{2-24}$$

由公式(2-22)、公式(2-24)可得:

$$\delta U=\iiint_\tau(\sigma_x\delta\varepsilon_x+\sigma_y\delta\varepsilon_y+\sigma_z\delta\varepsilon_z+\tau_{xy}\delta\gamma_{xy}+\tau_{yz}\delta\gamma_{yz}+\tau_{zx}\delta\gamma_{zx})\mathrm{d}\tau=\iiint_\tau\sigma_{ij}\delta\varepsilon_{ij}\mathrm{d}\tau \tag{2-25}$$

公式(2-25)的力学含义是:物体产生虚位移 δ^* 的过程中,物体必然产生微小的虚变形 $\delta\varepsilon$(或 ε^*),因此在变形体中就产生虚应变能,方程右边就是虚应变能具体表达式。

2.3.5 虚功方程

假定变形体在虚位移的过程中，并没有温度和速度的改变，因而也就没有热能和动能的改变。将式（2-16）、式（2-17）、式（2-25）代入式（2-21）中，可得：

$$\delta W = \delta W_1 + \delta W_2 = \iiint_{\tau} (X\delta u + Y\delta v + Z\delta w)\,\mathrm{d}\tau + \iint_{S_\sigma} (X_v\delta u + Y_v\delta v + Z_v\delta w)\,\mathrm{d}S$$

$$= \iiint_{\tau} \sigma_{ij}\delta\varepsilon_{ij}\mathrm{d}\tau = \delta U \tag{2-26}$$

式（2-26）即为虚位移原理的位移变分方程，也称为拉格朗日（Lagrange）变分方程，有时也称为虚功方程。它表明，在外力作用下处于平衡状态的可变形体，当给予物体微小虚位移时，外力在虚位移上所做虚功等于物体的虚应变能。

若在虚位移原理的变分方程式（2-26）中，给定位移的部分表面 S_u 上 $\delta u_i = 0$，在给定面力的部分表面 S_σ 上边界条件 $\sigma_{ij}n_j = \overline{F_i}$，即：$\begin{cases} \overline{F_x} = X_v = \sigma_x l + \tau_{yx} m + \tau_{zx} n \\ \overline{F_y} = Y_v = \tau_{xy} l + \sigma_y m + \tau_{zy} n \\ \overline{F_z} = Z_v = \tau_{xz} l + \tau_{yz} m + \sigma_z n \end{cases}$，体积力用哑标 $\overline{f_i}$ 表示，则：

式（2-26）中右边对 S_σ 的积分可写为对整个物体表面的积分形式，即：

$$\delta W = \int_{\tau} \overline{f_i}\delta u_i \mathrm{d}\tau + \int_{S_\sigma} \overline{F_i}\delta u_i \mathrm{d}S = \int_{\tau} \overline{f_i}\delta u_i \mathrm{d}\tau + \int_{S} \sigma_{ij}n_j\delta u_i \mathrm{d}S \tag{2-27}$$

对式（2-27）应用式（2-19）高斯散度定理，则有：

$$\iiint_{\tau} \left[\frac{\partial(\sigma_x\delta u)}{\partial x}\right]\mathrm{d}\tau = \iiint_{\tau} \frac{\partial\sigma_x}{\partial x}\delta u\mathrm{d}\tau + \iiint_{\tau}\left[\sigma_x\frac{\partial(\delta u)}{\partial x}\right]\mathrm{d}\tau = \iint_{S}\sigma_x l\delta u\mathrm{d}S$$，从而可得：

$$\iiint_{\tau}\left[\frac{\partial(\sigma_x\delta u)}{\partial x} + \frac{\partial(\sigma_y\delta v)}{\partial y} + \frac{\partial(\sigma_z\delta w)}{\partial z}\right]\mathrm{d}\tau = \iint_{S}(\sigma_x\delta u l + \sigma_y\delta v m + \sigma_z\delta w n)\mathrm{d}S \tag{2-28}$$

同时，由于

$$\iiint_{\tau}\left[\frac{\partial(\delta v\tau_{xy})}{\partial x} + \frac{\partial(\delta u\tau_{xy})}{\partial y}\right]\mathrm{d}\tau = \iiint_{\tau}\tau_{xy}\left[\frac{\partial}{\partial x}\delta v + \frac{\partial}{\partial y}\delta u\right]\mathrm{d}\tau + \iiint_{\tau}\left[\frac{\partial\tau_{xy}}{\partial x}\delta v + \frac{\partial\tau_{xy}}{\partial y}\delta u\right]\mathrm{d}\tau$$

$$= \iint_{S}(\delta v\tau_{xy} l + \delta u\tau_{xy} m)\,\mathrm{d}S$$

以此类推，可得：

$$\int_{\tau}(\sigma_{ij}\delta u_i)_{,j}\mathrm{d}\tau = \int_{S}\sigma_{ij}n_j\delta u_i\mathrm{d}S \tag{2-29}$$

式（2-29）是用哑标形式表示的，例如：当 $i=1$、$j=1$ 时，式（2-29）即为：

$$\int_{\tau}(\sigma_{11}\delta u_1)_{,1}\mathrm{d}\tau = \int_{\tau}\frac{\partial(\sigma_x\delta u)}{\partial x}\mathrm{d}\tau = \int_{S}\sigma_{11}n_1\delta u_1\mathrm{d}S = \int_{S}\sigma_x l\delta u\mathrm{d}S$$

当 $i=1$、$j=2$ 时，公式（2-29）即为：

$$\int_{\tau}(\sigma_{12}\delta u_1)_{,2}\mathrm{d}\tau = \int_{\tau}\frac{\partial(\sigma_{xy}\delta u)}{\partial y}\mathrm{d}\tau = \int_{S}\sigma_{12}n_2\delta u_1\mathrm{d}S = \int_{S}\sigma_{xy}m\delta u\mathrm{d}S$$

其他情况，以此类推。

将式（2-29）代入式（2-27），可得：

$$\begin{aligned}\delta W &= \int_\tau \bar{f}_i \delta u_i \mathrm{d}\tau + \int_\tau (\sigma_{ij}\delta u_i)_{,j} \mathrm{d}\tau \\ &= \int_\tau \bar{f}_i \delta u_i \mathrm{d}\tau + \int_\tau (\sigma_{ij,j}\delta u_i + \sigma_{ij}\delta u_{i,j}) \mathrm{d}\tau \\ &= \int_\tau (\sigma_{ij,j} + \bar{f}_i)\delta u_i \mathrm{d}\tau + \int_\tau \sigma_{ij}\delta u_{i,j} \mathrm{d}\tau \end{aligned} \tag{2-30}$$

当物体处于平衡状态时，根据平衡方程：$\sigma_{ij,j}+\bar{f}_i=0\left(\rho\dfrac{\partial^2 u_i}{\partial t^2}\right)$，不考虑物体的整体宏观运动，所以，方程式（2-30）中右边第一项积分等于0。

由几何方程式（2-6），可知：$\delta\varepsilon_{ij}=\dfrac{1}{2}$（$\delta u_{i,j}+\delta u_{j,i}$），有根据剪应力互等，即：$\sigma_{ij}=\sigma_{ji}$，从而可得：$2\sigma_{ij}\delta u_{i,j}=\sigma_{ij}\delta u_{i,j}+\sigma_{ji}\delta u_{j,i}=\sigma_{ij}$（$\delta u_{i,j}+\delta u_{j,i}$）$=\sigma_{ij}2\delta\varepsilon_{ij}$。因此，$\sigma_{ij}\delta u_{i,j}=\sigma_{ij}\delta\varepsilon_{ij}$，从而根据式（2-25），可得：$\delta W=\delta U$。

以上证明说明，系统产生任意微小虚位移时，外力所作虚功与物体的虚应变能相等是物体处于平衡状态的必要条件。换言之，就是当变形体处于平衡状态时，虚功方程式（2-26）恒成立。

由应变与位移的关系以及变分、微分先后次序可互换，可知：

$$\left.\begin{aligned}\delta\varepsilon_x &= \delta\frac{\partial u}{\partial x} = \frac{\partial}{\partial x}(\delta u),\ \cdots \\ \delta\gamma_{xy} &= \delta\left(\frac{\partial u}{\partial y}+\frac{\partial v}{\partial x}\right) = \frac{\partial}{\partial x}(\delta v) + \frac{\partial}{\partial y}(\delta u),\ \cdots\end{aligned}\right\} \tag{2-31}$$

由式（2-31）可得：

$$\begin{aligned}\iiint_\tau (\sigma_x\delta\varepsilon_x)\mathrm{d}\tau &= \iiint_\tau \sigma_x\frac{\partial}{\partial x}(\delta u)\mathrm{d}\tau = \iiint_\tau \frac{\partial}{\partial x}(\sigma_x\delta u)\mathrm{d}\tau - \iiint_\tau \delta u\frac{\partial\sigma_x}{\partial x}\mathrm{d}\tau \\ &= \iint_S \sigma_x l\delta u\mathrm{d}S - \iiint_\tau \frac{\partial\sigma_x}{\partial x}\delta u\mathrm{d}\tau\end{aligned}$$

类似的，可得到另外两个方程，统一用哑标形式表示的方程如下：

$$\iiint_\tau (\sigma_i\delta\varepsilon_i)\mathrm{d}\tau = \iiint_\tau \sigma_i\delta u_{i,i}\mathrm{d}\tau = \iint_S \sigma_i n_i\delta u_i\mathrm{d}S - \iiint_\tau \sigma_{i,i}\delta u_i\mathrm{d}\tau \tag{2-32}$$

式中，$i=1, 2, 3$，$n_i=l, m, n$。

由式（2-31）可得：

$$\begin{aligned}\iiint_\tau (\tau_{xy}\delta\gamma_{xy})\mathrm{d}\tau &= \iiint_\tau \tau_{xy}\left[\frac{\partial}{\partial x}(\delta v) + \frac{\partial}{\partial y}(\delta u)\right]\mathrm{d}\tau \\ &= \iint_S \tau_{xy}(l\delta v + m\delta u)\mathrm{d}S - \iiint_\tau\left(\frac{\partial\tau_{xy}}{\partial x}\delta v + \frac{\partial\tau_{xy}}{\partial y}\delta u\right)\mathrm{d}\tau\end{aligned}$$

类似的，可得到另外两个方程，统一用哑标形式表示的方程如下：

$$\iiint_\tau (\tau_{ij}\delta\gamma_{ij})\mathrm{d}\tau = \iint_S \tau_{ij}(n_i\delta u_j + n_j\delta u_i)\mathrm{d}S - \iiint_\tau (\tau_{ij,i}\delta u_j + \tau_{ij,j}\delta u_i)\mathrm{d}\tau \tag{2-33}$$

式中，$i=1, 2, 3$，$j=1, 2, 3$，$n_i=l, m, n$。

将方程式（2-32）、式（2-33）代入方程式（2-25），可得：

$$\delta U = \iiint_{\tau} (\sigma_x \delta\varepsilon_x + \sigma_y \delta\varepsilon_y + \sigma_z \delta\varepsilon_z + \tau_{xy}\delta\gamma_{xy} + \tau_{yz}\delta\gamma_{yz} + \tau_{zx}\delta\gamma_{zx})\mathrm{d}\tau$$

$$= \iint_S [(\sigma_x l + \tau_{xy} m + \tau_{xz} n)\delta u + (\tau_{yx} l + \sigma_y m + \tau_{yz} n)\delta v + (\tau_{zx} l + \tau_{zy} m + \sigma_z n)\delta w]\,\mathrm{d}S -$$

$$\iiint_{\tau}\left[\left(\frac{\partial\sigma_x}{\partial x}+\frac{\partial\tau_{xy}}{\partial y}+\frac{\partial\tau_{xz}}{\partial z}\right)\delta u+\left(\frac{\partial\tau_{yx}}{\partial x}+\frac{\partial\sigma_y}{\partial y}+\frac{\partial\tau_{yz}}{\partial z}\right)\delta v+\left(\frac{\partial\tau_{zx}}{\partial x}+\frac{\partial\tau_{zy}}{\partial y}+\frac{\partial\sigma_z}{\partial z}\right)\delta w\right]\mathrm{d}\tau \tag{2-34}$$

将式（2-34）代入式（2-26），可得：

$$\iiint_{\tau}(X\delta u + Y\delta v + Z\delta w)\mathrm{d}\tau + \iint_{S_\sigma}(X_v\delta u + Y_v\delta v + Z_v\delta w)\mathrm{d}S$$

$$= \iint_S [(\sigma_x l + \tau_{xy} m + \tau_{xz} n)\delta u + (\tau_{yx} l + \sigma_y m + \tau_{yz} n)\delta v + (\tau_{zx} l + \tau_{zy} m + \sigma_z n)\delta w]\,\mathrm{d}S -$$

$$\iiint_{\tau}\left[\left(\frac{\partial\sigma_x}{\partial x}+\frac{\partial\tau_{xy}}{\partial y}+\frac{\partial\tau_{xz}}{\partial z}\right)\delta u+\left(\frac{\partial\tau_{yx}}{\partial x}+\frac{\partial\sigma_y}{\partial y}+\frac{\partial\tau_{yz}}{\partial z}\right)\delta v+\left(\frac{\partial\tau_{zx}}{\partial x}+\frac{\partial\tau_{zy}}{\partial y}+\frac{\partial\sigma_z}{\partial z}\right)\delta w\right]\mathrm{d}\tau$$

整理后得到：

$$\begin{aligned}&\iiint_{\tau}\left[\left(\frac{\partial\sigma_x}{\partial x}+\frac{\partial\tau_{xy}}{\partial y}+\frac{\partial\tau_{xz}}{\partial z}+X\right)\delta u+\left(\frac{\partial\tau_{yx}}{\partial x}+\frac{\partial\sigma_y}{\partial y}+\frac{\partial\tau_{yz}}{\partial z}+Y\right)\delta v+\right.\\&\left.\left(\frac{\partial\tau_{zx}}{\partial z}+\frac{\partial\tau_{zy}}{\partial y}+\frac{\partial\sigma_z}{\partial z}+Z\right)\delta w\right]\mathrm{d}\tau-\iint_S[(\sigma_x l+\tau_{xy}m+\tau_{xz}n-X_v)\delta u+\\&(\tau_{yx}l+\sigma_y m+\tau_{yz}n-Y_v)\delta v+(\tau_{zx}l+\tau_{zy}m+\sigma_z n-Z_v)\delta w]\mathrm{d}S=0\end{aligned} \tag{2-35}$$

因为虚位移 δu，δv，δw 各自独立，而且是完全任意的，因此式（2-35）中积分式中括弧内的系数均等于0，而式（2-35）前3项积分式中括弧内等于0，就是3个平衡方程，式（2-35）后3项积分式中括弧内等于0，就是3个应力边界条件。

因为虚位移 δu，δv，δw 各自独立，而且是完全任意的，因此上列积分式中括弧内的系数均等于零，这样得到3个平衡方程和3个静力边界条件。因而证明 $\delta W=\delta U$ 是物体处于平衡状态的充分条件。换言之，就是对于任意的微小虚位移，虚功方程恒成立，则变形体一定处于平衡状态。

2.3.6 虚功原理

$$\delta W = \delta W_1 + \delta W_2 = \iiint_{\tau}(X\delta u + Y\delta v + Z\delta w)\mathrm{d}\tau + \iint_{S_\sigma}(X_v\delta u + Y_v\delta v + Z_v\delta w)\mathrm{d}S = \iiint_{\tau}\sigma_{ij}\delta\varepsilon_{ij}\mathrm{d}\tau = \delta U$$

体力、面力在虚位移上做的功，在虚功方程中写为：

$\iiint_{\tau}(X\delta u + Y\delta v + Z\delta w)\mathrm{d}\tau + \iint_{S_\sigma}(X_v\delta u + Y_v\delta v + Z_v\delta w)\mathrm{d}S$。根据2.3.2节论述，也可简写为：$\delta^{*T}F$，虚应变能简写为：$\int_V \varepsilon^{*T}\sigma\mathrm{d}V$，从而得到虚功原理的一般表达式：

$$\int_V \varepsilon^{*T}\sigma\mathrm{d}V = \delta^{*T}F \tag{2-36}$$

式（2-36）就是虚功原理的一般表示式，它通过虚位移和虚应变表明了外力与应力之间的关系。该公式是得到解决各种具体问题的有限元公式的基础，虚功原理也是最基本的能量原理，它是用功能的概念阐述结构的平衡条件。在本书中，就是利用虚功原理，将变形体弹性力学问题求解转变为虚功方程的求解。

值得说明的是，虚功原理一系列公式推导过程较为复杂，符号表示、推导细节等不同教材不尽相同。为了便于工科读者理解和查阅其他文献资料，本书尽可能用简化的方式表述，同时，尽可能在概念上介绍常用的说法。如本书给出了虚功方程详细推导过程，但仍保留外力虚功、内力虚功一节，实质上，外力虚功就是δW，内力虚功的大小就是δU。

虚功原理的应用条件为：

（1）力系在变形过程中始终保持平衡；

（2）变形是连续的，不出现搭接和裂缝；

（3）虚功原理既适合于变形体，也适合于刚体。

如图 2-6 所示简支刚性梁，由于支座陷落，结构发生刚体位移，而梁本身没有发生任何变形，因此虚应变能内力虚功$\delta U=0$。根据虚功原理$\delta W=0$，这就是刚体结构的虚功原理。它表明：如果力系在刚体位移中保持平衡，则体力、面力所做虚功的总和为零。在图 2-6 中：

$$\delta W = p\Delta - V_B C = 0$$

可见，刚体虚功原理只是变形体虚功原理的特例。

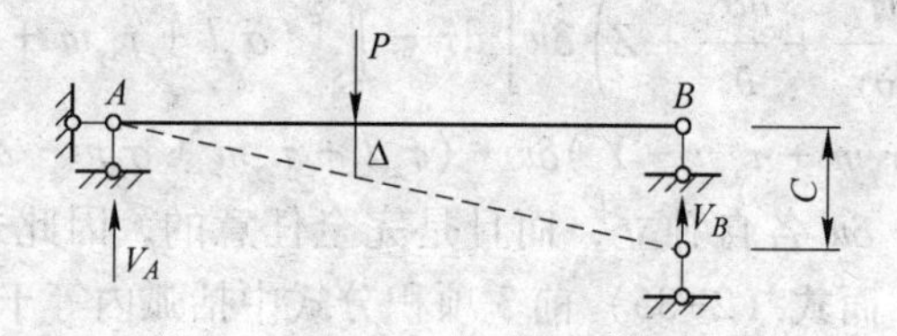

图 2-6 支座陷落

【例 2-1】如图 2-7 所示简单衔架，在结点 C 承受载荷 P，由于温度升高，杆 AC 和杆 AB 各伸长 Δ_i，使结点 C 移到 C'，产生铅垂位移 $\Delta=\overline{CC'}$，验证虚功原理。

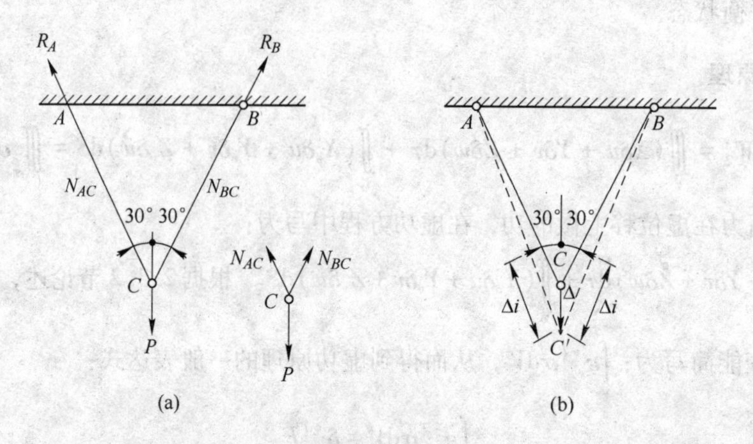

图 2-7 简单衔架

【解】

(1) 虚应变能计算。

假设杆 AC 和杆 AB 的横截面积均为 S，杆长 $l=l_{AC}=l_{BC}$，杆 AC 和 BC 受力分别为 N_{AC}、N_{BC}，容易推导出：$N=N_{AC}=N_{BC}=\frac{\sqrt{3}}{3}P$，$\Delta=\frac{\Delta_i}{\cos 30^\circ}$

则：$\delta U=\int_V \varepsilon^{*T}\sigma \mathrm{d}V=2\iiint_V \frac{\Delta_i}{l}\cdot\frac{N}{S}\mathrm{d}V=2\Delta_i N$。

(2) 外力虚功计算。

计算，$\delta W=\delta^{*T}F=\Delta P=2\frac{\Delta_i}{\sqrt{3}}\frac{3N}{\sqrt{3}}=2\Delta_i N$。

显然，$\delta W=\delta U$，即：$\int_V \varepsilon^{*T}\sigma \mathrm{d}V=\delta^{*T}F$。

所以验证了虚功原理的正确性。

2.4 位移模式与形函数

2.4.1 位移模式

在有限元中，将连续体划分成为若干单元，单元与单元之间用结点连接起来，有限元所求的位移就是这些结点的位移。与结构体积相比，当单元划分很小时，这些单元结点位移就能够反映出整个结构的位移场情况。

这里，将每个单元都看作是一个连续的、均匀的、完全弹性的各项同性体。由式（2-5）可知，如果位移函数 u 是坐标（$[x \quad y \quad z]$）的已知函数，则由式（2-5）可得到应变，再由式（2-8）可得到应力。

根据有限元的思想，单元结点位移作为待求未知量是离散的，不是坐标的函数，式（2-5）、式（2-8）都不能直接用。因此，首先要想办法得到单元内任意点位移用结点坐标表示的函数。显然，当单元划分很小时，就可以采用插值方法将单元中的位移分布表示成结点坐标的简单函数，这就是位移模式（displacement model）或位移函数。

在构造位移模式时，应考虑位移模式中的参数数目必须与单元的结点位移未知数数目相同，且位移模式应满足收敛性的条件，特别是必须有反映单元的刚体位移项和常应变项的低幂次项的函数；另外，必须使位移函数在结点处的值与该点的结点位移值相等。

将单元结点位移记作：

$$\delta^e=[\delta_i \quad \delta_j \quad \delta_m \quad \cdots]^T=[u_i \quad v_i \quad w_i\cdots]^T \tag{2-37}$$

位移模式反映单元中的位移分布形态，是单元中位移的插值函数，在结点处等于该结点位移，位移模式可表示为：

$$u=N\delta^e \tag{2-38}$$

式中，N 称为形态函数或形函数。在有限元中，各种计算公式都依赖于位移模式，位移模式的选择与有限元法的计算精度和收敛性有关。

2.4.2　形函数

形函数（shape function）是构造出来的，理论和实践证明，位移模式满足下面三个条件时，则有限元计算结果在单元尺寸逐步取小时能够收敛于正确结果，应满足的三个条件：

（1）必须能反映单元的刚体位移。就是位移模式应反映与本单元形变无关的由其他单元形变所引起的位移。

（2）能反映单元的常量应变。所谓常量应变，就是与坐标位置无关，单元内所有点都具有相同的应变。当单元尺寸取小时，则单元中各点的应变趋于相等，也就是单元的形变趋于均匀，因而常量应变就成为应变的主要部分。

（3）尽可能反映位移连续性；尽可能反映单元之间位移的连续性，即相邻单元位移协调。

补充说明：一个单元内各点的位移实际上由两部分组成，即单元本身变形引起和其他单元变形通过结点传递来的与自身变形无关，后部分就是刚体位移。单元应变一般包含与坐标有关的变应变和与坐标无关的常应变，当单元尺寸很小时，单元中各点应变很接近，常应变成为主要部分。满足（1）和（2）条件是收敛的必要条件，称为完备性单元，条件（3）是收敛的充分条件，3 个条件同时满足成为完备协调单元

2.5　刚度与刚度矩阵

计算单元刚度矩阵（stiffness matrix）是位移法有限元分析的重要一步，这里讨论弹簧的刚度用以说明刚度矩阵的物理概念。

使弹簧产生单位位移需要加在弹簧上的力，称为弹簧的刚度系数，简称为刚度，由刚度系数组成的矩阵称为刚度矩阵。

如图 2-8 所示，设有一弹性体，在其上作用有广义力 F_1，F_2，…，F_i，…，F_n。作用点的编号为 1，2，…，i，…，n。设在支座约束下，弹性体不能发生刚体运动，仅产生弹性变形。在各点其相应的广义位移（线位移和转角）为 δ_1，δ_2，…，δ_i，…，δ_n。如以结点 i 为例，广义位移 δ_i 是弹性体受这一组广义力 F_1，F_2，…，F_i，…，F_n 共同作用而产

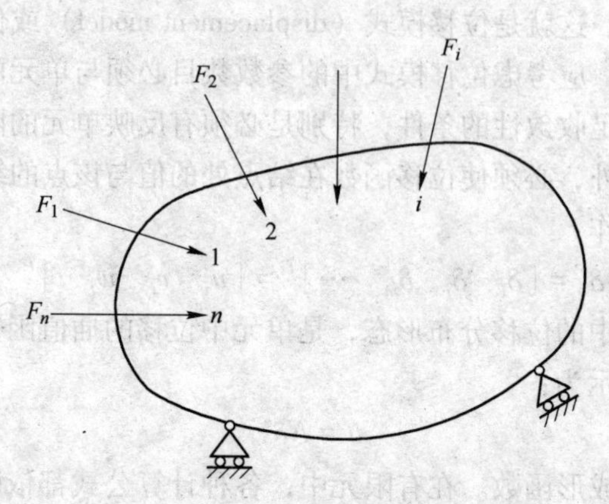

图 2-8　平面任意弹性体

生的。由于弹性体服从虎克定律和微小变形的假定，按叠加原理可写出线形方程式（注意：只有线弹性体才能进行叠加）：

$$\delta_i = c_{i1}F_1 + c_{i2}F_2 + \cdots + c_{ij}F_j + \cdots + c_{in}F_n \tag{2-39}$$

式中，c_{ij}为单位载荷（$F_j=1$）作用在j点上，而在i点在F_i方向上产生的位移。因此，作用在j点上的力（$F_j\neq1$）所引起i点的位移应为$c_{ij}F_j$。c_{ij}称为柔度系数或位移影响系数。同理，可写出每一个点的位移方程式为：

$$\begin{cases}\delta_1 = c_{11}F_1 + c_{12}F_2 + \cdots + c_{1n}F_n\\ \delta_2 = c_{21}F_1 + c_{22}F_2 + \cdots + c_{2n}F_n\\ \quad\vdots\\ \delta_i = c_{i1}F_1 + c_{i2}F_2 + \cdots + c_{in}F_n\\ \quad\vdots\\ \delta_n = c_{n1}F_1 + c_{n2}F_2 + \cdots + c_{nn}F_n\end{cases}$$

写成矩阵形式为：

$$\begin{Bmatrix}\delta_1\\ \delta_2\\ \vdots\\ \delta_i\\ \vdots\\ \delta_n\end{Bmatrix} = \begin{bmatrix}c_{11} & c_{12} & \cdots & c_{1n}\\ c_{21} & c_{22} & \cdots & c_{2n}\\ \vdots & \vdots & & \vdots\\ c_{i1} & c_{i2} & \cdots & c_{in}\\ \vdots & \vdots & & \vdots\\ c_{n1} & c_{n2} & \cdots & c_{nn}\end{bmatrix}\begin{Bmatrix}F_1\\ F_2\\ \vdots\\ F_i\\ \vdots\\ F_n\end{Bmatrix}$$

简写为：$\{\delta\} = [\boldsymbol{c}]\cdot\{F\}$，$[\boldsymbol{c}]$ 称为柔度矩阵。

反之，如果用位移表示所产生的力时（用位移法求解的有限元），则同理可得在i点由这组广义位移所引起的力为：

$$F_i = k_{i1}\delta_1 + k_{i2}\delta_2 + \cdots + k_{ij}\delta_j + \cdots + k_{in}\delta_n$$

如有n个点，可写出n个表示式，即：

$$\begin{Bmatrix}F_1\\ F_2\\ \vdots\\ F_i\\ \vdots\\ F_n\end{Bmatrix} = \begin{bmatrix}k_{11} & k_{12} & \cdots & k_{1n}\\ k_{21} & k_{22} & \cdots & k_{2n}\\ \vdots & \vdots & & \vdots\\ k_{i1} & k_{i2} & \cdots & k_{in}\\ k_{n1} & k_{n2} & \cdots & k_{nn}\end{bmatrix}\begin{Bmatrix}\delta_1\\ \delta_2\\ \vdots\\ \delta_i\\ \vdots\\ \delta_n\end{Bmatrix}$$

简写为：

$$\{F\} = [\boldsymbol{K}]\{\delta\}$$

式中，$[\boldsymbol{K}]$ 称为刚度矩阵。刚度系数 k_{ij}表示j点有单位位移（$\delta_j=1$）而在i点所引起的力，如果力和位移同向则为正，反之为负。因此，在j点上如果位移为δ_j时（$\delta_j\neq1$），则在i点上引起的力为$k_{ij}\delta_j$。如果弹性体在n个点上均产生位移，即有δ_1，δ_2，…，δ_n。则按线性叠加原理，在n个点上所引起的力即为：$\{F\}=[\boldsymbol{K}]\{\delta\}$。

如果弹性体只取一个单元，则称为单元刚度矩阵（单刚矩阵），通常表示为$[k]^e$，如果是由各个单元组集成的总体结构，则$[\boldsymbol{K}]$ 称为结构刚度矩阵（总刚度矩阵，总刚矩阵）。

2.6 习　　题

2-1　弹性力学基本假设是什么？

2-2　虚位移的含义是什么？

2-3　说明虚位移原理的含义，证明其充分、必要性。

2-4　位移模式的概念是什么？

2-5　如何构造位移模式？

3 杆系结构单元

3.1 引　　言

结构单元是杆系单元和板壳单元的总称，杆件和板壳在工程中有广泛的应用，它们的力学分析属于结构力学范畴。对于一般几何形状的三维结构或构件，即使限于弹性分析，要获得它的解析解也是很困难的。而对于杆件或板壳，由于它们在几何上分别具有两个方向和一个方向的尺度比其他方向小得多的特点，在分析中可以在其变形和应力方面引入一定的假设，使杆件和板壳分别简化为一维问题和二维问题，从而方便问题的求解。这种引入一定的假设，使一些典型构件的力学分析成为实际可能，是结构力学的基本特点。但是即使如此，对于杆件和板壳组成的结构系统，特别是它们在一般载荷条件的作用下，解析求解仍然存在困难。因此，在有限单元法开始成功地应用于弹性力学的平面问题和空间问题以后，很自然地，人们将杆件和板壳问题的求解作为它的一个重要发展目标。

杆系结构的有限单元法又称为结构矩阵分析法，其中以矩阵位移法应用最广，这里以虚功原理推导杆系结构单元有限元公式。

3.2 简单杆系结构有限单元分析

平面杆系结构是工程上常见的一类结构，此类结构所有的杆件轴线与荷载作用线均在同一平面上。例如，平面桁架、平面刚架、连续梁等属此类结构。对此类结构进行分析时，可将每一杆件作为结构的单元（简称为杆单元），杆单元的端点称为结点，结构可看成是由有限个杆单元在结点处连接组合而成。对此类结构的有限元分析在工程上具有重要的意义。

下面，通过一个简单例题来说明用有限元方法分析平面杆系结构问题的一般步骤。

【例 3-1】 如图 3-1 所示为两个等截面（单位面积）单元①和单元②杆件结构，在结点②处铰连成一简单杆系，该杆系在结点 1 处与支座铰连，并在结点 2 和 3 处分别受有外加轴向载荷 F_2、F_3，求解结点②、③处的位移及单元①和②杆的应力及 1 处支座反力。

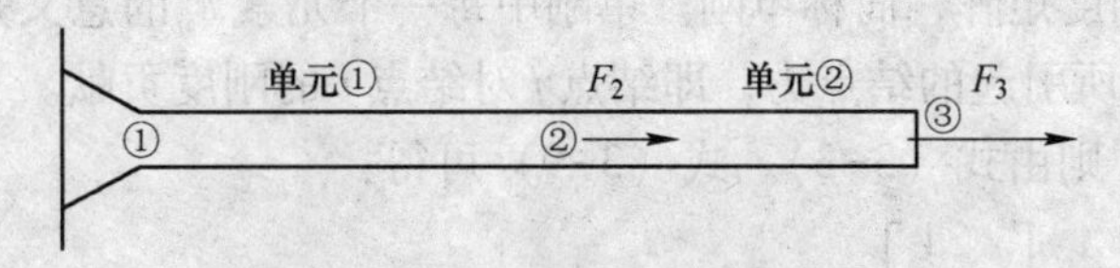

图 3-1　等截面杆系结构

第一步：结构离散化。为简单起见，将该杆系划分为 2 个单元，3 个结点。

第二步：构造形函数。任意取一单元，为了简化说明，假设杆就在局部坐标 ξ 轴上，如图3-2所示，结点号为 i 和 j，按一维Lagrange插值公式，有：

$$[u]=N\delta^{e}=\left[1-\frac{\xi-\xi_i}{\xi_j-\xi_i},\ \frac{\xi-\xi_i}{\xi_j-\xi_i}\right]\begin{bmatrix}u_i\\u_j\end{bmatrix} \tag{3-1}$$

容易验证，当 $\xi=\xi_i$ 则 $u=u_i$，$\xi=\xi_j$ 则 $u=u_j$，即形函数为线性函数。

图3-2 一维杆系结构单元

式（3-1）可简写为：

$$[u]=N\delta^{e}=[N_i,\ N_j]\cdot\begin{bmatrix}u_i\\u_j\end{bmatrix} \tag{3-2}$$

第三步：几何方程。

这里是一维问题，所以是微分不是偏微分。根据式（3-2），由几何方程，可导出用结点位移表示的单元应变为：

$$\varepsilon=\frac{\mathrm{d}u}{\mathrm{d}\xi}=\left[\frac{\mathrm{d}N_i}{\mathrm{d}\xi}\ \ \frac{\mathrm{d}N_j}{\mathrm{d}\xi}\right]\begin{bmatrix}u_i\\u_j\end{bmatrix}=\left[-\frac{1}{\xi_j-\xi_i},\ \frac{1}{\xi_j-\xi_i}\right]\begin{bmatrix}u_i\\u_j\end{bmatrix}=\boldsymbol{B}\delta^{e} \tag{3-3}$$

式中，$\boldsymbol{B}$ 为应变转换矩阵，该式说明对于一个单元来说，为常应变。

第四步：根据虚功原理推导单元刚度矩阵（注意：加星号的为虚应变、虚位移）。

由式（3-3）得：

$$\varepsilon^{*}=\boldsymbol{B}\delta^{*e} \tag{3-4}$$

进而得：

$$\varepsilon^{*T}=\delta^{*eT}\boldsymbol{B}^{T} \tag{3-5}$$

式（3-3）的物理方程为：

$$\sigma=E\varepsilon=E\boldsymbol{B}\delta^{e} \tag{3-6}$$

对任意单元（e：element），应用虚功方程：

$$\int_V\varepsilon^{*T}\sigma\,\mathrm{d}V=\delta^{*T}F \tag{3-7}$$

即：

$$\int_{\xi_i}^{\xi_j}\delta^{*eT}\boldsymbol{B}^{T}E\boldsymbol{B}\delta^{e}\,\mathrm{d}\xi=\delta^{*eT}F^{e} \tag{3-8}$$

由于 δ^{*eT} 为任意的，方程两边去掉该项后必须相等，得：

$$F^{e}=\delta^{e}\int_{\xi_i}^{\xi_j}B^{T}\boldsymbol{EB}\,\mathrm{d}\xi=k^{e}\delta^{e} \tag{3-9}$$

式中，k^{e} 就是单元刚度矩阵，简称单刚。单刚中每一个元素 k_{ij} 的意义是：当结点 j 产生单位位移时在结点 i 上所引起的结点力，即结点 j 对结点 i 的刚度贡献。

令 $\xi_j-\xi_i=l_e$，则由式（3-3）、式（3-9）可得：

$$[k]^{e}=E\int_{\xi_i}^{\xi_j}\begin{bmatrix}-\dfrac{1}{l_e}\\[2mm]\dfrac{1}{l_e}\end{bmatrix}\left[-\frac{1}{l_e},\ \ \frac{1}{l_e}\right]\mathrm{d}\xi=\begin{bmatrix}k_{ii}&k_{ij}\\k_{ji}&k_{jj}\end{bmatrix}=\frac{E}{l_e}\begin{bmatrix}1&-1\\-1&1\end{bmatrix} \tag{3-10}$$

k_{ij}的含义就是使结点 j 产生单位位移需要在结点 i 处施加的结点力。

第五步：总刚度矩阵。

单元刚度矩阵形成后，应将各单元刚度矩阵组装集合成整体刚度矩阵（即总刚矩阵）。如图 3-3 所示为杆系结构两单元结点编号示意图，由式（3-10）可得总刚度矩阵为：

$$\boldsymbol{K} = \begin{bmatrix} k^{(1)}{}_{11} & k^{(1)}{}_{12} & 0 \\ k^{(1)}{}_{21} & k^{(1)}{}_{22} + k^{(2)}{}_{22} & k^{(2)}{}_{23} \\ 0 & k^{(2)}{}_{32} & k^{(2)}{}_{33} \end{bmatrix} \tag{3-11}$$

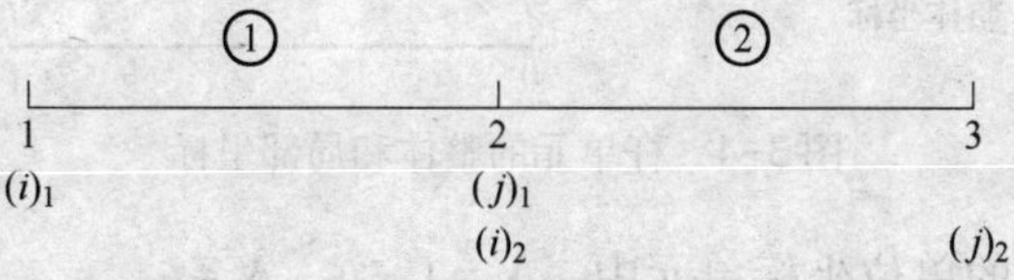

①　②

1　2　3

$(i)_1$　$(j)_1$　$(i)_2$　$(j)_2$

图 3-3　杆系结构两单元结点编号示意图

第六步：引入边界条件求解结点位移。

总刚矩阵［$\boldsymbol{K}$］组集完成后，由式（1-6）即可获得整个结构的平衡方程为：

$$\begin{Bmatrix} F_1 \\ F_2 \\ F_3 \end{Bmatrix} = E \begin{bmatrix} \dfrac{1}{l_1} & -\dfrac{1}{l_1} & 0 \\ -\dfrac{1}{l_1} & \dfrac{1}{l_1} + \dfrac{1}{l_2} & -\dfrac{1}{l_2} \\ 0 & -\dfrac{1}{l_2} & \dfrac{1}{l_2} \end{bmatrix} \begin{Bmatrix} u_1 \\ u_2 \\ u_3 \end{Bmatrix} \tag{3-12}$$

整个结构的边界条件为 $u_1 = 0$，F_2、F_3 已知，3 个未知量 3 个方程，因此式（3-12）可求得唯一解：

$$\begin{bmatrix} u_2 \\ u_3 \end{bmatrix} = \frac{1}{E} \begin{bmatrix} l_1 & l_1 \\ l_1 & l_1 + l_2 \end{bmatrix} \begin{bmatrix} F_2 \\ F_3 \end{bmatrix} \quad F_1 = -(F_2 + F_3)$$

第七步：求应力应变。

由式（3-3）可得：

$$\varepsilon_1 = \frac{u_2}{l_1},\ \varepsilon_2 = \frac{u_3 - u_2}{l_2}$$

再由式（3-6）得：

$$\sigma_1 = E\,\frac{u_2}{l_1},\ \sigma_2 = E\,\frac{u_3 - u_2}{l_2}$$

上述例子说明，通过虚功方程建立有限元公式及其求解的基本过程，本书中其他有限元公式的建立可能更为复杂，但基本过程是一样的。同时，对于复杂单元要引进等参数单元的概念，为了便于更容易理解后面的等参数单元，对上述例子，采用等参数单元建立有限元方程，过程如下。

如图 3-2 所示，由于每个单元的实际长度不一样，引入局部坐标，使得局部坐标下每个单元长度均为 1，如图 3-4 所示。

对于局部坐标下的单位坐标单元，有下面公式：

$$[u] = N\delta^{e} = \left[1 - \frac{\xi - \xi_i}{\xi_j - \xi_i},\ \frac{\xi - \xi_i}{\xi_j - \xi_i}\right]\begin{bmatrix} u_i \\ u_j \end{bmatrix} = [N_i,\ N_j] \cdot \begin{bmatrix} u_i \\ u_j \end{bmatrix} = [1 - \xi,\ \xi] \cdot \begin{bmatrix} u_i \\ u_j \end{bmatrix} \tag{3-13}$$

注意：这里的 $u=u\ (\xi)$，$N_i=N_i\ (\xi)$，$i=i$，j。

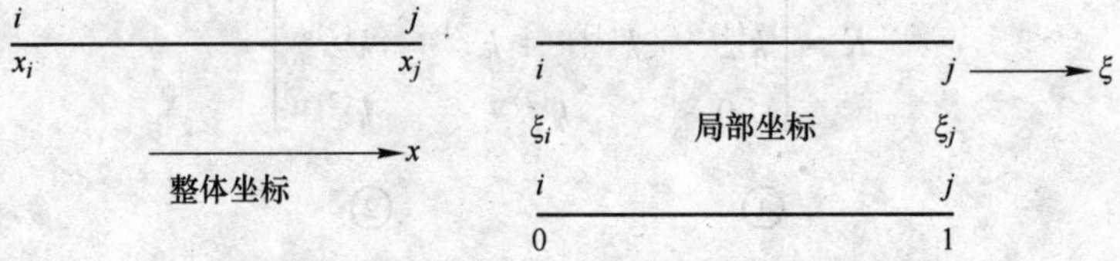

i j
x_i x_j
→ x
整体坐标

i j → ξ
ξ_i 局部坐标 ξ_j
i j
0 1

图 3-4 杆单元的整体和局部坐标

就是在局部坐标下的单位坐标单元中，$N_i=1-\xi$，$N_j=\xi$。

将局部坐标下结点的“位移信息”换成“坐标信息”，与上面变换一样，即：

$$x = [N_i,\ N_j] \cdot \begin{bmatrix} x_i \\ x_j \end{bmatrix} = N_i x_i + N_j x_j = (1 - \xi)\ x_i + \xi x_j \tag{3-14}$$

显然，在 $\xi=\xi_i=0$ 时，有 $x=x_i$；在 $\xi=\xi_j=1$ 时，有 $x=x_j$。

将位移函数式（3-13）代入几何方程，则有：

$$\varepsilon = \frac{\mathrm{d}u}{\mathrm{d}x} = \frac{\mathrm{d}[N_i,\ N_j] \cdot \begin{bmatrix} u_i \\ u_j \end{bmatrix}}{\mathrm{d}x} = \left[\frac{\mathrm{d}N_i}{\mathrm{d}x},\ \frac{\mathrm{d}N_j}{\mathrm{d}x}\right] \cdot \begin{bmatrix} u_i \\ u_j \end{bmatrix} \tag{3-15}$$

由 $N_i=1-\xi$ 和公式（3-14）可得：$\frac{\mathrm{d}N_i}{\mathrm{d}\xi}=-1$，$\frac{\mathrm{d}x}{\mathrm{d}\xi}=x_j-x_i=l_e$，代入公式 $\frac{\mathrm{d}N_i}{\mathrm{d}\xi}=\frac{\mathrm{d}N_i}{\mathrm{d}x}\frac{\mathrm{d}x}{\mathrm{d}\xi}$，即：$-1=\frac{\mathrm{d}N_i}{\mathrm{d}x}l_e$，所以，$\frac{\mathrm{d}N_i}{\mathrm{d}x}=-\frac{1}{l_e}$，同理可得：$\frac{\mathrm{d}N_j}{\mathrm{d}x}=\frac{1}{l_e}$，代入式（3-15），可得：

$$\varepsilon = \frac{\mathrm{d}u}{\mathrm{d}x} = \frac{\mathrm{d}[N_i,\ N_j] \cdot \begin{bmatrix} u_i \\ u_j \end{bmatrix}}{\mathrm{d}x} = \left[\frac{\mathrm{d}N_i}{\mathrm{d}x},\ \frac{\mathrm{d}N_j}{\mathrm{d}x}\right] \cdot \begin{bmatrix} u_i \\ u_j \end{bmatrix} = \left[-\frac{1}{l_e},\ \frac{1}{l_e}\right] \cdot \begin{bmatrix} u_i \\ u_j \end{bmatrix} = B\delta^{e}$$

上述即为式（3-3），其他步骤与上述例子完全相同，不再赘述。

3.3 平面杆单元刚度矩阵

由 3.2 节中简单例题的分析可知，只有得到了单元的刚度矩阵，才能组集结构整体刚度矩阵，从而形成整体平衡方程并求解。所以，单元刚度矩阵的形成在用有限元方法对结构分析中占有十分重要的位置，下面介绍杆单元的刚度矩阵公式推导。

以虚功原理推导有限元公式，根据材料力学和转角位移方程也可以直接导出桁架、梁和刚架单元的刚度矩阵，本节只介绍用虚功原理推导单元刚度矩阵的方法，这是一种推导单元刚度矩阵的更为一般适用的方法。

第一步：结构离散化。首先将整体刚架结构划分为若干单元，单元划分原则将在后面论述。

第二步：位移模式（形函数）。

设有任意一刚架单元如图 3-5 所示，两端的结点号分别为 i 和 j，ξ、η 为单元局部坐标系，ξ 表示单元任意截面的位置。

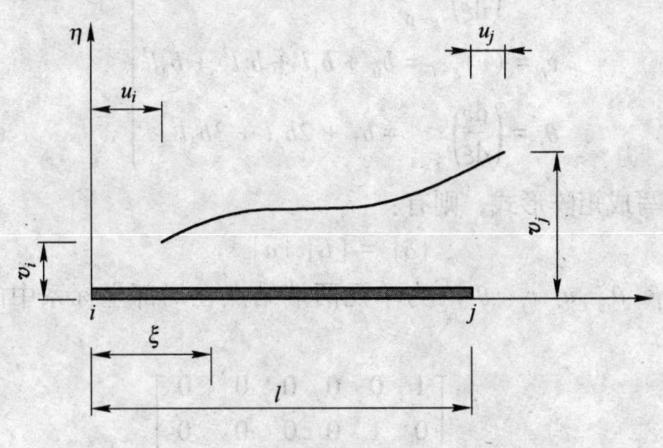

图 3-5 平面任意杆单元

若单元的两端发生位移，由材料力学可知，单元上任意点轴向位移 u 是 ξ 的线性函数，而横向位移 v 可以用 ξ 的完全三次式表示，即有：

$$\begin{cases} u = a_0 + a_1\xi \\ v = b_0 + b_1\xi + b_2\xi^2 + b_3\xi^3 \end{cases} \tag{3-16}$$

式中，a_0、a_1、b_0、b_1、b_2、b_3 为待定常数，可由单元两端位移条件确定，式（3-16）可写成如下矩阵形式：

$$\begin{Bmatrix} u \\ v \end{Bmatrix} = \begin{bmatrix} 1 & 0 & 0 & \xi & 0 & 0 \\ 0 & 1 & \xi & 0 & \xi^2 & \xi^3 \end{bmatrix} \begin{Bmatrix} a_0 \\ b_0 \\ b_1 \\ a_1 \\ b_2 \\ b_3 \end{Bmatrix} \tag{3-17}$$

若记：

$$\{u\} = [u \quad v]^T \tag{3-18}$$

$$[H] = \begin{bmatrix} 1 & 0 & 0 & \xi & 0 & 0 \\ 0 & 1 & \xi & 0 & \xi^2 & \xi^3 \end{bmatrix} \tag{3-19}$$

$$\{a\} = [a_0 \quad b_0 \quad b_1 \quad a_1 \quad b_2 \quad b_3]^T \tag{3-20}$$

则式（3-17）可简写为：

$$\{u\} = [H]\{a\} \tag{3-21}$$

式（3-21）表示单元的位移函数。

由式（3-21）算得的单元两端的位移应等于结点 i，j 位移向量中的各个分量，于是有：

$$\left.\begin{aligned}
u_i &= (u)_{\xi=0} = a_0 \\
u_j &= (u)_{\xi=l} = a_0 + a_1 l \\
v_i &= (v)_{\xi=0} = b_0 \\
\theta_i &= \left(\frac{\mathrm{d}v}{\mathrm{d}\xi}\right)_{\xi=0} = b_1 \\
v_j &= (v)_{\xi=l} = b_0 + b_1 l + b_2 l^2 + b_3 l^3 \\
\theta_j &= \left(\frac{\mathrm{d}v}{\mathrm{d}\xi}\right)_{\xi=l} = b_1 + 2b_2 l + 3b_3 l^2
\end{aligned}\right\} \tag{3-22}$$

将式（3-22）写成矩阵形式，则有：

$$\{\delta\} = [G]\{a\} \tag{3-23}$$

式中，$\{\delta\} = [u_i \quad v_i \quad \theta_i \quad u_j \quad v_j \quad \theta_j]^T$ 为单元两端结点在局部坐标系中的位移向量。由式（3-22）可得：

$$[G] = \begin{bmatrix} 1 & 0 & 0 & 0 & 0 & 0 \\ 0 & 1 & 0 & 0 & 0 & 0 \\ 0 & 0 & 1 & 0 & 0 & 0 \\ 1 & 0 & 0 & l & 0 & 0 \\ 0 & 1 & l & 0 & l^2 & l^3 \\ 0 & 0 & 1 & 0 & 2l & 3l^2 \end{bmatrix} \tag{3-24}$$

以$[G]^{-1}$左乘式（3-23）得：

$$\{a\} = [G]^{-1}\{\delta\} \tag{3-25}$$

式中：

$$[G]^{-1} = \begin{bmatrix} 1 & 0 & 0 & 0 & 0 & 0 \\ 0 & 1 & 0 & 0 & 0 & 0 \\ 0 & 0 & 1 & 0 & 0 & 0 \\ -\frac{1}{l} & 0 & 0 & \frac{1}{l} & 0 & 0 \\ 0 & -\frac{3}{l^2} & -\frac{2}{l} & 0 & \frac{3}{l^2} & -\frac{1}{l} \\ 0 & \frac{2}{l^3} & \frac{1}{l^2} & 0 & -\frac{2}{l^3} & \frac{1}{l^2} \end{bmatrix} \tag{3-26}$$

将式（3-25）代入式（3-21）可得：

$$\{u\} = [H][G]^{-1}\{\delta\} \tag{3-27}$$

若定义：

$$[N] = [H][G]^{-1} \tag{3-28}$$

则式（3-27）可写成：

$$\{u\} = [N]\{\delta\} \tag{3-29}$$

式中，$[N]$ 被称为形函数矩阵。通过利用形函数矩阵，式（3-29）达到了用结点位移表达杆件轴线上任意点位移状况的目的。将式（3-19）和式（3-26）代入式（3-28），则有：

$$[N]=\begin{bmatrix}1-\frac{\xi}{l} & 0 & 0 & \frac{\xi}{l} & 0 & 0\\ 0 & 1-3\left(\frac{\xi}{l}\right)^2+2\left(\frac{\xi}{l}\right)^3 & x\left(1-\frac{\xi}{l}\right)^2 & 0 & 3\left(\frac{\xi}{l}\right)^2-2\left(\frac{\xi}{l}\right)^3 & x\left(\frac{\xi}{l}-l\right)\left(\frac{\xi}{l}\right)\end{bmatrix} \tag{3-30}$$

若记：

$$N_1=\begin{bmatrix}1-\frac{\xi}{l} & 0 & 0 & \frac{\xi}{l} & 0 & 0\end{bmatrix}$$

$$N_2=\begin{bmatrix}0 & 1-3\left(\frac{\xi}{l}\right)^2+2\left(\frac{\xi}{l}\right)^3 & \xi\left(1-\frac{\xi}{l}\right)^2 & 0 & 3\left(\frac{\xi}{l}\right)^2-2\left(\frac{\xi}{l}\right)^3 & \xi\left(\frac{\xi}{l}-1\right)\left(\frac{\xi}{l}\right)\end{bmatrix} \tag{3-31}$$

则［$\boldsymbol{N}$］也可表示为：

$$[\boldsymbol{N}]=\begin{bmatrix}N_1\\ N_2\end{bmatrix} \tag{3-32}$$

第三步：应用几何方程、物理方程，用结点位移表示应变和应力。

对于刚架单元，一般可以忽略剪切应变的影响。单元的线应变 $\{\boldsymbol{\varepsilon}\}$ 可分成两部分；$\boldsymbol{\varepsilon}_n$ 为拉压应变，$\boldsymbol{\varepsilon}_b$ 为弯曲应变，即：

$$\{\boldsymbol{\varepsilon}\}=\begin{Bmatrix}\boldsymbol{\varepsilon}_n\\ \\ \boldsymbol{\varepsilon}_b\end{Bmatrix}=\begin{Bmatrix}\dfrac{\mathrm{d}u}{\mathrm{d}\xi}\\ -\eta\dfrac{\mathrm{d}^2v}{\mathrm{d}\xi^2}\end{Bmatrix}=\begin{Bmatrix}\dfrac{\mathrm{d}N_1}{\mathrm{d}\xi}\\ -\eta\dfrac{\mathrm{d}^2N_2}{\mathrm{d}\xi^2}\end{Bmatrix}\{\boldsymbol{\delta}\} \tag{3-33}$$

式中，应变是以拉伸应变为正。若记：

$$[\boldsymbol{B}]=\begin{bmatrix}\dfrac{\mathrm{d}N_1}{\mathrm{d}\xi}\\ -\eta\dfrac{\mathrm{d}^2N_2}{\mathrm{d}\xi^2}\end{bmatrix}=\begin{bmatrix}-\frac{1}{l} & 0 & 0 & \frac{1}{l} & 0 & 0\\ 0 & \frac{6}{l^2}\left(1-\frac{2\xi}{l}\right)\eta & \frac{2}{l}\left(2-\frac{3\xi}{l}\right)\eta & 0 & -\frac{6}{l^2}\left(1-\frac{2\xi}{l}\right)\eta & \frac{2}{l}\left(1-\frac{3\xi}{l}\right)\eta\end{bmatrix} \tag{3-34}$$

则式（3-33）可简写为：

$$\{\boldsymbol{\varepsilon}\}=[\boldsymbol{B}]\{\boldsymbol{\delta}\} \tag{3-35}$$

式中，［$\boldsymbol{B}$］称为应变矩阵。利用应变矩阵［$\boldsymbol{B}$］由式（3-35）可以将单元各截面上任意点的线应变用结点位移表达。

根据式（3-35），由虎克定律可以得到用结点位移表示单元各截面上任意点应力的表达式：

$$\{\boldsymbol{\sigma}\}=\begin{Bmatrix}\boldsymbol{\sigma}_n\\ \boldsymbol{\sigma}_b\end{Bmatrix}=E\{\boldsymbol{\varepsilon}\}=E[\boldsymbol{B}]\{\boldsymbol{\delta}\} \tag{3-36}$$

式中，$\boldsymbol{\sigma}_n$ 和 $\boldsymbol{\sigma}_b$ 分别为拉压应力和弯曲应力，E 是材料的弹性模量。

第四步：根据虚功原理推导单元刚度矩阵。

设单元轴线处发生虚位移 $\{\boldsymbol{\omega}^*\}$，由式（3-29）可知：

$$\{\omega^*\} = [N]\{\delta^*\} \tag{3-37}$$

式中，$\{\delta^*\}$ 为结点虚位移向量。利用式（3-35）单元的虚应变 $\{\varepsilon^*\}$ 可表示为：

$$\{\varepsilon^*\} = [B]\{\delta^*\} \tag{3-38}$$

存在于刚架单元中的应力由于上述虚应变所作的虚功为：

$$\begin{aligned}\delta U &= \int_v \{\varepsilon^*\}^T\{\sigma\}\mathrm{d}V = \int_v \{\delta^*\}^T[B]^T E[B]\{\delta\}\mathrm{d}V \\ &= \{\delta^*\}^T\int_v [B]^T E[B]\mathrm{d}V\{\delta\}\end{aligned} \tag{3-39}$$

单元杆端力 $\{F\}$ 由于虚位移作的虚功为：

$$\delta W = \{\delta^*\}^T\{F\} \tag{3-40}$$

由虚功原理 $\delta W=\delta U$，可以得出：

$$\{F\} = E\int_v [B]^T[B]\mathrm{d}V\{\delta\} \tag{3-41}$$

若记：

$$[k]^e = E\int_V [B]^T[B]\mathrm{d}V \tag{3-42}$$

则式（3-41）可表示为：

$$\{F\} = [k]^e\{\delta\} \tag{3-43}$$

式（3-43）反映了单元杆端力与结点位移之间的关系，也就是单元刚度方程，$[k]^e$ 即称为单元刚度矩阵。将式（3-34）代入式（3-42），通过一系列的积分运算，可以得到单元刚度矩阵的显式如下：

$$[k]^e = \begin{bmatrix} \frac{EA}{l} & & \text{对} & & & \\ 0 & \frac{12EI}{l^3} & & & & \\ 0 & -\frac{6EI}{l^2} & \frac{4EI}{l} & & \text{称} & \\ -\frac{EA}{l} & 0 & 0 & \frac{EA}{l} & & \\ 0 & -\frac{12EI}{l^3} & \frac{6EI}{l^2} & 0 & \frac{12EI}{l^3} & \\ 0 & -\frac{6EI}{l^2} & \frac{2EI}{l} & 0 & \frac{6EI}{l^2} & \frac{4EI}{l} \end{bmatrix} \tag{3-44}$$

式（3-44）中，I 为单元横截面的惯性矩，A 为横截面面积。上述刚架单元刚度矩阵与利用转角位移方程导得的公式完全相同。

由此可见，当位移函数精确地符合杆件的实际变形时，由虚功原理导得的单元刚度矩阵是精确的。对于许多力学问题，如弹性力学问题，不可能通过静力分析得到类同杆件转角位移方程的关系式。在采用有限单元法求解时就只有利用虚功原理或其他能量原理推导单元刚度矩阵。对于这类问题来说精确的位移模式也是未知的，因此必须假定近似的位移函数，导出近似的单元刚度矩阵。

3.4 整体坐标系下的单元刚度矩阵

在 3.3 节所述简单杆系结构有限元分析和平面杆单元刚度矩阵公式推导中，坐标系均为杆系局部坐标，不具备一般性。为使杆系单元的相应公式更具一般性，本节中将推导整体坐标系下的单元刚度矩阵。

由图 3-6 可知，局部坐标系相对于整体坐标系逆时针旋转了 α 角。根据单元 i 端（或 j 端）的结点位移或结点力在两个坐标系中的投影关系，可得坐标旋转矩阵：

$$[\lambda]=\begin{bmatrix}\cos\alpha & \sin\alpha & 0\\ -\sin\alpha & \cos\alpha & 0\\ 0 & 0 & 1\end{bmatrix} \tag{3-45}$$

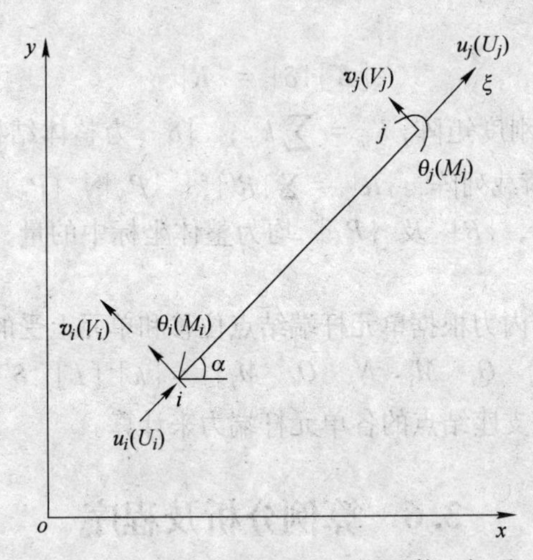

图 3-6 杆系平面局部坐标系与整体坐标系

于是，单元结点位移或结点力的坐标转换矩阵（从整体坐标转到局部坐标）为：

$$[\boldsymbol{L}]=\begin{bmatrix}\lambda & 0\\ 0 & \lambda\end{bmatrix} \tag{3-46}$$

式中，$[\boldsymbol{L}]$ 为坐标转换矩阵，其中，[0] 为 3×3 的零矩阵。$[\lambda]$ 中的 α 以 x 轴到 ξ 轴逆时针旋转为正。

从局部坐标转到整体坐标的转换矩阵为：

$$[\boldsymbol{L}]^{-1}=[\boldsymbol{L}]^{T}$$

整体坐标下单元刚度矩阵由下式计算：

$$[k']^{e}=[\boldsymbol{L}]^{T}[k]^{e}[\boldsymbol{L}] \tag{3-47}$$

3.5 结构的结点平衡方程

杆件结构是由各杆件单元在结点处连结而成的自然离散结构。将各单元结点力反作用到结点上，那么在结点上，这些结点力与单元的等效结点荷载及直接作用于结点的集中荷载组成的力系应保持平衡。

单元上的荷载按虚功相等的原则移到结点上，得到等效结点荷载列阵：

$$\{R\}^e = \int_l [N]^T \{q\} \mathrm{d}x + [N]^T \{p\} \tag{3-48}$$

式中，$\{q\}$，$\{p\}$ 分别为单元上分布荷载及集中荷载列阵。

应该指出，因为位移模式反映了单元的实际变形，故按上式求得的结点荷载值等于按结构力学理论计算得到的固端力的负值。因此，在实际计算中，单元荷载的等效结点荷载也可通过计算固端反力 $\{F_L\}^e$ 再改变符号来求得，即：

$$\{R\}^e = -\{F_L\}^e = -[N_i^F \quad Q_i^F \quad M_i^F \quad N_j^F \quad Q_j^F \quad M_j^F]^T \tag{3-49}$$

整体坐标下的单元结点荷载列阵为：

$$\{R'\}^e = [L]^T \{R\}^e \tag{3-50}$$

由此可建立各结点的平衡方程，集合所有结点的平衡方程得到整个结构的平衡方程组：

$$[\boldsymbol{K}]\{\delta\} = \{R\} \tag{3-51}$$

式中，$[\boldsymbol{K}]$ 为结构整体刚度矩阵，$K_{ij} = \sum k_{ij}$；$\{\delta\}$ 为整体结构的未知结点位移列阵；$\{R\}$ 为整体结构的结点荷载列阵，$\{R\} = \sum \{R'\}^e + \{P_N\}$，$\{P_N\}$ 为直接作用于结点的荷载列阵。上述 $[\boldsymbol{K}]$，$\{\delta\}$，$\{R\}$ 及 $\{P_N\}$ 均为整体坐标中的量，为简记均略去了右上角的一撇。

顺便指出，单元杆端内力根据单元杆端结点位移和单元上受的荷载求得：

$$\{F_m\}^e = [N_i \quad Q_i \quad M_i \quad N_j \quad Q_j \quad M_j]^T = [k]^e [L] \{\delta'\}^e + \{F_L\}^e \tag{3-52}$$

支座反力可由交于该支座结点的各单元杆端力来计算。

3.6 算例分析及程序

本节对于算例1、算例2，列出相应的 matlab 程序，并给出详细说明；对算例3，列出相应的C语言程序，旨在以杆系结构实例说明如何用数学语言去描述一个工程问题，将工程问题的几何尺寸、外载、弹性常数、选取的坐标系、单元个数、结点个数、单元号码、结点号码等都以数字的形式告诉计算机，以便输给程序进行计算。

3.6.1 算例1

采用 matlab 编程，求解［例3-1］。

（1）单元刚度矩阵计算函数（文件名：Bar1D2Node_Stiffness. m）

```
function k=Bar1D2Node_Stiffness(E, A, L)
%输入弹性模量 E，横截面积 A 和长度 L
k=[E*A/L  -E*A/L;  -E*A/L  E*A/L];
%计算单元的刚度矩阵；输出单元刚度矩阵 k
```

（2）组成总刚度矩阵函数（文件名：Bar1D2Node_Assembly. m）

```
function z=Bar1D2Node_Assembly(KK,k,i,j)
```

%该函数进行单元刚度矩阵的组装，输入单元刚度矩阵 k，单元的结点编号 i、j，输出整体刚度矩阵 KK。总刚度矩阵的形成，参考式（3-11），这里采用的方法就是根据式

(3-11)，将单元刚度矩阵赋值到总刚度矩阵的相应位置上。

```
    DOF(1)=i;
    DOF(2)=j;
for n1=1:2;
for n2=1:2;
KK(DOF(n1), DOF(n2))= KK(DOF(n1), DOF(n2))+k(n1, n2);
end
    end
    z=KK;
```

(3) 主程序（文件名：onedimension1.m）

```
E=2e5;
A=0.0001;
L=1;
%输入参数：弹性模量 E，横截面积 A 和长度 L
k=Bar1D2Node_Stiffness(E, A, L);
%调用单元刚度矩阵计算函数
KK=zeros(3,3);
%总刚度矩阵为 3*3 矩阵，将矩阵中元素先清零，以便于后面放置单元刚度矩阵及其叠加计算。
KK=Bar1D2Node_Assembly (KK, k, 1, 2);
%将单元结点为 1，2 编号的单元的单元刚度矩阵赋值到总刚度矩阵中
KK=Bar1D2Node_Assembly (KK, k, 2, 3);
%将单元结点为 2、3 编号的单元的单元刚度矩阵赋值到总刚度矩阵中，值得注意是，此时，有共同结点的相应的总刚度矩阵的元素进行了累加计算。
kkk=KK([2,3],[2,3]);
%由于结点编号 1 的结点位移为 0，只有结点 2、3 需要求解位移，因此，仅保留总刚度矩阵的第 2、3 行和第 2、3 列。
p=[20000;25000];
%输入结点 2、3 的外载荷
u=kkk\p;
%求解结点 2、3 的位移
strain1=u(1)/L;
strain2=(u(2)-u(1))/L;
stress1=E*strain1;
stress2=E*strain2;
%求解单元 1、2 的应变和应力。
```

3.6.2 算例 2

如图 3-7 所示的结构，各杆的弹性模量和横截面积都为 $E=29.54\times10\text{N/mm}^2$，$A=100\text{mm}^2$，试求解该结构的结点位移、单元应力以及支反力。

(1) 结构离散化。将该结构自然离散为 4 单元、4 结点。如图 3-7 所示。其中单元①

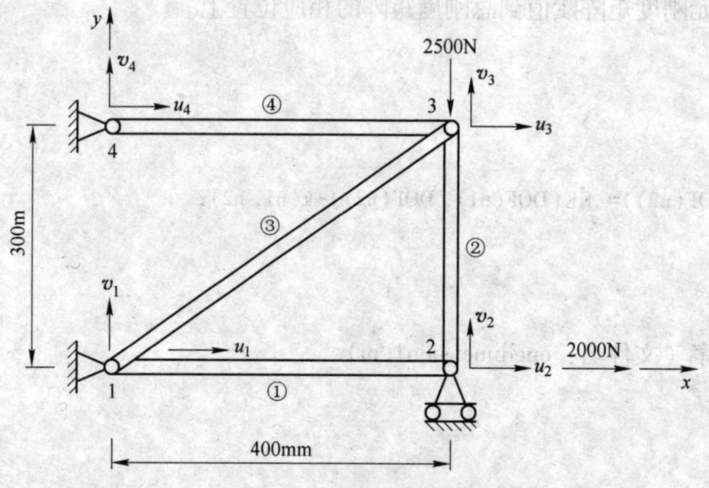

图 3-7 四杆桁架结构

的长度为 400mm，结点编号为 1（0，0）、2（400mm，0）；单元②的长度为 300mm，结点编号为 3（400mm，300mm）、2（400mm，0）；单元③的长度为 500mm，结点编号为 1（0，0）、3（400mm，300mm）；单元④的长度为 400mm，结点编号为 4（0，300mm）、3（400mm，300mm）。

结构离散化是为后续程序提供计算所需的结点坐标、杆单元长度、杆单元与整体坐标转角、单元及其对应的结点关系等信息。

（2）单元刚度矩阵计算函数（文件名：Bar2D2Node_Stiffness. m）。

```
function k=Bar2D2Node_Stiffness(E, A, x1,y1, x2, y2, alpha)
%输入弹性模量 E，横截面积 A 和长度 L
%输入结点坐标（x1, y1）、(x2, y2)，角度 alpha（与整体坐标 X 之间的夹角，单位为度）
%输出单元刚度矩阵 k
    L=sqrt((x2-x1)*(x2-x1)+(y2-y1)*(y2-y1));
%由结点坐标计算单元长度
    x=alpha*pi/180;
%角度转化为弧度
    C=cos(x);
    S=sin(x);
    k=E*A/L*[C*C  C*S  -C*C  -C*S;  C*S  S*S  -C*S  -S*S;  -C*C  -C*S
             C*C  C*S; -C*S  -S*S  C*S  S*S];
```

这里整体坐标下的单元刚度矩阵的计算，作如下说明：

式（3-44）为考虑了拉、压、弯曲应变的单元刚度矩阵，所以局部坐标下单元刚度矩阵为：

$$[\boldsymbol{k}]^{e}=\frac{EA}{l_{e}}\begin{bmatrix}1 & -1\\ -1 & 1\end{bmatrix}$$

为了写成统一的整体坐标，单元刚度矩阵改写为 4∗4 矩阵：

$$[\boldsymbol{k}]^e = \begin{bmatrix} \frac{EA}{l} & 0 & -\frac{EA}{l} & 0 \\ 0 & 0 & 0 & 0 \\ -\frac{EA}{l} & 0 & \frac{EA}{l} & 0 \\ 0 & 0 & 0 & 0 \end{bmatrix} \tag{3-53}$$

相应是式（3-45）改写为：

$$\boldsymbol{\lambda} = \begin{bmatrix} \cos\theta & \sin\theta & 0 & 0 \\ -\sin\theta & \cos\theta & 0 & 0 \\ 0 & 0 & \cos\theta & \sin\theta \\ 0 & 0 & -\sin\theta & \cos\theta \end{bmatrix} \tag{3-54}$$

式中，α 以 x 轴到 ξ 轴逆时针旋转为正，如图 3-6 所示。于是由式（3-47）可得：

整体坐标下的单元刚度矩阵为：$\boldsymbol{\lambda}^T\ [\boldsymbol{k}]^e\boldsymbol{\lambda}$，将式（3-53）、式（3-54）代入后，即得程序中的单元刚度矩阵计算公式。

（3）组成总刚度矩阵函数（文件名：Bar2D2Node_Assembly. m）。

```
function z = Bar2D2Node_Assembly(KK, k, i, j)
%输入单元刚度矩阵 k，单元的结点编号 i、j，输出整体刚度矩阵 KK。
DOF(1)= 2 * i-1;
DOF(2)= 2 * i;
DOF(3)= 2 * j-1;
DOF(4)= 2 * j;
for n1=1:4
for n2=1:4
KK(DOF(n1), DOF(n2))= KK(DOF(n1), DOF(n2))+k(n1, n2);
end
end
z=KK;
```

（4）计算单元的应力函数（文件名：Bar2D2Node_Stress. m）。

```
function stress= Bar2D2Node_Stress(E,x1,y1,x2,y2,alpha,u)
%输入弹性模量 E，结点坐标（x1, y1）、（x2, y2）
%输入角度 alpha 和结点位移 u
%返回应力 stress
L=sqrt((x2-x1) * (x2-x1)+(y2-y1) * (y2-y1));
x=alpha * pi/180;
C=cos(x);
S=sin(x);
stress=E/L * [-C -S C S] * u;
```

程序中计算单元应力公式的说明：[-C -S C S] * u 即为：$u_j * \cos(\alpha) + v_j * \sin(\alpha) - u_i * \cos(\alpha) - v_i\sin(\alpha)$，其中 i、j 点在整体坐标下的 X 方向的位移量为 u_i、u_j，引起的杆件长度变化量为 $u_j * \cos(\alpha) - u_i * \cos(\alpha)$；$i$、$j$ 点在整体坐标下的 Y 方向的位移量为 v_i、v_j，

引起的杆件长度变化量为 $v_j * \sin(\alpha) - v_i \sin(\alpha)$ 。

（5）主程序（文件名：twodimensionbarmain. m）。

```
E=2.95e11;
A=0.0001;
x1=0;
y1=0;
x2=0.4;
y2=0;
x3=0.4;
y3=0.3;
x4=0;
y4=0.3;
alpha1=0;
alpha2=90;
alpha3=atan(0.75)*180/pi;
%输入各种参数
k1=Bar2D2Node_Stiffness(E, A, x1, y1, x2, y2, alpha1)
k2=Bar2D2Node_Stiffness(E, A, x2, y2, x3, y3, alpha2)
k3=Bar2D2Node_Stiffness(E, A, x1, y1, x3, y3, alpha3)
k4=Bar2D2Node_Stiffness(E, A, x4, y4, x3, y3, alpha1)
%调用单元刚度矩阵函数，计算得到4个单元的刚度矩阵
KK=zeros(8,8);
%总刚度矩阵清零
KK=Bar2D2Node_Assembly(KK, k1, 1, 2);
KK=Bar2D2Node_Assembly(KK, k2, 2, 3);
KK=Bar2D2Node_Assembly(KK, k3, 1, 3);
KK=Bar2D2Node_Assembly(KK, k4, 4, 3);
```

%将4个单元刚度矩阵元素赋值到总刚度矩阵中，有共同结点的相应的总刚度矩阵的元素进行了累加计算。

```
k=KK([3,5,6],[3,5,6])
```

%总刚度矩阵为8*8的矩阵，由于位移项中u1=0，v1=0，v2=0，u4=0，v4=0，对应为第1、2、4、7、8行，因此，仅保留总刚度矩阵的第3、5、6行和第3、5、6列。

```
p=[20000;0;-25000];
%输入结点2的x方向外载荷和结点3的x、y方向外载荷
u=k\p;
%%求解结点2的x方向位移和结点3的x、y方向位移
q=[0 0 u(1) 0 u(2) u(3) 0 0]'
P=KK*q
```

%将通过计算得到的位移项u(u(1)为结点2的x方向位移，u(2)、u(3)结点3的x、y方向位移)，赋值到结点位移矩阵中，由总刚度方程计算得到支反力。

```
u1=[q(1);q(2);q(3);q(4)]
```

```
stress1 = Bar2D2Node_Stress(E,x1,y1,x2,y2,alpha1,u1)
u2 = [q(3);q(4);q(5);q(6)]
stress2 = Bar2D2Node_Stress(E,x2,y2,x3,y3,alpha2,u2)
u3 = [q(1);q(2);q(5);q(6)]
stress3 = Bar2D2Node_Stress(E,x1,y1,x3,y3,alpha3,u3)
u4 = [q(7);q(8);q(5);q(6)]
stress4 = Bar2D2Node_Stress(E,x4,y4,x3,y3,alpha1,u4)
```

%将各单元 2 个结点的位移代入应力求解函数，得到 4 个单元的应力。

3.6.3 算例 3

如图 3-8(a) 所示平面刚架 A 点的位移及各杆的内力。

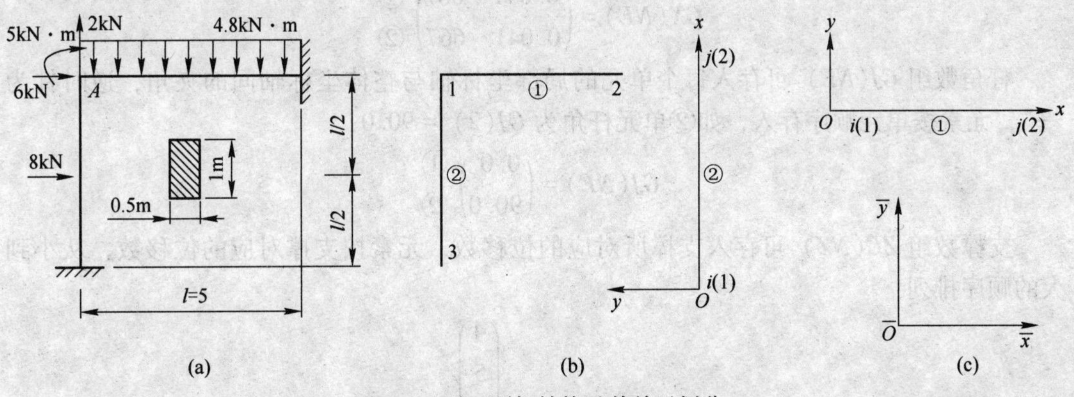

图 3-8 平面刚架结构及其单元划分

3.6.3.1 单元划分、变量赋值

将结构进行离散，划分杆单元并标出单元号码及结点号码，选取整体坐标系 $\overline{O}\overline{x}\overline{y}$，局部坐标系 Oxy，并标上单元的局部结点码 $i(1)$，$j(2)$，如图 3-6 所示。平面刚架结构及其单元部分参数见表 3-1。

表 3-1 程序参数变量及赋值

变量名称	变量代码及变量赋值	备 注
单元数	$NE=2$	
结点数	$NJ=3$	
支撑数	$NZ=6$	
结点荷载数	$NPJ=2$	
非结点荷载数	$NPF=2$	
结点位移总数	$NJ3=NJ\times 3$	
半带宽	$DD=$（相邻结点码的最大差值+1）×3=9	
弹性模量	$E0=3\times 10^7$	若各单元的弹性模量不同，可仿杆长数组存在一数组内

程序中设置了多个数值，其中存入每个单元杆长的杆长数组 $GC(NE)$，其元素按单元顺序存入，如②单元，杆长为 $GC(2) = 5.0$。

$$GC(NE) = \begin{pmatrix} 5.0 \\ 5.0 \end{pmatrix} \begin{matrix} ① \\ ② \end{matrix}$$

存入每个单元截面积的面积数组 $MJ(NE)$，元素按单元顺序存入，如①单元截面积为 $MJ(1) = 0.5$。

$$MJ(NE) = \begin{pmatrix} 0.5 \\ 0.5 \end{pmatrix} \begin{matrix} ① \\ ② \end{matrix}$$

存入每个单元惯性矩的惯性矩数组 $GX(NE)$，元素按单元顺序存入，如②单元惯性矩为 $GX(2) = 0.041667$：

$$GX(NE) = \begin{pmatrix} 0.041\ 667 \\ 0.041\ 667 \end{pmatrix} \begin{matrix} ① \\ ② \end{matrix}$$

杆角数组 $GJ(NE)$ 可存入每个单元的局部坐标轴与整体坐标轴间的夹角，逆时针为"+"，元素按单元顺序存入，如②单元杆角为 $GJ(2) = 90.0$：

$$GJ(NE) = \begin{pmatrix} 0.0 \\ 90.0 \end{pmatrix} \begin{matrix} ① \\ ② \end{matrix}$$

支撑数组 $ZC(NZ)$ 可存入支撑所对应的位移数，元素按支撑对应的位移数，从小到大的顺序排列：

$$ZC(NZ) = \begin{pmatrix} 4 \\ 5 \\ 6 \\ 7 \\ 8 \\ 9 \end{pmatrix}$$

结点荷载数组 $PJ(NPJ, 2)$ 中的元素按一个荷载存一行，如第二个荷载其荷载值为 $PJ(2, 1) = 2.0\text{kN}$。数组用于存入结点荷载值及其对应的位移数：

$$PJ(NPJ, 2) = \begin{pmatrix} 6.0 & 1.0 \\ 2.0 & 2.0 \\ -5.0 & 3.0 \end{pmatrix}$$

↑ 荷载值　↑ 荷载对应的位移数

非结点荷载数组 $PF(NPF, 4)$ 存入非结点荷载值、其对应位置、作用单元数和荷载类型码，元素按一个荷载存一行，其中各元素按单元局部坐标系给出：

$$PF(NPF, 4) = \begin{pmatrix} -4.8 & 5.0 & 1.0 & 1.0 \\ -8.0 & 2.5 & 2.0 & 2.0 \end{pmatrix}$$

↑ 荷载值　↑ 作用位置　↑ 作用单元　↑ 荷载类型

荷载类型码规定如图 3-9 所示。

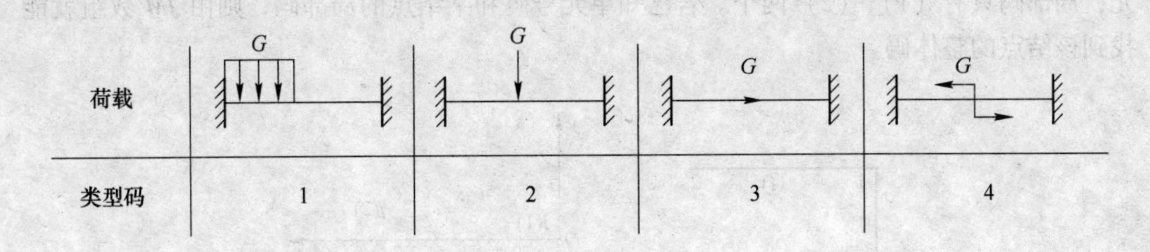

图 3-9 荷载类型编号

据上述规定，如图 3-10 所示，*PF*(*NPF*，4) 中的元素值见表 3-2。

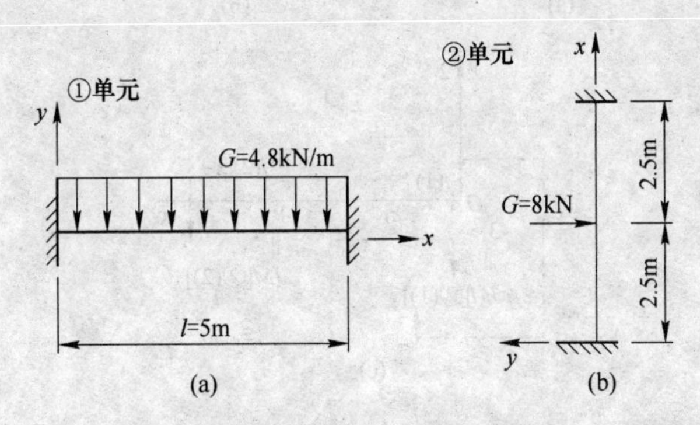

图 3-10 *PF*（*NPF*，4）的元素值
（a）①单元元素；（b）②单元元素

表 3-2 *PF*(*NPF*，4) 中的元素值

名称	①单元	②单元
荷载值	$G=PF(1,1)=-4.8$kN/m	$G=PF(2,1)=-8.0$kN/m
作用位置	$C=l=PF(1,2)=5.0$m	$C=\frac{l}{2}=PF(2,2)=2.5$m
作用单元	$E=PF(1,3)=1.0$	$E=PF(2,3)=2.0$
荷载类型	$IND=PF(1,4)=1.0$（均布荷载）	$IND=PF(2,4)=2.0$（横向集中力）

结点码数组 *JM*（*NE*，2）用以存入每个单元的结点码，元素的存放原则是：每个单元的整体码存一行，单元号①，②为行号，局部码 i，j 为列号，数组元素是整体码。

$$\begin{matrix} & \mathrm{i} & \mathrm{j} & \\ & (1) & (2) & \\ JM(NE,2)= & \begin{pmatrix} 1 & 2 \\ 3 & 1 \end{pmatrix} & & \begin{matrix} ① \\ ② \end{matrix} \end{matrix}$$

JM(*NE*，2) 数组建立了单元局部码与整体码之间的关系，局部码—每个单元中的结点按一定顺序编成的号码。如图 3-11 所示，①、②两个单元两端的（1）、（2）、（3）总代表单元在局部坐标系 *Oxy* 的始端 i，（2）总代表单元在局部坐标系中的终端 j。对于杆单

元，局部码只有（1）、（2）两个。若已知单元号码和某结点的局部码，则由 *JM* 数组就能找到该结点的整体码。

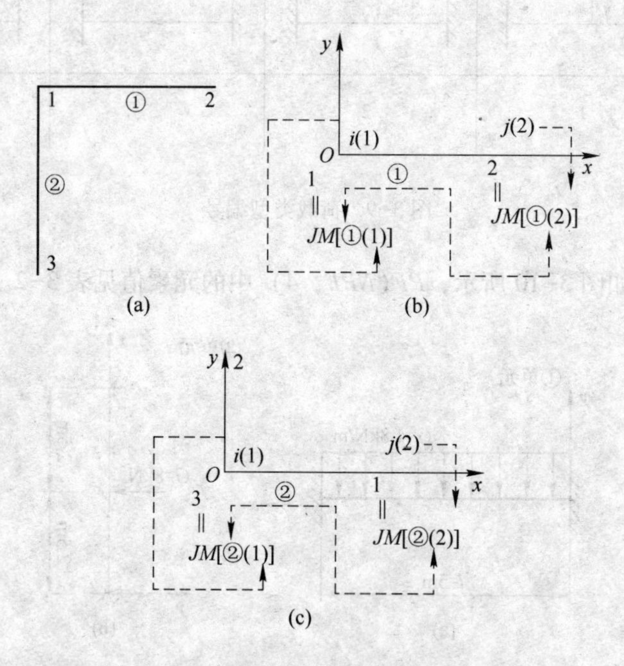

图 3-11　单元局部码与整体码的对应关系

（a）单元划分；（b）①单元对应关系；（c）②单元对应关系

3.6.3.2　程序总框图及程序

上述对平面刚架结构进行了单元划分，并对程序中各变量进行了说明与赋值，具体程序流程框图如图 3-12 所示。

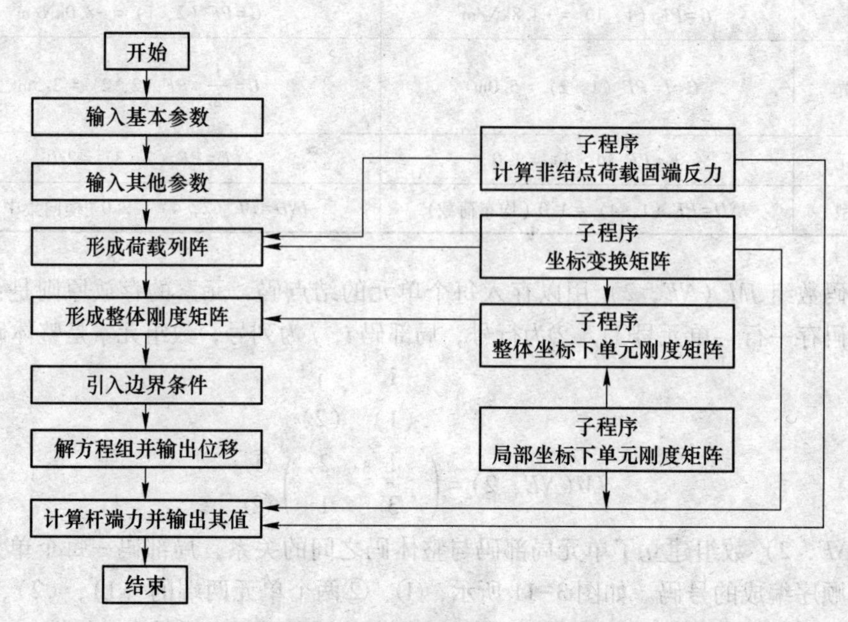

图 3-12　平面刚架程序框图

计算平面刚架的具体程序源代码及程序计算结果如下：

```
#include<stdio.h>                                         //头文件
#include<math.h>
#define NE 2
#define NJ 3
#define NZ 6                                              //定义并输入基本参数
#define NPJ 3
#define NPF 2
#define NJ3 9
#define DD 9
#define E0 3.0000E8                                       //定义并输入常用常数
#define A0 0.5
#define I0 4.16667E-2
#define PI 3.141592654
//** 这是输入参数的初始化和定义全局变量**
int jm[NE+1][3]={{0,0,0},{0,1,2},{0,3,1}};
double gc[NE+1]={0.0,5.0,5.0};
double gj[NE+1]={0.0,0.0,90.0};
double mj[NE+1]={0.0,A0,A0};                              //数组说明并输入其他参数
double gx[NE+1]={0.0,I0,I0};
int zc[NZ+1]={0,4,5,6,7,8,9};
double kz[NJ3+1][NJ3+1],p[NJ3+1];
double pe[7],f[7],f0[7],t[7][7];
double ke[7][7],kd[7][7];
//** kz[][]—整体刚度矩阵
//** ke[][]—整体坐标下的单元刚度矩阵
//** kd[][]—局部坐标下的单元刚度矩阵
//** t[][]—坐标变换矩阵
//** 这是函数的声明
void jdugd(int);
void zb(int);
void gdnl(int);
void dugd(int);
//** 主程序开始
void main(void)
{int i,j,k,e,dh,h,ii,jj,hz,a1,b1,m,n,l,dl,zl,z,j0;       //变量及数组说明
double c1,wy;
int IM,IN,jn;
//*************************************************************
//<功能:形成矩阵 p>
//*************************************************************
If(NPJ>0)
  {for(i=1;j<NPJ;i++)                                     //把结点荷载送入 P
```

```
        {j=pj[i][2];
         P[j]=pj[i][1];}
      }
    If(NPF>0)
      {for(i=1;i<=NPF;i++)
       {hz=i;                                                    //求固端反力 F0
        gdnl(hz);
        e=(int)pf[hz][3];                                        //求单元号码
        zb(e);                                                   //求坐标变换矩阵 T
        for(j=1;j<=6;j++)
        {pe[j]=0.0;
          for(k=1;k<=6;k++)                                      //求等效结点荷载
            {pe[j]=pe[j]-t[k][j]*f0[k];}
            }
          a1=jm[e][1];
          b1=jm[e][2];
          p[3*a1-2]=p[3*a1-2]+pe[1];
          p[3*a1-1]=p[3*a1-1]+pe[2];
          p[3*a1]=p[3*a1]+pe[3];
          p[3*b1-2]=p[3*b1-2]+pe[4];                             //将等效结点荷载送到 P 中
          p[3*b1-1]=p[3*b1-1]+pe[5];
          p[3*b1]=p[3*a1]+pe[6];
          }
    }
    // ********************************************************************
    //<功能:生成整体刚度矩阵 kz[][]>
    // ********************************************************************
    for(e=1;e<=NE;e++)                                           //按单元循环
      {dugd(e);                          //求整体坐标系中的单元刚度矩阵 ke(即 K̄ᵉ)
          for(i=1;i<=2;i++)                                      //对行码循环
            {for(ii=1;ii<=3;ii++)
               {h=3*(i-1)+ii;                                    //元素在K̄ᵉ中的行码
                 dh=3*(jm[e][i]-1)+ii;                           //该元素在 KZ 中的行码
                 for(j=1;j<=2;j++)
                   {for(jj=1;jj<=3;jj++)                         //对列码循环
                     {l=3*(j-1)+jj;                              //元素在 Ke 中的列码
                     zl=3*(jm[e][j]-1)+jj;                       //该元素在 KZ 中的列码
                     dl=zl-dh+1;                                 //该元素在 KZ*中的列码
                     if(dl>0)kz[dh][dl]=kz[dh][d]+ke[h][l];}     //刚度集成
                   }
               }
            }
      }
```

```
//**引入边界条件**
for(i=1;i<=NZ;i++)                                        //按支撑循环
   {z=zc[i];                                              //支撑对应的位移数
kz[z][1]=1.0;                                             //第一列置"1"
      for(j=2;j<=DD;j++)
kz[z][j]=0.0;                                             //行置"0"
      if((z! =1)){
       if(z>DD)j0=DD;
        else if(z<=DD)j0=z;                               //列(45°斜线)置"0"
        for(j=2;j<=j0;j++)
       kz[z-j+1][j]=0.0;
       }
   p[z]=0.0;                                              //P置"0"
  }
//*高斯消元法解方程组*//
//*消元*//
for(k=1;k<=NJ3-1;k++)
   {if(NJ3>k+DD-1) IM=k+DD-1;                             //求最大行码i_m
    else if(NJ3<=k+DD-1) IM=NJ3;
IN=k+1;
    for(i=IN;i<=IM;i++)
     {l=i-k+1;
      cl=kz[k][l]/kz[k][1];                               //修改KZ
      jn=DD-l+1;
      for(j=1;j<=jn;j++)
          {m=j+i-k;
      kz[i][j]=kz[i][j]-cl*kz[k][m];
          }
          p[i]=p[i]-cl*p[k];                              //修改P
     }
   }
//*回代*//
p[NJ3]=p[NJ3]/kz[NJ3][1];                                 //求最后一个位移分量
   for(i=NJ3-1;i>=1;i--)
        {if(DD>NJ3-i+1) j0=NJ3-i+1;
        else j0=DD;                                       //求最大列码j0
        for(j=2;j<=j0;j++)
             {h=j+i-1;
        p[i]=p[i]-kz[i][j]*p[h];}
        p[i]=p[i]/kz[i][1];                               //求其他位移分量
        }
printf("\n");
```

```
printf("________________________________________________\n");
printf("NJ=        U=        CETA=        \n");                              //输出位移
for(i=1;i<=NJ;i++)
{printf("%-9d  %-12.11f  %-12.11f  %-12.11f\n",i,p[3*i-2],p[3*i-1],p[3*i]);}
printf("____________________________________\n");
//*根据E的值输出相应E单元的N,Q,M(A,B)的结果**
printf("E=  N=  Q=  M=  \n");
//*计算轴力N,剪力Q,弯矩M*//
for(e=1;e<=NE;e++)                                                            //按单元循环
      {jdugd(e);                                              //求局部单元刚度矩阵kd(即K^e)
       zb(e);                                                               //求坐标变换矩阵T
  for(i=1;i<=2;i++)
        {h=3*(i-1)+ii;
        dh=3*(jm[e][i]-1)+ii;
        wy[h]=p[dh];                                              //给出整体坐标下单元结点位移
        }
    }
for(i=1;i<=6;i++)
      {f[i]=0.0;
        for(j=1;j<=6;j++)
         {for(k=1;k<=6;k++)                                         //求由结点位移引起的单元结点力
            {f[i]=f[i]+kd[i][j]*t[j][k]*wy[k];}
         }
      }
if(NPF>0)
      {for(i=1;i<=NPF;i++)                                     //按非结点荷载数循环找到所在单元
      if(pf[i][3]==e)
          {hz=i;
          gdnl(hz);                                                                   //求固端反力
          for(j=1;j<=6;j++)
              {f[j]=f[j]+f0[j];}                                                   //将固端反力累加
          }
      }
printf("%-4d(A)   %-9.5f   %-9.5f   %-9.5f\n",e,f);                        //输出单元A(i)端内力
printf("   (B)   %-9.5f   %-9.5f   %-9.5f\n",f);                           //输出单元B(i)端内力
  }
return;
}
//**主程序结束**//
//****************************************************************
//gdnl()函数:<功能:将非结点荷载下的杆端力计算出来存入f0[]>
//****************************************************************
void gdnl(int hz)
```

```
{int ind,e;
 double g,c,I0,d;                                                      //变量说明
 g=pf[hz][1];                                                          //荷载值
 c=pf[hz][2];                                                          //荷载位置
 e=(int)pf[hz][3];                                                     //作用单元
 ind=(int)pf[hz][4];                                                   //荷载类型
 I0=gc[e];                                                             //杆长
 d=I0-c;
 if(ind==1)
 {f0[1]=0.0;
 f0[2]=-(g*c*(2-2*c*c/(I0*I0)+(c*c*c)/(I0*I0*I0)))/2;  //均布荷载的固端反力
 f0[3]=-(g*c*c)*(6-8*c/I0+3*c*c/(I0*I0))/12;
 f0[4]=0.0;
 f0[5]=-g*c-f0[2];
 f0[6]=(g*c*c*c)*(4-3*c/I0)/(12*I0);
 else}
 if(ind==2)                                                            //横向集中力的固端反力
 {f0[1]=0.0;
 f0[2]=(-(g*d*d)*(I0+2*c))/(I0*I0*I0);
 f0[3]=-(g*c*d*d)/(I0*I0);
 f0[4]=0.0;
 f0[5]=(-g*c*c*(I0+2*d))/(I0*I0*I0);
 f0[6]=(g*c*c*d)/(I0*I0);
       }
 else
       {f0[1]=-(g*d/I0);                                              //纵向集中力的固端反力
       f0[2]=0.0;
       f0[3]=0.0;
       f0[4]=-g*c/I0;
       f0[5]=0.0;
       f0[6]=0.0;}
     }
}
//*****************************************************************
//zb(函数):<功能:构成坐标变换矩阵>
//*****************************************************************
void zb(int e)
  {double ceta,co,si;                                                  //变量说明
   int i,j;
   ceta=(gj[e]*PI)/180;                                                //θ角度变弧度
   co=cos(ceta);                                                       //cosθ
  si=sin(ceta);                                                        //sinθ
   t[1][1]=∞;
```

```
        t[1][2]=si;
        t[2][1]=-si;                                              //计算T右上角元素
        t[2][2]=∞ ;
        t[3][3]=1.0;
        for(i=1;i<=3;i++)
          {for(j=1;j<=3;j++)                                      //计算T右上角元素
                {t[i+3][j+3]=t[i][j];}
          }
        }
    // *********************************************************************
    //jdugd()函数:<功能:计算局部坐标下单元刚度矩阵kd[][]>
    // *********************************************************************
    void jdugd(int e)
        {double a0,I0,j0;
        int i,j;                                                  //变量说明
        a0=mj[e];                                                 //面积
        I0=gc[e];                                                 //杆长
        j0=gx[e];                                                 //惯性矩
       for(i=0;i<=6;i++)
             for(j=0;j<=6;j++)
             kd[i][j]=0.0;                                        //kd清"0"
       kd[1][1]=E0*a/I0;
       kd[2][2]=12*E0*j0/pow(I0,3);
       kd[3][2]=6*E0*j0/pow(I0,2);
       kd[3][3]=4*E0*j0/I0;
       kd[4][1]=-kd[1][1];
       kd[4][4]=kd[1][1];
       kd[5][2]=-kd[2][2];                                        //计算kd左下角各元素
       kd[5][3]=-kd[3][2];
       kd[5][5]=kd[2][2];
       kd[6][2]=kd[3][2];
       kd[6][3]=2*E0*j0/I0;
       kd[6][5]=-kd[3][2];
       kd[6][6]=kd[3][3];
       for(i=1;i<=6;i++)                                          //将kd左下角元素按对称原则送到右上角
           for(j=1;j<=i;j++)
           kd[j][i]=kd[i][j];
    }
    // *********************************************************************
    //dugd()函数:<功能:计算整体坐标下单元刚度矩阵ke[][]>
    // *********************************************************************
    void dugd(int e)
    {int i,k,j,m;                                                 //变量说明
```

```
jdugd(e);                                                    //计算局部单元刚度矩阵 kd
zb(e);                                                       //计算坐标变换矩阵 T
for(i=1;i<=6;i++){
    for(j=1;j<=6;j++){
        ke[i][j]=0.0;
        for(k=1;k<=6;k++){
            for(m=1;m<=6;m++){
        {ke[i][j]=ke[i][j]+t[k][i]*kd[k][m]*t[m][j];}        //计算整体坐标内单元刚度矩阵 ke
            }
        }
    }
}
//** 程序结束 **
```

NJ	U	V	CETA
1	0.000 000 370 02	-0.000 000 371 01	-0.000 000 514 85
2	0.000 000 000 00	0.000 000 000 00	0.000 000 000 00
3	0.000 000 000 00	0.000 000 000 00	0.000 000 000 00

E	N	Q	M
1(A)	11.100 53	10.130 24	4.038 46
(B)	-11.100 53	13.86 976	-13.387 28
2(A)	8.130 24	2.899 47	3.535 80
(B)	-8.130 24	5.100 53	-9.038 46

由上述输出结果可以绘出如图 3-13 所示的内力图。

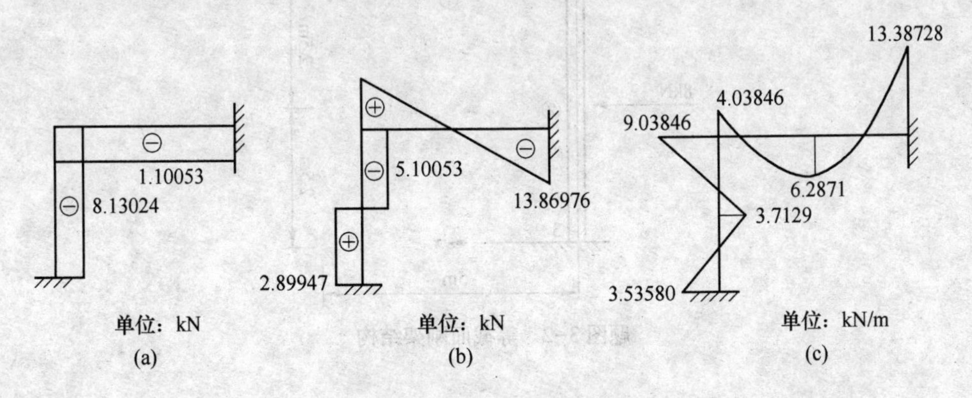

图 3-13 平面刚架结构的内力图

(a)N 图；(b)Q 图；(c)M 图

3.7 习 题

3-1 推导横截面积为 A 的一维桁架结构的单元刚度矩阵。

3-2 题图 3-1 所示为一平面超静定桁架结构，在载荷 P 作用下，求各杆件的轴力。此结构可看成由 14、24、34 三个杆单元组成，每个杆单元的两端为杆单元的结点，各结点的水平、铅直位移分别用 u、v 表示。

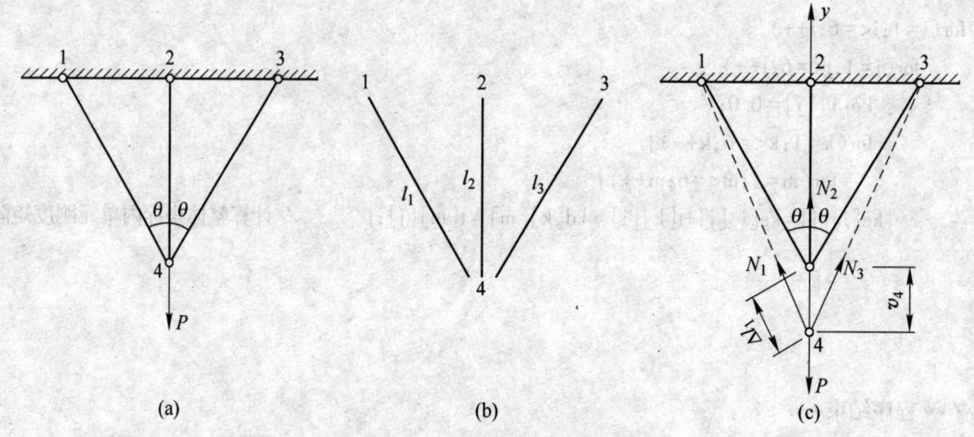

题图 3-1　平面超静定桁架结构

3-3　题图 3-2 所示的刚架中，两杆为尺寸相同的等截面杆件，横截面面积为 $A=0.5\text{m}^2$，截面惯性矩为 $I=\dfrac{1}{24}\text{m}^4$，弹性模量 $E=3\times10^7\text{kPa}$，求解此结构。

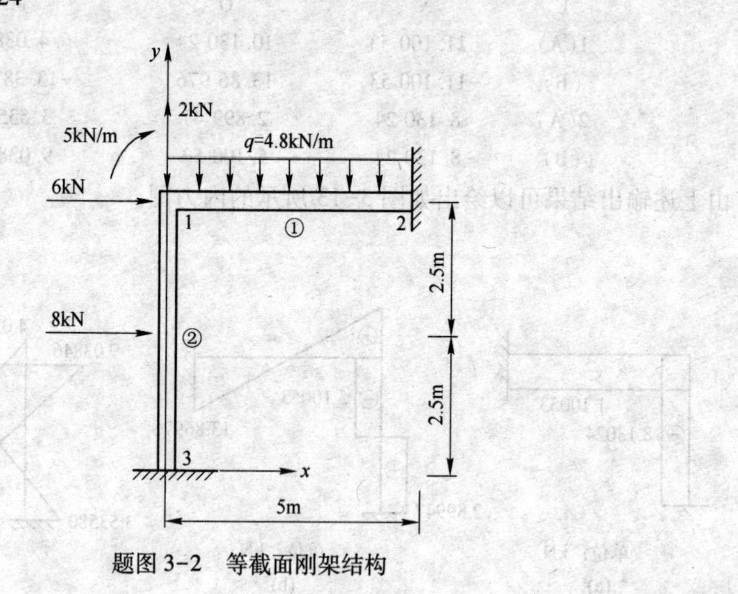

题图 3-2　等截面刚架结构

4 平面三角形单元

4.1 简单三角形单元的位移模式

4.1.1 位移模式与形函数

结构受力变形后，内部各点产生位移，是坐标的函数，但往往很难准确建立这种函数关系。有限元分析中，将结构离散为许多小单元的集合体，用较简单的函数来描述单元内各点位移的变化规律，称为位移模式。有限单元法中针对单元假定位移模式，不涉及结构的位移边界条件，基本变量为结点位移。位移模式被整理成单元结点位移的插值函数形式，即分片插值函数。由于多项式不仅能逼近任何复杂函数，也便于数学运算，所以广泛使用多项式来构造位移模式。

简单三角形单元是一种简单方便、对边界适应性强的单元，以三角形单元的三个顶点为结点，也称为三结点三角形单元。这种单元本身计算精度较低，使用时需要细分网格，但仍然是一种较常用的单元。

如图 4-1 所示为简单三角形单元，单元 3 个结点 i，j，m 的坐标已知，分别为 (x_i, y_i)、(x_j, y_j) 和 (x_m, y_m)，结点编码依逆时针方向进行，已知结点位移分别为 (u_i, v_i)、(u_j, v_j) 和 (u_m, v_m)，每个结点有两个自由度，单元的结点位移向量为：

$$\{\delta\}^e = [u_i \quad v_i \quad u_j \quad v_j \quad u_m \quad v_m]^T \tag{4-1}$$

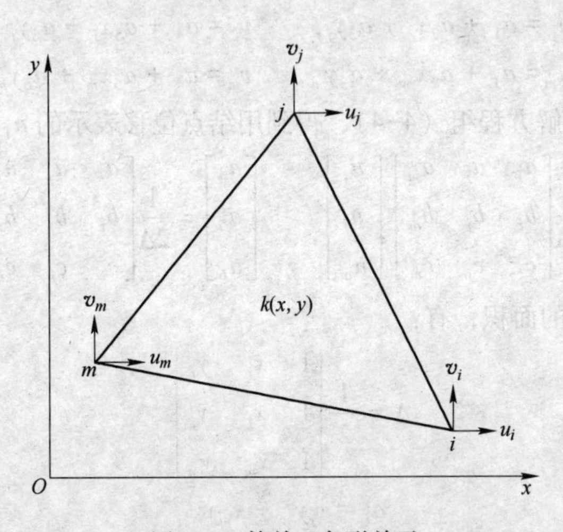

图 4-1 简单三角形单元

要应用几何方程求解应变量，就必须确定单元任意一点的位移函数，该函数应是坐标的函数。由于该三角形单元 3 个结点坐标已经假定为已知量，因此，单元内任意一点的位移都是坐标的函数，函数的具体形式则由 3 个结点的位移值确定。任意一点的位移可能是坐标的简单函数，也可能是很复杂的函数，但只要相对研究对象单元足够小，则位移函数总可以近似为线性的，也便于计算。二维问题构造多项式位移模式时，可以利用 Passcal 三角形加以分析。将完全三次多项式各项按递升次序排列在一个三角形中，就得到如图 4-2 所示的 Passcal 三角形。

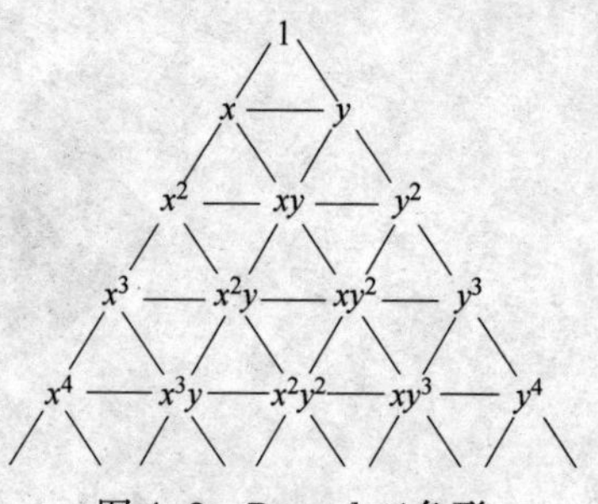

图 4-2 Passcal 三角形

选择的原则是：使多项式具有对称性以保证多项式的几何各向同性，尽可能保留低次项以获得较好的近似性。作为平面问题，每个结点具有两个自由度，简单三角形单元有三个结点共 6 个自由度，构造单元位移模式时可确定 6 个待定参数。故单元中任意一点 $k(x, y)$ 的位移模式取为：

$$\begin{aligned} u &= u(x, y) = a_1 + a_2 x + a_3 y \\ v &= v(x, y) = a_4 + a_5 x + a_6 y \end{aligned} \tag{4-2}$$

式中，$a_1 \sim a_6$ 为待定参数，称为广义坐标。应求出用结点位移表示这 6 个广义坐标的表达式，将式（4-2）写成矩阵形式：

$$\{u\} = \begin{Bmatrix} u \\ v \end{Bmatrix} = \begin{bmatrix} 1 & x & y & 0 & 0 & 0 \\ 0 & 0 & 0 & 1 & x & y \end{bmatrix} \begin{Bmatrix} a_1 \\ a_2 \\ a_3 \\ a_4 \\ a_5 \\ a_6 \end{Bmatrix} \tag{4-3}$$

将式（4-3）展开后为：

$$\begin{cases} u_i = a_1 + a_2 x_i + a_3 y_i, & v_i = a_4 + a_5 x_i + a_6 y_i \\ u_j = a_1 + a_2 x_j + a_3 y_j, & v_j = a_4 + a_5 x_j + a_6 y_j \\ u_m = a_1 + a_2 x_m + a_3 y_m, & v_m = a_4 + a_5 x_m + a_6 y_m \end{cases} \tag{4-4}$$

用克莱姆法则，求解方程组（4-4），得到用结点位移表示的 $a_1 \sim a_6$ 6 个待定常数为：

$$\begin{bmatrix} a_1 \\ a_2 \\ a_3 \end{bmatrix} = \frac{1}{2\Delta} \begin{bmatrix} a_i & a_j & a_m \\ b_i & b_j & b_m \\ c_i & c_j & c_m \end{bmatrix} \begin{bmatrix} u_i \\ u_j \\ u_m \end{bmatrix} \qquad \begin{bmatrix} a_4 \\ a_5 \\ a_6 \end{bmatrix} = \frac{1}{2\Delta} \begin{bmatrix} a_i & a_j & a_m \\ b_i & b_j & b_m \\ c_i & c_j & c_m \end{bmatrix} \begin{bmatrix} v_i \\ v_j \\ v_m \end{bmatrix} \tag{4-5}$$

式中，Δ 为三角形单元的面积，有：

$$\Delta = \frac{1}{2} \begin{vmatrix} 1 & x_i & y_i \\ 1 & x_j & y_j \\ 1 & x_m & y_m \end{vmatrix} \tag{4-6}$$

$$\begin{aligned} a_i &= x_j y_m - x_m y_j \\ b_i &= y_j - y_m \\ c_i &= -x_j + x_m \end{aligned} \tag{4-7}$$

注意：

（1）三角形面积行列式计算中，为了避免出现面积为负值，i，j，m 排列顺序应与坐标轴 x 正向到坐标轴 y 的正向的旋转方向一致，采用行列式计算形式是为了编程方便。

（2）式（4-7）中脚标按 i，j，m 顺序轮换。

将式（4-5）代入式（4-2），经矩阵相乘运算后整理得到位移插值函数形式的位移模式：

$$\begin{aligned} u &= N_i(x,\ y)u_i + N_j(x,\ y)u_j + N_m(x,\ y)u_m \\ v &= N_i(x,\ y)v_i + N_j(x,\ y)v_j + N_m(x,\ y)v_m \end{aligned} \tag{4-8}$$

即：

$$\{u\} = \begin{Bmatrix} u \\ v \end{Bmatrix} = \begin{bmatrix} N_i & 0 & N_j & 0 & N_m & 0 \\ 0 & N_i & 0 & N_j & 0 & N_m \end{bmatrix} \begin{Bmatrix} u_i \\ v_i \\ u_j \\ v_j \\ u_m \\ v_m \end{Bmatrix} = [N]\{\delta\}^e \tag{4-9}$$

式（4-8）中：

$$N_i = \frac{1}{2\Delta}(a_i + b_i x + c_i y)\ (i = i,\ j,\ m) \tag{4-10}$$

为插值基函数，反映单元的位移变化形态，故称为位移形态函数，简称为形函数。

单元内任一点的3个形函数之和恒等于1，即 $N_i + N_j + N_m = 1$。形函数这个性质很容易被证明。由式（4-6）和式（4-7）可得：

$$a_i + a_j + a_m = 2\Delta;\ b_i + b_j + b_m = 0;\ c_i + c_j + c_m = 0$$

把它们代入下式：

$$N_i + N_j + N_m = \frac{1}{2\Delta}[(a_i + a_j + a_m) + (b_i + b_j + b_m)x + (c_i + c_j + c_m)y]$$

即得：

$$N_i + N_j + N_m = 1 \tag{4-11}$$

$$\begin{aligned} &\text{在结点 } i: && N_i = 1,\ N_j = 0,\ N_m = 0 \\ &\text{在结点 } j: && N_i = 0,\ N_j = 1,\ N_m = 0 \\ &\text{在结点 } m: && N_i = 0,\ N_j = 0,\ N_m = 1 \end{aligned} \tag{4-12}$$

这一性质可以这样得到：将式（4-6）和式（4-7）代入式（4-10），得：

$$N_i = \frac{(x_j y_m - x_m y_j) + (y_j - y_m)x + (x_m - x_j)y}{x_j y_m + x_m y_i + x_i y_j - x_m y_j - x_i y_m - x_j y_i}$$

再将结点 i，j，m 的坐标值 $(x_i,\ y_i)$、$(x_j,\ y_j)$、$(x_m,\ y_m)$ 分别代入上式，就可得出式（4-12）的结论。

这个性质表明，形函数 N_i 在结点 i 的值为1，在结点 j、m 的值为零；N_j 和 N_m 类似，因为形函数都是坐标 x、y 的线性函数，所以，它的几何图形是平面，如图4-3所示各分图中有阴影线的三角形分别表示 N_i、N_j、N_m 的几何形态。

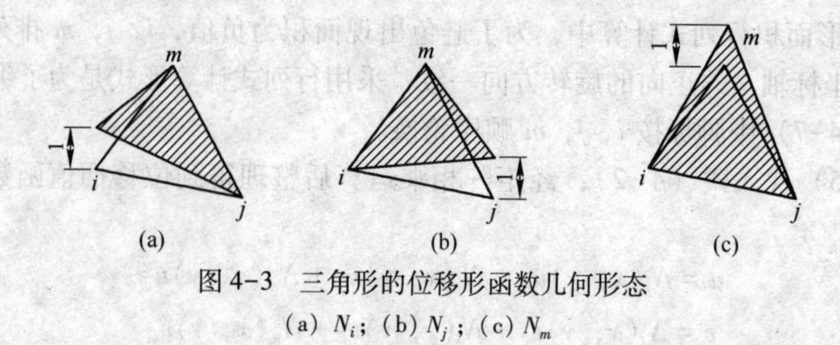

图 4-3 三角形的位移形函数几何形态

(a) N_i；(b) N_j；(c) N_m

4.1.2 位移函数的收敛条件

由于假定的位移模式是近似的，而单元刚度矩阵的推导以位移模式为基础进行，因此，在有限元分析中，当单元划分得越来越小时，其解答是否能收敛于精确解，显然与所选择的位移模式关系极大。根据弹性力学原理，位移函数应满足下列收敛性条件：

4.1.2.1 位移模式必须包含单元的常应变状态

每个单元的应变一般包括变量应变与常量应变两部分，所谓常量应变就是与坐标位置无关，在单元内任意一点均相同的应变。当单元尺寸逐步变小时，单元中各点的应变趋于相等，这时常量应变成为主要成分，因此，位移模式应能反映这种常应变状态。

现在来分析简单三角形单元位移模式（4-2）是否满足这一条件。

将式（4-2）代入几何方程得：

$$\begin{cases}\varepsilon_x = \dfrac{\partial u}{\partial x} = \dfrac{\partial}{\partial x}(a_1 + a_2 x + a_3 y) = a_2 \\ \varepsilon_y = \dfrac{\partial v}{\partial y} = \dfrac{\partial}{\partial y}(a_4 + a_5 x + a_6 y) = a_6 \\ \gamma_{xy} = \dfrac{\partial u}{\partial y} + \dfrac{\partial v}{\partial x} = (a_1 + a_2 x + a_3 y) + \dfrac{\partial}{\partial x}(a_4 + a_5 x + a_6 y) = a_3 + a_5\end{cases} \tag{4-13}$$

因为 a_2、a_3、a_5、a_6 都是常量，所以，3 个应变分量也是常量，故满足此条件。

4.1.2.2 位移模式必须包含单元的刚体位移

每个单元的位移一般包含由本单元变形引起的位移和由其他单元变形引起的位移两部分，后者属于单元的刚体位移。在结构的某些部位，单元的位移甚至主要是由其他单元变形引起的刚体位移。例如，如图 4-4 所示悬臂梁弯曲时，自由端处的单元本身变形很小，而由其他单元变形引起的刚体位移成为主要的位移。因此，位移模式应当反映单元的刚体位移。

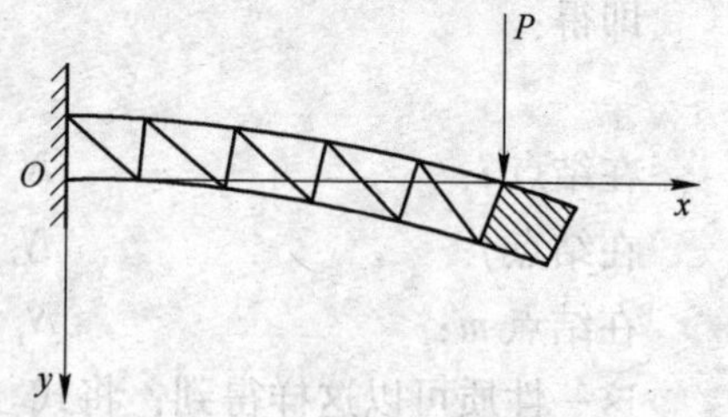

图 4-4 弯曲悬臂梁

单元刚体位移是指当应变分量 ε_x、ε_y、γ_{xy} 为零时的位移，将简单三角形单元位移模式（4-2）改写为：

$$\begin{cases}u = a_1 + a_2 x - \dfrac{a_5 - a_3}{2}y + \dfrac{a_5 + a_3}{2}y \\ v = a_4 + a_6 x + \dfrac{a_5 - a_3}{2}x + \dfrac{a_5 + a_3}{2}x\end{cases} \tag{4-14}$$

当 $\varepsilon_x=\varepsilon_y=\gamma_{xy}=0$ 时，由式（4-13）有 $a_2=a_6=a_3+a_5=0$，公共秩序式（4-14）得到：

$$\begin{cases} u=a_1-\dfrac{a_5-a_3}{2}y \\ v=a_4+\dfrac{a_5-a_3}{2}x \end{cases} \tag{4-15}$$

为刚体位移表达式，说明线性位移模式反映了刚体位移。

4.1.2.3　位移模式应尽可能反映位移的连续性

为了保证弹性体受力变形后仍是连续体，要求所选择的位移模式既能使单元内部的位移保持连续，又能使相邻单元之间的位移保持连续。后者是指单元之间不出现开裂和互相侵入的现象，如图 4-5 所示。

简单三角形单元的位移模式（4-2）是多项式，是单值连续函数，可以保证单元内部位移的连续性。关于相邻单元之间位移的连续性，这里只要求公共的边界具有相同的位移。如图 4-6 所示，由于 i、j 结点是公共结点，而位移模式是线性函数，则变形后边界仍然是连接结点 i 和 j 的一根直线，不会出现图 4-5 现象，相邻单元之间可保证位移的连续。这里对于连续性提出的要求仅涉及位移模式本身，不涉及其导数。

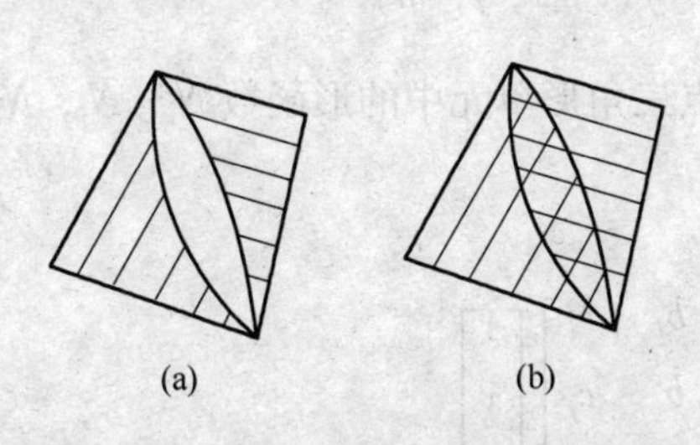

图 4-5　单元开裂和互相侵入现象

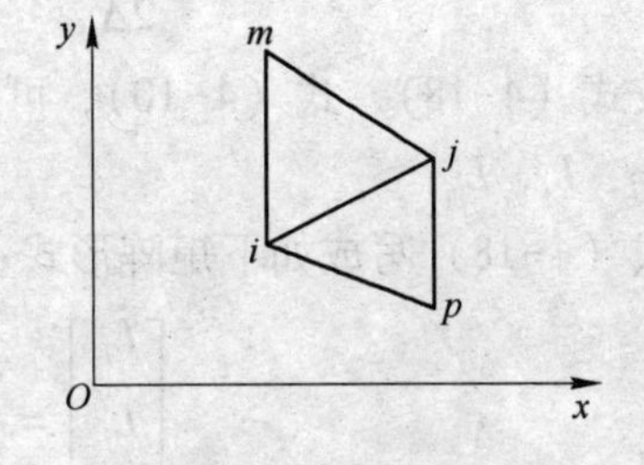

图 4-6　连续性单元

经过上面分析，简单三角形单元选取线性位移模式能够满足 3 个收敛性条件。在有限单元法中，满足第一和第二两个条件的单元称为完备单元，满足第 3 个条件的单元称为协调单元或保续单元。第一和第二两个条件是有限单元法收敛性的必要条件，加上第 3 个条件构成充要条件。

4.1.3　形函数与面积坐标

用坐标来表示 1 个点的位置，最常用的是直角坐标系、极坐标系，除此以外还有其他表示方法，面积坐标就是一种坐标表示方法。面积坐标就是利用三角形面积的关系来表示三角形单元中任何一点的位置。在某些地方用它的表达式来进行计算则较简明，所以这种方法在平面问题中经常使用。如图 4-7 所示的三角形单元中，任意一点 P 的位置，可以用如下的三个比值来确定，其表达式为：

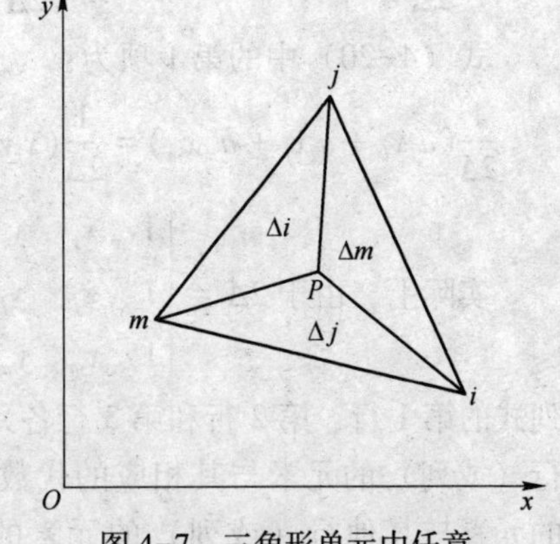

图 4-7　三角形单元中任意一点 P 的面积坐标示意

令：
$$L_i = \frac{\Delta i}{\Delta},\ L_j = \frac{\Delta j}{\Delta},\ L_m = \frac{\Delta m}{\Delta} \tag{4-16}$$

式中，Δ 为三角形 ijm 的面积，Δi、Δj、Δm 分别为三角形 Pjm、Pmi、Pij 的面积。这 3 个比值就称为 P 点的面积坐标。

由于 $\Delta i+\Delta j+\Delta m=\Delta$，所以，下式显然成立。

$$L_i + L_j + L_m = 1 \tag{4-17}$$

下面进一步推导面积坐标与直角坐标之间的关系。

由图 4-7 可知三角形 Pjm、Pmi、Pij 的面积是：

$$\Delta = \frac{1}{2}\begin{vmatrix} 1 & x & y \\ 1 & x_j & y_j \\ 1 & x_m & y_m \end{vmatrix} = \frac{1}{2}[(x_j y_m - x_m y_j) + (y_j - y_m)x + (-x_j + x_m)y](i = i,\ j,\ m)$$

将式（4-7）代入上式，可得：

$$\Delta i = \frac{1}{2}(a_i + b_i x + c_i y)(i = i,\ j,\ m)$$

将上式代入式（4-16），即可得到用直角坐标表示面积坐标的关系式：

$$L_i = \frac{1}{2\Delta}(a_i + b_i x + c_i y)(i = i,\ j,\ m) \tag{4-18}$$

比较式（4-18）、式（4-10），可知三结点三角形单元中的形函数 N_i，N_j，N_m 就是面积坐标 L_i，L_j，L_m。

将式（4-18）写成如下矩阵形式：

$$\begin{bmatrix} L_i \\ L_j \\ L_m \end{bmatrix} = \frac{1}{2\Delta}\begin{bmatrix} a_i & b_i & c_i \\ a_j & b_j & c_j \\ a_m & b_m & c_m \end{bmatrix}\begin{bmatrix} 1 \\ x \\ y \end{bmatrix} \tag{4-19}$$

将方程式（4-19）3 个式子分别乘以 x_i，x_j，x_m，然后相加，可得：

$$x_i \frac{1}{2\Delta}(a_i + b_i x + c_i y) + x_j \frac{1}{2\Delta}(a_j + b_j x + c_j y) + x_m \frac{1}{2\Delta}(a_m + b_m x + c_m y)$$
$$= \frac{1}{2\Delta}(a_i x_i + a_j x_j + a_m x_m) + \frac{1}{2\Delta}x(b_i x_i + b_j x_j + b_m x_m) + \frac{1}{2\Delta}y(c_i x_i + c_j x_j + c_m x_m) \tag{4-20}$$

式（4-20）中的第 1 项为：

$$\frac{1}{2\Delta}(a_i x_i + a_j x_j + a_m x_m) = \frac{1}{2\Delta}(x_j y_m x_i - x_m y_j x_i + x_m y_i x_j - x_i y_m x_j + x_i y_j x_m - x_j y_i x_m) = 0$$

实际上，由于 $2\Delta = \begin{vmatrix} 1 & x_i & y_i \\ 1 & x_j & y_j \\ 1 & x_m & y_m \end{vmatrix}$，其中 a_i，b_i，c_i，a_j，b_j，c_j，a_m，b_m，c_m 依次是行列式的第 1 行、第 2 行和第 3 行各元素的代数余子式。根据行列式的性质，行列式的任一行（或列）的元素与其相应的代数余子式乘积之和等于行列式的值，而任一行（或列）的元素与其他行（或列）的元素的代数余子式乘积之和则等于零。由此不难得出，式（4-20）中，第 1 项、第 3 项都等于零，第 2 项等于 x。

于是可得：$x_iL_i + x_jL_j + x_mL_m = x$，同理，将方程式（4-18）3 个式子分别乘以 y_i，y_j，y_m，然后相加，可得：$y_iL_i + y_jL_j + y_mL_m = y$。

综上得到与式（4-19）相对应的用面积坐标表示的直角坐标关系式：

$$\begin{aligned} x_iL_i + x_jL_j + x_mL_m &= x \\ y_iL_i + y_jL_j + y_mL_m &= y \end{aligned} \tag{4-21}$$

也就是说，已知 1 点的面积坐标，代入式（4-21）即可得到该点的直角坐标。

通过面积坐标与形函数之间的数学关系论证，可以方便的得到形函数的一系列数学性质，同时，也更方便理解形函数的数学含义。

为了后面推导公式方便，下面给出相关公式，具体证明过程参见相关文献，此不赘述。

面积坐标的函数对直角坐标求导时公式如下：

$$\begin{aligned} \frac{\partial}{\partial x} &= \frac{\partial L_i}{\partial x}\frac{\partial}{\partial L_i} + \frac{\partial L_j}{\partial x}\frac{\partial}{\partial L_j} + \frac{\partial L_m}{\partial x}\frac{\partial}{\partial L_m} = \frac{b_i}{2\Delta}\frac{\partial}{\partial L_i} + \frac{b_j}{2\Delta}\frac{\partial}{\partial L_j} + \frac{b_m}{2\Delta}\frac{\partial}{\partial L_m} \\ \frac{\partial}{\partial y} &= \frac{\partial L_i}{\partial y}\frac{\partial}{\partial L_i} + \frac{\partial L_j}{\partial y}\frac{\partial}{\partial L_j} + \frac{\partial L_m}{\partial y}\frac{\partial}{\partial L_m} = \frac{c_i}{2\Delta}\frac{\partial}{\partial L_i} + \frac{c_j}{2\Delta}\frac{\partial}{\partial L_j} + \frac{c_m}{2\Delta}\frac{\partial}{\partial L_m} \end{aligned} \tag{4-22}$$

面积坐标的幂函数在三角形单元上的积分时：

$$\begin{aligned} \iint_\Delta L_i^a L_j^b L_m^c \mathrm{d}x\mathrm{d}y &= \frac{abc}{a+b+c+2}2\Delta \\ \int_l L_i^\alpha L_j^\beta \mathrm{d}s &= \frac{\alpha\beta}{\alpha+\beta+1}l \end{aligned} \tag{4-23}$$

式中，l 为三角形单元 ij 边的长度；s 为沿着 ij 边的积分变量。

4.2 应变矩阵、应力矩阵与单元刚度矩阵

单元刚度矩阵表达了单元结点位移与结点力之间的转换关系，描述它需要依次应用几何条件、物理条件与平衡条件（虚功方程），达到用单元结点位移表达单元应变、单元应力，以及表达单元结点力的目的，所得到的单元结点位移与单位结点力的关系式称为单元刚度方程，方程中的转换矩阵即单元刚度矩阵。

4.2.1 单元应变，应变矩阵

将位移模式（4-9）代入几何方程，有：

$$\{\varepsilon\} = \begin{Bmatrix} \varepsilon_x \\ \varepsilon_y \\ \gamma_{xy} \end{Bmatrix} = \begin{bmatrix} \frac{\partial}{\partial x} & 0 \\ 0 & \frac{\partial}{\partial y} \\ \frac{\partial}{\partial y} & \frac{\partial}{\partial x} \end{bmatrix} \begin{Bmatrix} u \\ v \end{Bmatrix} = \begin{bmatrix} \frac{\partial N_i}{\partial x} & 0 & \frac{\partial N_j}{\partial x} & 0 & \frac{\partial N_m}{\partial x} & 0 \\ 0 & \frac{\partial N_i}{\partial y} & 0 & \frac{\partial N_j}{\partial y} & 0 & \frac{\partial N_m}{\partial y} \\ \frac{\partial N_i}{\partial y} & \frac{\partial N_i}{\partial x} & \frac{\partial N_j}{\partial y} & \frac{\partial N_j}{\partial x} & \frac{\partial N_m}{\partial y} & \frac{\partial N_m}{\partial x} \end{bmatrix} \begin{Bmatrix} u_i \\ v_i \\ u_j \\ v_j \\ u_m \\ v_m \end{Bmatrix}$$

$$= \frac{1}{2\Delta}\begin{bmatrix} b_i & 0 & b_j & 0 & b_m & 0 \\ 0 & c_i & 0 & c_j & 0 & c_m \\ c_i & b_i & c_j & b_j & c_m & b_m \end{bmatrix}\{\delta\}^e = [B_i \quad B_j \quad B_m]\{\delta\}^e \tag{4-24}$$

即：

$$\{\varepsilon\} = [B]\{\delta\}^e \tag{4-25}$$

式中，$[B]$ 称为应变矩阵。显然，由于简单三角形单元取线性位移模式，其应变矩阵 $[B]$ 为常数矩阵，即在这样的位移模式下，三角形单元内的应变为某一常量，所以，这种单元被称为平面问题的常应变单元。

4.2.2 应力矩阵

将式（4-25）代入物理方程得：

$$\{\sigma\} = [D]\{\varepsilon\} = [D][B]\{\delta\}^e = [S]\{\delta\}^e \tag{4-26}$$

式中，$[D]$ 为弹性矩阵；$[S]$ 称为应力矩阵。

对于平面应力问题，有：

$$[S_i] = \frac{E}{2(1-\mu^2)\Delta}\begin{bmatrix} b_i & \mu c_i \\ \mu b_i & c_i \\ \frac{1-\mu}{2}c_i & \frac{1-\mu}{2}b_i \end{bmatrix}(i = i,\ j,\ m) \tag{4-27}$$

将式（4-27）中的弹性常数 E，μ 换成：

$$\frac{E}{1-\mu^2},\ \frac{1-\mu}{\mu}$$

就是平面应变问题的应力矩阵。

显然，这里的应力矩阵也是常数矩阵，单元应力也是常量。由于相邻单元一般将具有不同的应力，在单元的公共边上会有应力突变。但是，随着单元的逐步取小，这种突变会急剧降低，不会妨碍有限单元法的解答收敛于精确解。

4.2.3 单元刚度矩阵

由于有限单元法分析中只采用结点载荷，对单元而言，其外力只有结点力 $\{F\}^e$，给单元一个虚位移，相应的结点虚位移为 $\{\delta^*\}^e$，虚应变为 $\{\varepsilon^*\}$。

由虚功原理的一般表达式（2-36）可得出所有外力在单元上所作的虚功为：

$$\delta^{*T}F = \delta^{*eT}F^e + \int_{Ve} u^{*T}W\mathrm{d}V + \int_{Se} u^{*T}P\mathrm{d}S \tag{4-28}$$

根据虚功原理，外力在单元上所作的虚功与在单元内引起的虚应变能相等，即：

$$\delta^{*eT}F^e + \int_{Ve} u^{*T}W\mathrm{d}V + \int_{Se} u^{*T}P\mathrm{d}S = \int_{Ve} \varepsilon^{*T}\sigma\mathrm{d}V \tag{4-29}$$

式（4-28）和式（4-29）中，W 为三角形单元体积力；P 为三角形单元表面力（单位面积上的表面力，假定作用在 S 侧边上）；u^* 为单元内虚位移；ε^* 为单元内虚应变，且有 $u^* = N\delta^{*e}$，$\varepsilon^* = B\delta^{*e}$。

将式（4-26）代入式（4-29），得到：

$$\delta^{*eT}F^e = \delta^{*eT}\left(\int_{Ve} B^T DB\mathrm{d}V\delta^e - \int_{Ve} N^T W\mathrm{d}V - \int_{Se} N^T P\mathrm{d}S\right) \tag{4-30}$$

由于虚位移 δ^{*eT} 为任意的，因此式（4-30）中等号两边与之相乘的矩阵应相等，于是得到：

$$F^e = k^e\delta^e + F_w^e + F_p^e \tag{4-31}$$

其中：

$$k^e = \int_{Ve} B^T DB\mathrm{d}V\ ;\ F_w^e = -\int_{Ve} N^T W\mathrm{d}V\ ;\ F_p^e = -\int_{Se} N^T P\mathrm{d}S$$

式中，k^e 为单元刚度矩阵；F_w^e 为体积力引起的结点力；F_p^e 为表面力引起的结点力。

由于现在讨论是的常应变平面三角形单元，单元刚度矩阵积分项都是常量，因此，可以提到积分号外，假定单元厚度为 t，单元的体积积分实际上就是单元厚度 t 乘以单元面积 Δ，于是式（4-31）变为：

$$\{F\}^e = [k]^e\{\delta\}^e \tag{4-32}$$

称为单元刚度方程，其中：

$$[k]^e = \iint_\Delta [B]^T[D][B]t\mathrm{d}x\mathrm{d}y \tag{4-33}$$

称为单元刚度矩阵。对于三结点三角形单元，所取为线性位移模式，此式成为：

$$[k]^e = [B]^T[D][B]t\Delta = [B]^T[S]t\Delta \tag{4-34}$$

依结点写成分块形式

$$[k]^e = t\Delta\begin{bmatrix} B_i^T S_i & B_i^T S_j & B_i^T S_m \\ B_j^T S_i & B_j^T S_j & B_j^T S_m \\ B_m^T S_i & B_m^T S_j & B_m^T S_m \end{bmatrix} = \begin{bmatrix} k_{ii} & k_{ij} & k_{im} \\ k_{ji} & k_{jj} & k_{jm} \\ k_{mi} & k_{mj} & k_{mm} \end{bmatrix} \tag{4-35}$$

对于平面应力问题有：

$$k_{rs} = \frac{Et}{4(1-\mu^2)\Delta}\begin{bmatrix} b_r b_s + \frac{1-\mu}{2}c_r c_s & \mu b_r c_s + \frac{1-\mu}{2}c_r b_s \\ \mu c_r b_s + \frac{1-\mu}{2}b_r c_s & c_r c_s + \frac{1-\mu}{2}b_r b_s \end{bmatrix} \tag{4-36}$$

式中，k_{rs} 为 2×2 的子矩阵，$r=i,\ j,\ m$；$s=i,\ j,\ m$。

4.2.4 单元刚度矩阵的性质

（1）单元刚度矩阵的物理意义。表达单元抵抗变形的能力，其元素值为单位位移所引起的结点力，与普通弹簧的刚度系数具有同样的物理本质。例如子块 k_{ij}：

$$[k_{ij}] = \begin{bmatrix} k_{ij}^{11} & k_{ij}^{12} \\ k_{ij}^{21} & k_{ij}^{22} \end{bmatrix}$$

其中，上标 1 表示 x 方向自由度，2 表示 y 方向自由度。后一上标代表单位位移的方向，前一上标代表单位位移引起的结点力方向。如 k_{ij}^{11} 表示 j 结点产生单位水平位移时在 i 结点引起的水平结点力分量，k_{ij}^{21} 表示 j 结点产生单位水平位移时在 i 结点引起的竖直结点力分量，其余类推。显然，单元的某结点某自由度产生单位位移引起的单元结点力向量，生成单元刚度矩阵的对应列元素。

（2）单元刚度矩阵为对称矩阵。由功的互等定理中的反力互等可以知道：

$$k_{13}^{12} = k_{31}^{21}$$

所以，$[k]^e$ 为对称矩阵。

（3）单元刚度矩阵与单元位置无关（但与方位有关）。由物理意义不难说明，单元刚度矩阵与单元位置（刚体平移无关）。

（4）奇异性。由于单元分析中没有给单元施加任何约束，单元可有任意的刚体位移，即在式（4-32）中，给定的结点力不能唯一地确定结点位移，可知单元刚度矩阵不可求逆。

4.2.5　三角形等参数单元推导单元刚度矩阵方程

本书在一维杆单元推导单元刚度矩阵中，采用的常规的方法，同时也采用了等参数单元的方法推导了单元刚度矩阵。为了深入理解和认识等参数单元的含义，这里采用等参数单元推导三角形单元的单元刚度矩阵。

如图 4-8 所示，表示了任意三角形单元在整体坐标下与局部坐标下的映射关系，就是将整体坐标下的任意三角形单元映射为局部坐标下的等腰直角三角形。在局部坐标下，等腰直角三角形相对简单，可以更为方便的进行公式推演，然后通过整体与局部坐标之间的关系，再推演到整体坐标系下。

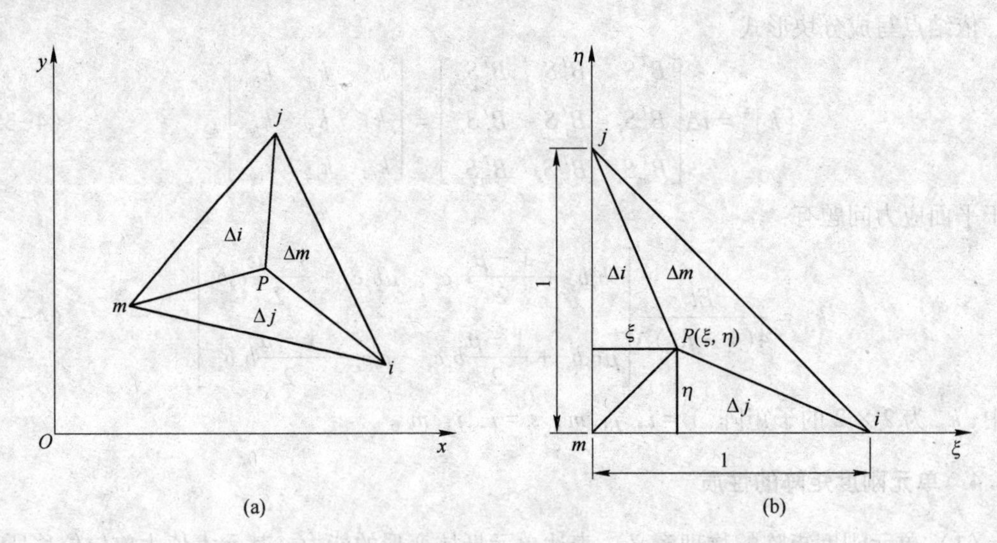

图 4-8　任意三角形单元与等腰直角三角形之间的坐标变换

（a）整体坐标；（b）局部坐标

在局部坐标下应用式（4-9），可得：

$$\left.\begin{aligned} u(\xi,\ \eta) &= \sum_{i=1}^{3} N_i(\xi,\ \eta)u_i \\ v(\xi,\ \eta) &= \sum_{i=1}^{3} N_i(\xi,\ \eta)v_i \end{aligned}\right\} \tag{4-37}$$

式（4-37）即为局部坐标下的位移函数表达式。

式中，$N_i = \frac{1}{2\Delta}(a_i + b_i\xi + c_i\eta)(i = i,\ j,\ m)$，$\begin{aligned} a_i &= \xi_j\eta_m - \xi_m\eta_j \\ b_i &= \eta_j - \eta_m \\ c_i &= -\xi_j + \xi_m \end{aligned}$ $(i = i,\ j,\ m)$。

根据形函数与面积坐标的关系，形函数也可写成：$N_i = \frac{\Delta i}{\Delta}$，$N_j = \frac{\Delta j}{\Delta}$，$N_m = \frac{\Delta m}{\Delta}$，由于局部坐标单元的特殊性，所以很容易得到：$\Delta = \frac{1}{2}$，$\Delta i = \frac{\xi}{2}$，$\Delta j = \frac{\eta}{2}$，$\Delta m = \frac{1}{2}(1 - \xi - \eta)$，局部坐标下的形函数表达式：$N_i = \xi$，$N_j = \eta$，$N_m = 1 - \xi - \eta$，与整体坐标相比较，局部坐标下形函数与局部坐标的函数关系就很简单。

根据前面推导的式（4-21）$\begin{matrix} x_iL_i + x_jL_j + x_mL_m = x \\ y_iL_i + y_jL_j + y_mL_m = y \end{matrix}$ 即 $\begin{matrix} x_iN_i + x_jN_j + x_mN_m = x \\ y_iN_i + y_jN_j + y_mN_m = y \end{matrix}$，即面积坐标与直角坐标的转换关系，显然对于局部坐标下的三角形单元同样成立，改写为局部坐标下的形式，即：

$$\xi = \sum_{i=1}^{3} N_i(\xi,\ \eta)\xi_i\ ,\ \eta = \sum_{i=1}^{3} N_i(\xi,\ \eta)\eta_i \tag{4-38}$$

采用同样的局部坐标下形函数，对整体坐标下的三角形单元结点坐标值进行插值，注意不是位移值，可理解为信息，位移是结点信息，坐标也是结点信息。从而得到：

$$x = \sum_{i=1}^{3} N_i(\xi,\ \eta)x_i,\ y = \sum_{i=1}^{3} N_i(\xi,\ \eta)y_i$$

式（4-37）为位移函数 u，v 对局部坐标（ξ，η）的函数，推导单元刚度矩阵中要用到几何方程、物理方程等都需要位移函数对总体坐标 x，y 的求导，因此，作下面演算。

根据复合函数求导规则，可得：$\left.\begin{aligned} \frac{\partial N_i}{\partial \xi} &= \frac{\partial N_i}{\partial x}\frac{\partial x}{\partial \xi} + \frac{\partial N_i}{\partial y}\frac{\partial y}{\partial \xi} \\ \frac{\partial N_i}{\partial \eta} &= \frac{\partial N_i}{\partial x}\frac{\partial x}{\partial \eta} + \frac{\partial N_i}{\partial y}\frac{\partial y}{\partial \eta} \end{aligned}\right\}$，写成矩阵形式为：$\begin{bmatrix} \frac{\partial N_i}{\partial \xi} \\ \frac{\partial N_i}{\partial \eta} \end{bmatrix} = \begin{bmatrix} \frac{\partial x}{\partial \xi} & \frac{\partial y}{\partial \xi} \\ \frac{\partial x}{\partial \eta} & \frac{\partial y}{\partial \eta} \end{bmatrix} \begin{bmatrix} \frac{\partial N_i}{\partial x} \\ \frac{\partial N_i}{\partial y} \end{bmatrix}$，定义：$J(\xi,\ \eta) = \begin{bmatrix} \frac{\partial x}{\partial \xi} & \frac{\partial y}{\partial \xi} \\ \frac{\partial x}{\partial \eta} & \frac{\partial y}{\partial \eta} \end{bmatrix}$，称 $J(\xi,\ \eta)$ 为雅可比矩阵，则有：

$\begin{bmatrix} \frac{\partial N_i}{\partial \xi} \\ \frac{\partial N_i}{\partial \eta} \end{bmatrix} = [J] \begin{bmatrix} \frac{\partial N_i}{\partial x} \\ \frac{\partial N_i}{\partial y} \end{bmatrix}$，对上式求逆，可得：$\begin{bmatrix} \frac{\partial N_i}{\partial x} \\ \frac{\partial N_i}{\partial y} \end{bmatrix} = [J]^{-1} \begin{bmatrix} \frac{\partial N_i}{\partial \xi} \\ \frac{\partial N_i}{\partial \eta} \end{bmatrix}$。

式中，$[J]^{-1}$ 是坐标变换矩阵的逆阵。由于矩阵［J］是 2×2 阶的，它的逆阵是：

$$[J]^{-1} = \frac{1}{|J|} \begin{bmatrix} \frac{\partial y}{\partial \eta} & -\frac{\partial y}{\partial \xi} \\ -\frac{\partial x}{\partial \eta} & \frac{\partial x}{\partial \xi} \end{bmatrix}$$

式中，$|J| = \frac{\partial x}{\partial \xi}\frac{\partial y}{\partial \eta} - \frac{\partial y}{\partial \xi}\frac{\partial x}{\partial \eta}$，称作变换行列式或雅可比行列式，于是可得：

$$\frac{\partial N_i}{\partial x} = \frac{1}{|J|}\left(\frac{\partial y}{\partial \eta}\frac{\partial N_i}{\partial \xi} - \frac{\partial y}{\partial \xi}\frac{\partial N_i}{\partial \eta}\right)$$

$$\frac{\partial N_i}{\partial y} = \frac{1}{|J|}\left(-\frac{\partial x}{\partial \eta}\frac{\partial N_i}{\partial \xi} + \frac{\partial x}{\partial \xi}\frac{\partial N_i}{\partial \eta}\right) \tag{4-39}$$

式（4-39）具体演算如下：

（1）根据 $N_i = \xi$，$N_j = \eta$，$N_m = 1 - \xi - \eta$，$x = \sum_{i=1}^{3} N_i(\xi,\ \eta)x_i$，$y = \sum_{i=1}^{3} N_i(\xi,\ \eta)y_i$，可得：$\frac{\partial x}{\partial \xi} = \frac{\partial[\xi x_i + \eta x_j + (1 - \xi - \eta)x_m]}{\partial \xi} = x_i - x_m = c_j$。同理可得：$\frac{\partial y}{\partial \eta} = y_j - y_m = b_i$，$\frac{\partial y}{\partial \xi} = y_i - y_m = -b_j$，$\frac{\partial x}{\partial \eta} = x_j - x_m = -c_i$。由此可得：

$$|J| = \frac{\partial x}{\partial \xi}\frac{\partial y}{\partial \eta} - \frac{\partial y}{\partial \xi}\frac{\partial x}{\partial \eta} = c_j b_i - c_i b_j$$

（2）根据 $N_i = \xi$，得到：$\frac{\partial N_i}{\partial \xi} = 1 \cdot \frac{\partial N_i}{\partial \eta} = 0$。

（3）将 $|J| = \frac{\partial x}{\partial \xi}\frac{\partial y}{\partial \eta} - \frac{\partial y}{\partial \xi}\frac{\partial x}{\partial \eta} = c_j b_i - c_i b_j$ 和 $\frac{\partial N_i}{\partial \xi} = 1$，$\frac{\partial N_i}{\partial \eta} = 0$，$\frac{\partial y}{\partial \eta} = b_i$，$\frac{\partial y}{\partial \xi} = -b_j$ 代入式（4-39），可得：

$$\frac{\partial N_i}{\partial x} = \frac{1}{|J|}\left(\frac{\partial y}{\partial \eta}\frac{\partial N_i}{\partial \xi} - \frac{\partial y}{\partial \xi}\frac{\partial N_i}{\partial \eta}\right) = \frac{1}{c_j b_i - c_i b_j}(b_i \cdot 1 + b_j \cdot 0) = \frac{b_i}{c_j b_i - c_i b_j}$$

由于

$$\begin{aligned} c_j b_i - c_i b_j &= (x_i - x_m)(y_j - y_m) - (x_m - x_j)(y_m - y_i) \\ &= x_i y_j - x_i y_m - x_m y_j + x_m y_m - x_m y_m + x_m y_i + x_j y_m - x_j y_i \\ &= (x_j y_m - x_m y_j) + (x_m y_i - x_i y_m) + (x_i y_j - x_j y_i) \\ &= a_i + a_j + a_m = 2\Delta \end{aligned}$$

因此得到：$\frac{\partial N_i}{\partial x} = \frac{b_i}{2\Delta}$，与整体坐标下的结果一致，其他以此类推，将它们代入式（4-9），则后面的推导单元刚度矩阵的过程完全和前面一样了，不再赘述。

4.3 等效结点载荷

有限单元法分析只采用结点载荷，作用于单元上的非结点载荷都必须移置为等效结点载荷。依照圣维南原理，只要这种移置遵循静力等效原则，就只会对应力分布产生局部影响，且随着单元的细分，影响会逐步降低。所谓静力等效，就是原载荷与等效结点载荷在虚位移上所作的虚功相等。

4.3.1 集中力的移置

设三角形单元内任意一点 $M(x,\ y)$ 受有集中载荷 P，如图 4-9 所示。

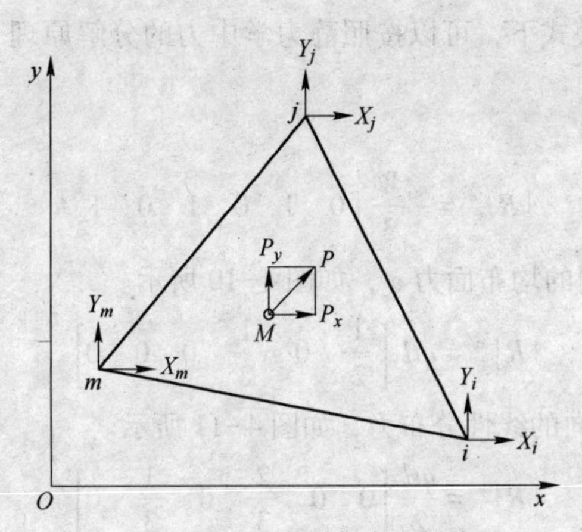

图 4-9 受荷三角形集中力的移置

集中载荷：

$$\{P\} = [P_x \quad P_y]^T$$

移置为等效结点载荷：

$$\{R\}^e = [X_i \quad Y_i \quad X_j \quad Y_j \quad X_m \quad Y_m]^T \tag{4-40}$$

假想单元发生了虚位移，其中 M 点虚位移为 $\{u^*\}$ ，单元结点虚位移为 $\{\delta^*\}^e$ ，按照静力等效原则有：

$$\{\delta^*\}^{eT}\{R\}^e = \{u^*\}^T\{P\} \tag{4-41}$$

将式（4-9）代入式（4-41）得：

$$\{\delta^*\}^{eT}\{R\}^e = \{\delta^*\}^{eT}[N]^T\{P\} \tag{4-42}$$

由虚位移的任意性可知，要使式（4-42）成立，必然有：

$$\{R\}^e = [N]^T\{P\} \tag{4-43}$$

4.3.2 体力的移置

设单元承受有分布体力，单位体积的体力记为 $\{p\} = [X \quad Y]^T$ ，此时可以在单元内取微分体 $t\mathrm{d}x\mathrm{d}y$ ，将微分体上的体力 $\{p\}t\mathrm{d}x\mathrm{d}y$ 视为集中荷载代入式（4-43）后，对整个单元体积积分，就得到：

$$\{R\}^e = \iint [N]^T\{p\}t\mathrm{d}x\mathrm{d}y \tag{4-44}$$

4.3.3 面力的移置

设在单元的某一个边界上作用有分布的面力，单位面积上的面力为 $\{\bar{p}\} = [\bar{X} \quad \bar{Y}]^T$ ，在此边界上取微面积 $t\mathrm{d}s$ ，将微面积上的面力 $\{\bar{p}\}t\mathrm{d}s$ 视为集中载荷，利用式（4-43），对整个边界面积分，得到：

$$\{R\}^e = \int [N]^T\{\bar{p}\}t\mathrm{d}s \tag{4-45}$$

4.3.4 线性位移模式下的载荷移置

利用上述公式求等效结点载荷，当原载荷是分布体力或面力时，进行积分运算是比较繁琐的。但在线性位移模式下，可以按照静力学中力的分解原理直接求出等效结点载荷。例如：

（1）y 方向的重力 W：

$$\{R\}^e = -\frac{W}{3}[0 \quad 1 \quad 0 \quad 1 \quad 0 \quad 1]^T$$

（2）ij 边承受 x 方向的均布面力 q，如图 4-10 所示。

$$\{R\}^e = qtl\left[\frac{1}{2} \quad 0 \quad \frac{1}{2} \quad 0 \quad 0 \quad 0\right]^T$$

（3）jm 边承受 x 方向的线性分布力，如图 4-11 所示。

$$\{R\}^e = \frac{qtl}{2}\left[0 \quad 0 \quad \frac{2}{3} \quad 0 \quad \frac{1}{3} \quad 0\right]^T$$

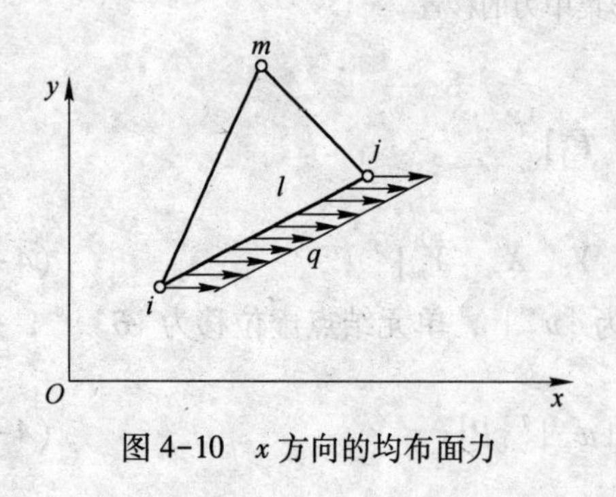

图 4-10　x 方向的均布面力

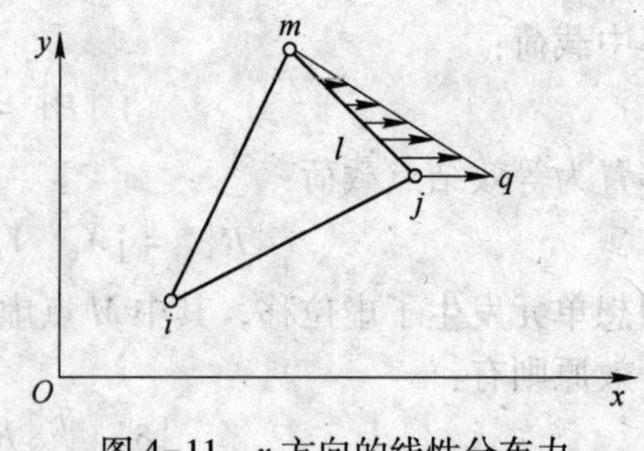

图 4-11　x 方向的线性分布力

4.3.5　结点荷载移置算例

如图 4-12 所示，三角形单元 jm 边长为 l，其上承受 x 方向的线性分布力，求等效结点力。

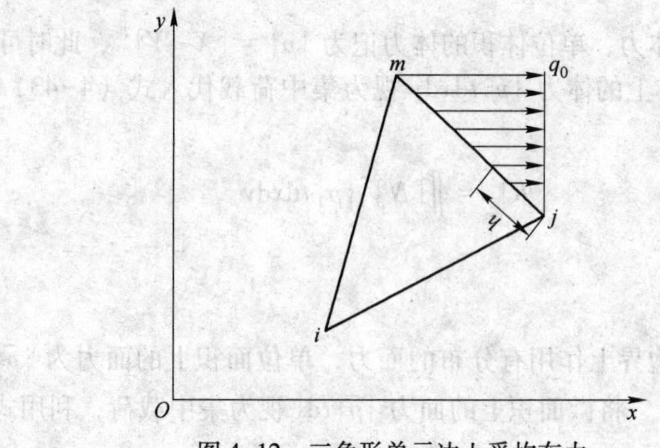

图 4-12　三角形单元边上受均布力

（1）求解方法一

将 jm 边上线荷载写为：$q = q_0\dfrac{y - y_j}{y_m - y_j}$，代入式（4-45），同时，考虑到 jm 边上，$N_i = 0$，可得：

$$\{R\}^e = \int [N]^T\{\bar{p}\} t\mathrm{d}s = \int \begin{bmatrix} N_i & 0 \\ 0 & N_i \\ N_j & 0 \\ 0 & N_j \\ N_m & 0 \\ 0 & N_m \end{bmatrix} \begin{bmatrix} q_0 \dfrac{y - y_j}{y_m - y_j} \\ 0 \end{bmatrix} t\mathrm{d}s = t\int \begin{bmatrix} 0 \\ 0 \\ N_j q_0 \dfrac{y - y_j}{y_m - y_j} \\ 0 \\ N_m q_0 \dfrac{y - y_j}{y_m - y_j} \\ 0 \end{bmatrix} \mathrm{d}s \quad (4\text{-}46)$$

注意：三角形单元面积坐标与本书前述的三角形单元形函数等价，将 $N_i = 0$ 代入式（4-21），jm 边上可得：$y = y_j N_j + y_m N_m$，代入式（4-46），可得：

$$\{R\}^e = \begin{bmatrix} F_{ix} \\ F_{iy} \\ F_{jx} \\ F_{jx} \\ F_{mx} \\ F_{mx} \end{bmatrix} = t\int \begin{bmatrix} 0 \\ 0 \\ N_j q_0 \dfrac{y - y_j}{y_m - y_j} \\ 0 \\ N_m q_0 \dfrac{y - y_j}{y_m - y_j} \\ 0 \end{bmatrix} \mathrm{d}s = t \begin{bmatrix} 0 \\ 0 \\ \int N_j q_0 \dfrac{y - y_j}{y_m - y_j} \mathrm{d}s \\ 0 \\ \int N_m q_0 \dfrac{y - y_j}{y_m - y_j} \mathrm{d}s \\ 0 \end{bmatrix}$$

$$= \frac{tq_0}{y_m - y_j} \begin{bmatrix} 0 \\ 0 \\ \int N_j (y_j N_j + y_m N_m - y_j)\mathrm{d}s \\ 0 \\ \int N_m (y_j N_j + y_m N_m - y_j)\mathrm{d}s \\ 0 \end{bmatrix}$$

将式（4-23），即：$\int_l L_i^\alpha L_j^\beta \mathrm{d}s = \dfrac{\alpha\beta}{\alpha + \beta + 1} l$ 应用于上式，则可得：

$$\{R\}^e = \begin{bmatrix} F_{ix} \\ F_{iy} \\ F_{jx} \\ F_{jx} \\ F_{mx} \\ F_{mx} \end{bmatrix} = \frac{tq_0}{y_m - y_j} \begin{bmatrix} 0 \\ 0 \\ \dfrac{1}{3} y_j l + \dfrac{1}{6} y_m l - \dfrac{1}{2} y_j l \\ 0 \\ \dfrac{1}{6} y_j l + \dfrac{1}{3} y_m l - \dfrac{1}{2} y_j l \\ 0 \end{bmatrix} = \frac{tq_0}{y_m - y_j} \begin{bmatrix} 0 \\ 0 \\ \dfrac{y_m - y_j}{6} l \\ 0 \\ \dfrac{y_m - y_j}{3} l \\ 0 \end{bmatrix} = \begin{bmatrix} 0 \\ 0 \\ \dfrac{tl}{6} q_0 \\ 0 \\ \dfrac{tl}{3} q_0 \\ 0 \end{bmatrix}$$

（2）求解方法二

如图 4-12 所示，将 j 点沿 jm 边上任一点长度记作 h，则可将 jm 边上线荷载写为：$q =$

$q_0\dfrac{h}{l}$。显然，在 jm 上，则根据三角形单元面积坐标与本书前述的三角形单元形函数等价，有：$N_j=\dfrac{l-h}{l}$，$N_m=\dfrac{h}{l}$。将它们代入式（4-45），可得：

$$\{R\}^e=\int[N]^T\{\bar{p}\}t\mathrm{d}s=\int\begin{bmatrix}N_i & 0\\ 0 & N_i\\ N_j & 0\\ 0 & N_j\\ N_m & 0\\ 0 & N_m\end{bmatrix}\begin{bmatrix}\dfrac{hq_0}{l}\\ 0\end{bmatrix}t\mathrm{d}s=\frac{tq_0}{l}\int\begin{bmatrix}0\\ 0\\ \dfrac{l-h}{l}h\\ 0\\ \dfrac{h^2}{l}\\ 0\end{bmatrix}\mathrm{d}h=\begin{bmatrix}0\\ 0\\ \dfrac{tl}{6}q_0\\ 0\\ \dfrac{tl}{3}q_0\\ 0\end{bmatrix}$$

4.4　整体分析

结构的整体分析就是将离散后的所有单元通过结点连接成原结构物进行分析，分析过程是将所有单元的单元刚度方程组集成总体刚度方程，引进边界条件后求解整体结点位移向量。

4.4.1　整体刚度方程

整体刚度方程实际上就是所有结点的平衡方程，由单元刚度方程组集整体刚度方程应满足以下两个原则：（1）各单元在公共结点上协调地彼此连接，即在公共结点处具有相同的位移。由于基本未知量为整体结点位移向量，这一点已经得到满足；（2）结构的各结点离散出来后应满足平衡条件，也就是说，环绕某一结点的所有单元作用于该结点的结点力之和应与该结点的结点载荷平衡。

实际上整体刚度方程组中的每一个方程就是结点在某一自由度上的静力平衡方程式。下面还是通过虚功方程进行分析。

将结构所有 m 个单元的虚应变能、虚功分别叠加得到：

$$\sum_m\{\delta^*\}^{eT}[k]^e\{\delta\}^e=\sum_m\{\delta^*\}^{eT}\{R\}^e \tag{4-47}$$

这里还只能是数值意义上的叠加，要理解成将单元刚度方程叠加组集出一组平衡方程还要做两方面的工作：

（1）统一使用整体结点编号。如图 4-13 所示结构的第 4 单元结点编号统一依次改写为整体结点编号后为 $i=8$，$j=7$，$m=5$。

（2）依照结构整体的结点自由度数 $2n$ 扩展单元刚度矩阵与单元结点载荷列阵，使它们成为可以两两叠加的贡献阵 $[\bar{K}]^e$ 与 $\{\bar{R}\}^e$：

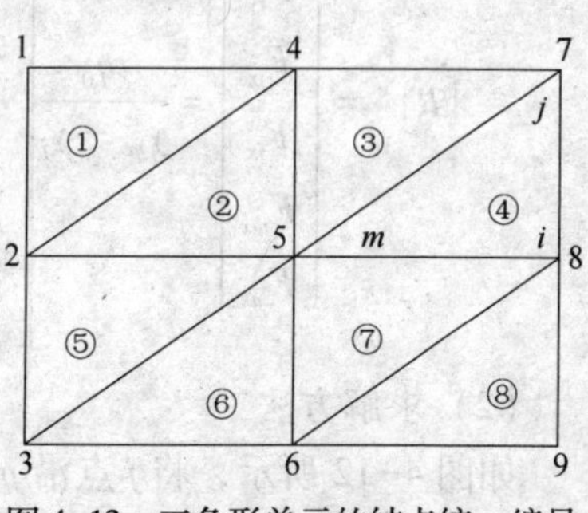

图 4-13　三角形单元的结点统一编号

1）单元刚度矩阵由 6×6 维扩展为 $2n\times2n$ 维，或者说由 3×3 子块扩展为 $n×n$ 子块，以第 4 单元为例：

$$[K]^4 = \begin{bmatrix} k_{ii}^4 & k_{ij}^4 & k_{im}^4 \\ k_{ji}^4 & k_{jj}^4 & k_{jm}^4 \\ k_{mi}^4 & k_{mj}^4 & k_{mm}^4 \end{bmatrix}$$

扩展为：

$[\overline{K}]^4=$

	1	2	3	4	5	6	7	8	9
1									
2									
3									
4									
5					k_{npm}^4		k_{mj}^4	k_{mi}^4	
6									
7					k_{jm}^4		k_{jj}^4	k_{ji}^4	
8					k_{mn}^4		k_{ij}^4	k_{ii}^4	
9									

2）单元等效结点载荷列阵扩展为 $2n × 1$ 列阵：

$$\{R\}^4 = \begin{Bmatrix} \{R_i\}^4 \\ \{R_j\}^4 \\ \{R_m\}^4 \end{Bmatrix}$$

扩展为：

$$\{R\}^4 = [0 \quad 0 \quad 0 \quad 0 \quad 0 \quad 0 \quad 0 \quad 0 \quad X_m^4 \quad Y_m^4 \quad 0 \quad 0 \quad X_j^4 \quad Y_j^4 \quad X_i^4 \quad Y_i^4 \quad 0 \quad 0]^T$$

由于结点位移是未知量，且相关单元在公共结点具有相同的位移，结点位移向量可直接写成 $2n × 1$ 维向量 $\{\delta\}_{2n×1}$。

至此方能实现单元刚度方程叠加，得到方程组：

$$\sum_m \{\delta^*\}_{2n×1}^T [K]_{2n×2n}^e \{\delta\}_{2n×1} - \sum_m \{\delta^*\}_{2n×}^T \{\overline{R}\}_{2n×1}^e = 0$$

由于 $\{\delta^*\}^T$、$\{\delta\}$ 与求和号无关，上式成为：

$$\{\delta^*\}^T\left[\left(\sum_m [R]^e\right)\{\delta\} - \sum_m \{\overline{R}\}^e\right] = 0$$

由 $\{\delta^*\}^T$ 的任意性可得：

$$\left(\sum_m [K]^e\right)\{\delta\} = \sum_m \{\overline{R}\}^e$$

写成：

$$[K]\{\delta\} = \{R\}$$

称为整体刚度方程。

式中，$[K] = \sum_m [\overline{K}]^e$ 称为整体刚度矩阵或简称为总刚度矩阵；$\{R\} = \sum_m [\overline{R}]^e$ 称为整体结

点载荷向量；$\{\delta\}$ 为整体结点位移向量。

实际的组集过程是很简单的，例如，整体刚度矩阵的生成，事先给出存放整体刚度矩阵元素的二维数组，单元分析生成单元刚度矩阵时，将生成的子块按照对应的整体结点编号直接加到整体刚度矩阵二维数组中，称为对号入座。

4.4.2　整体刚度矩阵的性质

4.4.2.1　稀疏性

互不相关的结点在整体刚度矩阵中产生零元，网格划分越细，结点越多，这种互不相关的结点也越多，且所占比例越来越大，整体刚度矩阵越稀疏。有限元分析中，同一结点的相关结点通常最多为 6~8 个，如以 8 个计。当结构划分有 100 个结点时，整体刚度矩阵中一行的零子块与该行子块总数之比为 8/100；200 个结点时为 8/200。

4.4.2.2　带状性

整体刚度矩阵中的非零元素分布在以主对角线为中心的带形区域内，其集中程度与结点编号方式有关。如图 4-14 所示平面问题整体刚度矩阵的带状性就很典型，图中黑点表示非零元素。

描述带状性的一个重要物理量是半带宽 B，定义为包括对角线元素在内的半个带状区域中每行具有的元素个数，其计算式为：

$$B = (\text{相关结点号最大差值} + 1) \times \text{结点自由度数} \tag{4-48}$$

图 4-15 所示网格的整体刚度矩阵半带宽为：

$$B = (2 + 1) \times 2 = 6$$

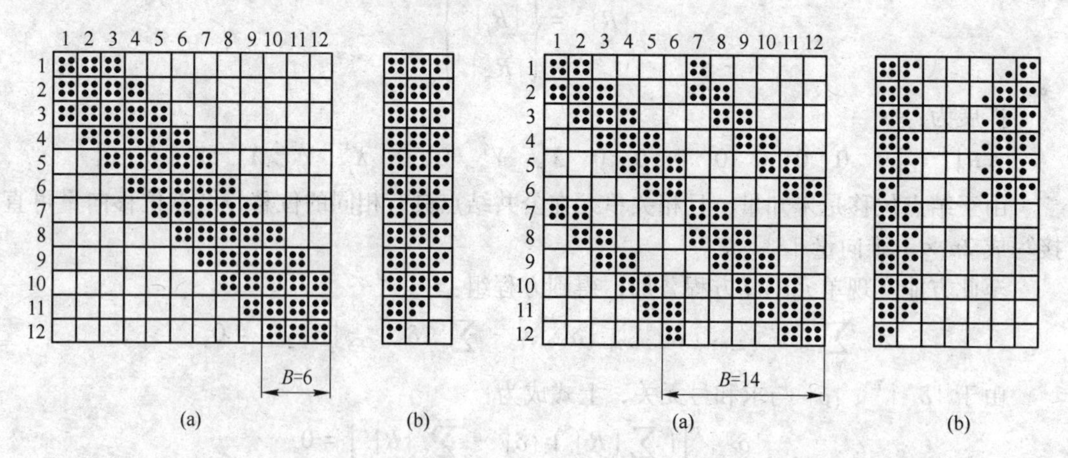

图 4-14　典型带状性整体刚度矩阵

图 4-15　更改后的带状性整体刚度矩阵

显然，半带宽与结构整体结点编码密切相关，将图 4-14 所示的整体结点编码改成如图 4-15 所示，整体刚度矩阵中带状区域的半带宽变为：

$$B = (6 + 1) \times 2 = 14$$

为了节省计算机的存储量与计算时间，应使半带宽尽可能地小，即整体编号应沿短边进行且尽量使相邻结点差值最小。

4.4.2.3 奇异性与对称性

类似于对单元刚度矩阵的分析可知，整体刚度矩阵是奇异矩阵。此外，整体刚度矩阵也是对称矩阵，编程时可以充分利用这一特点。

4.5 位移边界条件的处理

由于整体刚度矩阵是奇异的，必须在整体刚度方程中引进位移边界条件（约束条件），约束结构的刚体位移，才能求解整体刚度方程。

位移边界条件指某些结点位移分量已知，程序上较易实现的引进位移边界条件的方法有两种：对角元素改 1 法和乘大数法。

4.5.1 对角元素改 1 法

设已知整体刚度方程：

$$[K]\{\delta\} = \{R\}$$

依自由度展开为：

$$\begin{bmatrix} k_{11} & k_{12} & \cdots & k_{1r} & \cdots & k_{1n} \\ k_{21} & k_{22} & \cdots & k_{2r} & \cdots & k_{2n} \\ \vdots & \vdots & & \vdots & & \vdots \\ k_{r1} & k_{r2} & \cdots & k_{rr} & \cdots & k_{rn} \\ \vdots & \vdots & & \vdots & & \vdots \\ k_{n1} & k_{n2} & \cdots & k_{nr} & \cdots & k_{nn} \end{bmatrix} \begin{Bmatrix} \delta_1 \\ \delta_2 \\ \vdots \\ \delta_r \\ \vdots \\ \delta_n \end{Bmatrix} = \begin{Bmatrix} R_1 \\ R_2 \\ \vdots \\ R_r \\ \vdots \\ R_n \end{Bmatrix} \tag{4-49}$$

这里 n 为整体结点自由度数，其中第 r 自由度方向的位移分量已知为 c_r（已知量），则式（4-49）中的第 r 个方程为：

$$\delta_r = c_r$$

将式（4-49）中的第 r 个方程直接改写为如上形式，即将整体刚度矩阵中对应主元素改为 1，对应行其他元素改为零，对应自由项改为 c_r。此时其余方程左边的第 r 项均已不含未知量，将它们都移到式（4-49）的自由项中，就得到如下引入了第 r 个自由度约束条件的整体刚度方程：

$$\begin{bmatrix} k_{11} & k_{12} & \cdots & 0 & \cdots & k_{1n} \\ k_{21} & k_{22} & \cdots & 0 & \cdots & k_{2n} \\ \vdots & \vdots & & \vdots & & \vdots \\ 0 & 0 & \cdots & 1 & \cdots & 0 \\ \vdots & \vdots & & \vdots & & \vdots \\ k_{n1} & k_{n2} & \cdots & 0 & \cdots & k_{nn} \end{bmatrix} \begin{Bmatrix} \delta_1 \\ \delta_2 \\ \vdots \\ \delta_r \\ \vdots \\ \delta_n \end{Bmatrix} = \begin{Bmatrix} R_1 - k_{1r}c_r \\ R_2 - k_{2r}c_r \\ \vdots \\ c_r \\ \vdots \\ R_n - k_{nr}c_r \end{Bmatrix} \tag{4-50}$$

此法对于结点被支座固定，即 $\delta_r = c_r = 0$ 的情况显得特别简单。此时可将方法归结为：将被约束的位移分量所对应的主元素改为 1，而对应行、列上的其他元素改为零，并将自由项 $\{R\}$ 中的对应元素也改为零，即：

$$
\begin{bmatrix}
k_{11} & k_{12} & \cdots & 0 & \cdots & k \\
k & k & \cdots & 0 & \cdots & k \\
\vdots & \vdots & & \vdots & & \vdots \\
0 & 0 & \cdots & 1 & \cdots & 0 \\
\vdots & \vdots & & \vdots & & \vdots \\
k & k & \cdots & 0 & \cdots & k
\end{bmatrix}
\begin{Bmatrix} \delta_1 \\ \delta_2 \\ \vdots \\ \delta_r \\ \vdots \\ \delta_n \end{Bmatrix}
=
\begin{Bmatrix} R_1 \\ R_2 \\ \vdots \\ 0 \\ \vdots \\ R_n \end{Bmatrix}
\tag{4-51}
$$

显然，对角元素改 1 法是不难在程序中加以实现的，特别是对于已知位移为零的所谓载荷作用问题比较方便。某些已知位移不为零的所谓支座移动问题，则采用下面的乘大数法更为方便。

4.5.2 乘大数法

首先将整体刚度矩阵中与被约束的位移分量对应的主元素 k_{rr} 乘一个大数 N（一般取 $10^8 \sim 10^{10}$），即改写成 Nk_{rr}，并将载荷向量中与被约束位移分量对应的元素改为乘积 $Nk_{rr}c_r$，则整体刚度方程成为：

$$
\begin{bmatrix}
k_{11} & k_{12} & \cdots & k_{13} & \cdots & k_{1n} \\
k_{21} & k_{22} & \cdots & k_{2r} & \cdots & k_{2n} \\
\vdots & \vdots & & \vdots & & \vdots \\
k_{r1} & k_{r2} & \cdots & Nk_{rr} & \cdots & k_{rn} \\
\vdots & \vdots & & \vdots & & \vdots \\
k_{n1} & k_{n2} & \cdots & k_{nr} & \cdots & k_{nn}
\end{bmatrix}
\begin{Bmatrix} \delta_1 \\ \delta_2 \\ \vdots \\ \delta_r \\ \vdots \\ \delta_n \end{Bmatrix}
=
\begin{Bmatrix} R_1 \\ R_2 \\ \vdots \\ Nk_{rr}c_r \\ \vdots \\ R_n \end{Bmatrix}
\tag{4-52}
$$

这里只改变了整体刚度方程式（4-52）中的第 r 个方程的写法，使之成为：

$$
k_{r1}\delta_1 + k_{r2}\delta_2 + \cdots + Nk_{rr}\delta_r + \cdots + k_{nn}\delta_n = Nk_{rr}c_r \tag{4-53}
$$

将方程左右两边同除以 Nk_{rr} 可知，左边除第 r 项为 δ_r 应保留外，其余各项均微小而可略去，方程成为：

$$
\delta_r = c_r
$$

即已知的位移边界条件。

乘大数法在程序中同样不难实现。

4.5.3 降阶法

降阶法也称为直接代入法，是将整体刚度方程组中的已知结点位移的自由度消去，得到一组降阶的修正方程。其原理是按结点位移是已知还是待定重新组合方程为：

$$
\begin{bmatrix} [k_{aa}] & [k_{ab}] \\ [k_{ba}] & [k_{bb}] \end{bmatrix}
\begin{Bmatrix} \{\delta_a\} \\ \{\delta_b\} \end{Bmatrix}
=
\begin{Bmatrix} \{R_a\} \\ \{R_b\} \end{Bmatrix}
\tag{4-54}
$$

式中，$\{\delta_b\}$ 为已知的结点位移向量。

最后得到可求解的降阶方程：

$$
[k_{aa}]\{\delta_a\} = \{R_a\} - [k_{ab}]\{\delta_b\}
$$

此法由于程序实现较麻烦，一般只用于手算。

4.6 计算步骤

求解过程与前面的杆件、刚架结构相同，具体求解步骤中应注意以下问题：

（1）根据实际结构工作情况，确定其计算简图，即力学模型。其中包括：如何简化平面问题的几何形状、尺寸、边界上的约束条件、所承受的外载荷等。材料性质是否均匀，是否有体力（航空发动机的有关零件，如盘、轴等，主要考虑离心力），要不要分区计算等等，这项工作需要专业知识和有限元理论知识相结合才能作好，专业知识和有限元知识缺一不可。

（2）将计算简图分成单元网络，对所有结点和单元逐一编号：1，2，…，对其中有零位移的结点，加上铰支约束。选择一个恰当的直角坐标系，定出所有结点坐标值。所有这些除了一些原始数据外，都可由计算机完成。目前大型有限元程序都具有强大的自动划分网格的功能。

（3）计算单元刚度矩阵 $[k]^e$ 及组集成总刚度矩阵 $[K]$。结点坐标 $(x_i,\ y_i)$ 在上述网格划分中已得到。由此，根据式（4-6）和式（4-7）得到各三角形单元面积 Δ 及各单元结点的坐标差 b_i，c_i，b_j，c_j 等等。由这些值以及所给定的各单元材料的弹性常数 E，μ，根据式（4-35）计算各单元刚度矩阵的元素，同时“对号入座”，组成整体刚度矩阵。

整体刚度矩阵的组成举例说明如下：

如图 4-16 所示，通过上述（1）~（3）步骤，可得到单元Ⅰ、Ⅱ、Ⅲ、Ⅳ的刚度矩阵分别为：

$$\begin{array}{c} \\ \boldsymbol{k}^{\mathrm{I}} = \end{array}\begin{array}{c} \\ \begin{bmatrix}1\\2\\3\end{bmatrix} \end{array}\begin{array}{c} \begin{bmatrix}1 & 2 & 3\end{bmatrix} \\ \begin{bmatrix} k_{11} & k_{12} & k_{13} \\ k_{21} & k_{22} & k_{23} \\ k_{31} & k_{32} & k_{33} \end{bmatrix}\end{array} \qquad \begin{array}{c} \\ \boldsymbol{k}^{\mathrm{II}} = \end{array}\begin{array}{c} \\ \begin{bmatrix}2\\4\\5\end{bmatrix} \end{array}\begin{array}{c} \begin{bmatrix}2 & 4 & 5\end{bmatrix} \\ \begin{bmatrix} k_{22} & k_{24} & k_{25} \\ k_{42} & k_{44} & k_{45} \\ k_{52} & k_{54} & k_{55} \end{bmatrix}\end{array}$$

$$\begin{array}{c} \\ \boldsymbol{k}^{\mathrm{III}} = \end{array}\begin{array}{c} \\ \begin{bmatrix}2\\5\\3\end{bmatrix} \end{array}\begin{array}{c} \begin{bmatrix}2 & 5 & 3\end{bmatrix} \\ \begin{bmatrix} k_{22} & k_{25} & k_{23} \\ k_{52} & k_{55} & k_{53} \\ k_{32} & k_{35} & k_{33} \end{bmatrix}\end{array} \qquad \begin{array}{c} \\ \boldsymbol{k}^{\mathrm{IV}} = \end{array}\begin{array}{c} \\ \begin{bmatrix}3\\5\\6\end{bmatrix} \end{array}\begin{array}{c} \begin{bmatrix}3 & 5 & 6\end{bmatrix} \\ \begin{bmatrix} k_{33} & k_{35} & k_{36} \\ k_{53} & k_{55} & k_{56} \\ k_{63} & k_{65} & k_{66} \end{bmatrix}\end{array}$$

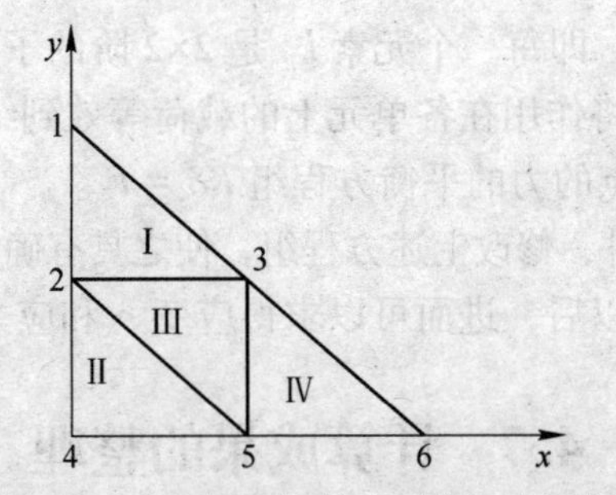

图 4-16 四单元的单元刚度矩阵组集

将各单元刚度矩阵叠加成总刚度矩阵 $\boldsymbol{K}$：

$$
\begin{matrix} & & [1 & 2 & 3 & 4 & 5 & 6] \end{matrix}
$$

$$
\boldsymbol{K}=\begin{bmatrix}1\\2\\3\\4\\5\\6\end{bmatrix}\begin{bmatrix}
k_{11}^{\mathrm{I}} & k_{12}^{\mathrm{I}} & k_{13}^{\mathrm{I}} & 0 & 0 & 0\\
k_{21}^{\mathrm{I}} & k_{22}^{\mathrm{I}}+k_{22}^{\mathrm{II}}+k_{22}^{\mathrm{III}} & k_{23}^{\mathrm{I}}+k_{23}^{\mathrm{III}} & k_{24}^{\mathrm{II}} & k_{25}^{\mathrm{II}}+k_{25}^{\mathrm{III}} & 0\\
k_{31}^{\mathrm{I}} & k_{32}^{\mathrm{I}}+k_{32}^{\mathrm{III}} & k_{33}^{\mathrm{I}}+k_{33}^{\mathrm{III}}+k_{33}^{\mathrm{IV}} & 0 & k_{35}^{\mathrm{III}}+k_{35}^{\mathrm{IV}} & k_{36}^{\mathrm{IV}}\\
0 & k_{42}^{\mathrm{II}} & 0 & k_{44}^{\mathrm{II}} & k_{45}^{\mathrm{II}} & 0\\
0 & k_{52}^{\mathrm{II}}+k_{52}^{\mathrm{III}} & k_{53}^{\mathrm{III}}+k_{53}^{\mathrm{IV}} & k_{54}^{\mathrm{II}} & k_{55}^{\mathrm{II}}+k_{55}^{\mathrm{III}}+k_{55}^{\mathrm{IV}} & k_{56}^{\mathrm{IV}}\\
0 & 0 & k_{63}^{\mathrm{IV}} & 0 & k_{65}^{\mathrm{IV}} & k_{66}^{\mathrm{IV}}
\end{bmatrix}
$$

$$
\boldsymbol{K}=\begin{bmatrix}
k_{11}^{\mathrm{I}} & k_{12}^{\mathrm{I}} & k_{13}^{\mathrm{I}} & 0 & 0 & 0\\
k_{21}^{\mathrm{I}} & k_{22}^{\mathrm{I}}+k_{22}^{\mathrm{II}}+k_{22}^{\mathrm{III}} & k_{23}^{\mathrm{I}}+k_{23}^{\mathrm{III}} & k_{24}^{\mathrm{II}} & k_{25}^{\mathrm{II}}+k_{25}^{\mathrm{III}} & 0\\
k_{31}^{\mathrm{I}} & k_{32}^{\mathrm{I}}+k_{32}^{\mathrm{III}} & k_{33}^{\mathrm{I}}+k_{33}^{\mathrm{III}}+k_{33}^{\mathrm{IV}} & 0 & k_{35}^{\mathrm{III}}+k_{35}^{\mathrm{IV}} & k_{36}^{\mathrm{IV}}\\
0 & k_{42}^{\mathrm{II}} & 0 & k_{44}^{\mathrm{II}} & k_{45}^{\mathrm{II}} & 0\\
0 & k_{52}^{\mathrm{II}}+k_{52}^{\mathrm{III}} & k_{53}^{\mathrm{III}}+k_{53}^{\mathrm{IV}} & k_{54}^{\mathrm{II}} & k_{55}^{\mathrm{II}}+k_{55}^{\mathrm{III}}+k_{55}^{\mathrm{IV}} & k_{56}^{\mathrm{IV}}\\
0 & 0 & k_{63}^{\mathrm{IV}} & 0 & k_{65}^{\mathrm{IV}} & k_{66}^{\mathrm{IV}}
\end{bmatrix}
$$

由这个整体刚度矩阵可以看出，结点 1 与 2、3 有直接关系，故第一行只有 3 个非零系数，即 k_{11}、k_{12}、k_{13} 。而结点 4、6 也如此。结点 2 则不然，它牵涉到Ⅰ、Ⅱ、Ⅲ3 个单元，每个单元结点位移都对结点 2 产生力，故表现在整体刚度矩阵中第二行有 5 个非零系数。由此可见，结点编号次序与整体刚矩阵非零系数的分布是有关系的，这牵涉到计算机的储存问题。上式也可简写成：

$$
[\boldsymbol{K}]=\begin{bmatrix}
k_{11} & k_{12} & k_{13} & k_{14} & k_{15} & k_{16}\\
k_{21} & k_{22} & k_{23} & k_{24} & k_{25} & k_{26}\\
k_{31} & k_{32} & k_{33} & k_{34} & k_{35} & k_{36}\\
k_{41} & k_{42} & k_{43} & k_{44} & k_{45} & k_{46}\\
k_{51} & k_{52} & k_{53} & k_{54} & k_{55} & k_{56}\\
k_{61} & k_{62} & k_{63} & k_{64} & k_{65} & k_{66}
\end{bmatrix}
$$

式中，k_{14}，k_{15}，k_{16}，k_{26} 等均为零而已。其他系数与前式对应，如 $k_{22}=k_{22}^{\mathrm{I}}+k_{22}^{\mathrm{II}}+k_{22}^{\mathrm{III}}=\sum k_{22}$ 等。注意，在平面问题中，每个结点有 2 个位移分量，即 μ，ν，所以实际上整体刚度矩阵是 1 个 12×12 阶的，即每一个元素 k_{ij} 是 2×2 阶的子矩阵。

（4）按静力等效原则，将作用在各单元上的载荷等效到结点上，最后组成整个结构的全部载荷列阵，由此得到结点的力的平衡方程组 $K\delta=F$ 。

（5）加入位移的边界条件，修改上述方程组，使之具有确定的位移解，然后解方程组。

（6）求出结点的位移 δ 以后，进而可以求得应变 ε 和应力 σ 以及主应力。

4.7 计算成果的整理

计算成果包括位移与应力两个方面。位移计算成果一般无需进行整理工作，利用计算成果中的结点位移分量，就可以画出结构的位移图线。下面仅讨论应力计算成果的整理。

简单三角形单元是常应力单元，作为一种规定，算出的这个常量应力被当作单元形心处的应力。据此得到一个图示应力的通用办法：在每个单元的形心，沿着应力主向，以一定的比例尺标出主应力的大小，拉应力用箭头表示，压应力用平头表示，如图 4-17 所示。

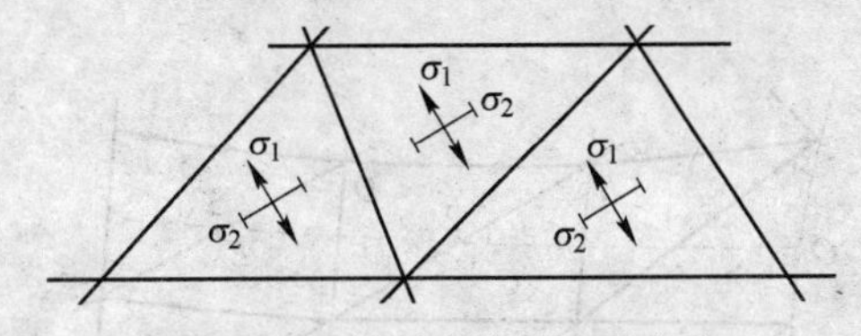

图 4-17 单元应力的表示方法

为了由计算成果推出结构内某一点的接近实际的应力，必须通过某种平均计算，通常可采用绕结点平均法或两单元平均法，边界点的应力则可以用插值法推求。

4.7.1 绕结点平均法

绕结点平均就是将绕同一结点各单元的常量应力取算术平均，作为该结点的应力。图 4-18 中结点 O 及结点 1 处的 δ_x 为例，就是取：

$$(\sigma_x)_0 = \frac{1}{2}[(\sigma_x)_A + (\sigma_x)_B]$$

$$(\sigma_x)_1 = \frac{1}{6}[(\sigma_x)_A + (\sigma_x)_B + (\sigma_x)_C + (\sigma_x)_D + (\sigma_x)_E + (\sigma_x)_F]$$

为了这样得到的应力能较好地表征该结点处的实际应力，环绕该结点的各个单元的面积不能相差太大，它们在该结点所张的角度也不能相差太大。

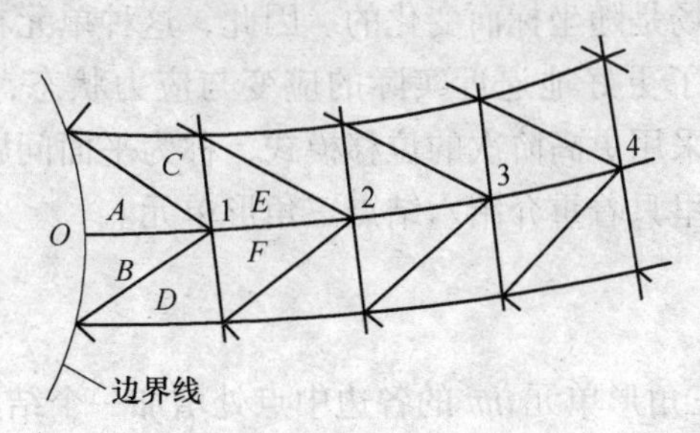

图 4-18 绕结点平均法

用绕结点平均法计算出来的结点应力，在内结点处具有较好的表征性，但在边界结点处则可能表征性很差，所以边界结点处的应力宜用插位法由内结点的应力推算。以图 4-19 中边界结点 O 处的应力为例，如果由内结点 1 、2 、3 处的应力用抛物线插值公式推算出来，这样可以大大改进它的表征性，优于 A、B 两单元平均所得到的结果。据此可知，为了整理某一截面上的应力，至少要在该截面上布置 5 个结点。

4.7.2 两单元平均法

两单元平均是取相邻两单元常量应力的平均值，作为公共边界中点的应力。以图 4-19 为例说明：

$$(\sigma_x)_1 = \frac{1}{2}[(\sigma_x)_A + (\sigma_x)_B]$$

$$(\sigma_x)_2 = \frac{1}{2}[(\sigma_x)_C + (\sigma_x)_D]$$

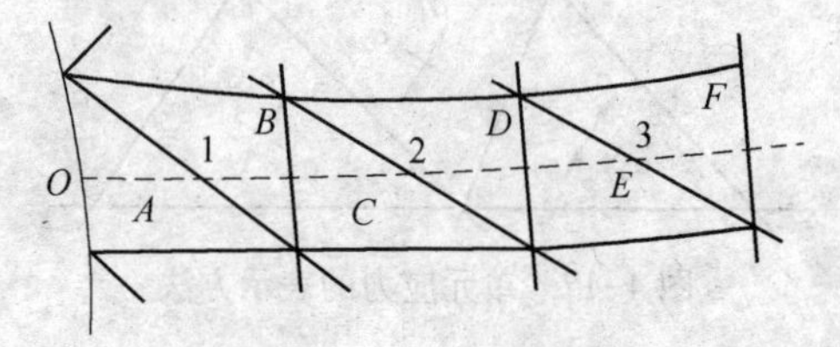

图 4-19 两单元平均法

为了这样得到的应力具有较好的表征性，两相邻单元的面积不能相差太大。如果图4-19 中的内结点图 1、2、3 的光滑连线与边界相交于 O 点，则 O 点处的应力可由这几个内结点处的应力用插值公式推算，其表征性一般也是很好的。

用有限单元法计算弹性力学问题时，特别是采用常应力单元时，应当在计算之前精心划分网格，在计算之后精心整理成果，这样来提高所得应力的精度，往往比简单加密网格更为有效。

4.8 平面问题高次单元

如前所述，三结点三角形单元因其位移模式是线性函数，应变与应力在单元内都是常量，而弹性体实际的应力场是随坐标而变化的。因此，这种单元在各单元间边界上应力有突变，存在一定误差。为了更好地逼近实际的应变与应力状态，提高单元本身的计算精度，可以增加单元结点而采用更高阶次的位移模式，称为平面问题高次单元。如矩形单元与六结点三角形单元，这里只着重介绍六结点三角形单元。

4.8.1 位移模式

如图 4-20 所示，在三角形单元 ijm 的各边中点处增加一个结点，则每个单元有 6 个结点 12 个自由度。位移模式的项数应与自由度数相当，阶次应选得对称以保证几何各向同性。很明显，在图 4-2 中以 1、x^2、y^2 为顶点的三角形所包含的六项为 1、x、y、x^2、xy、

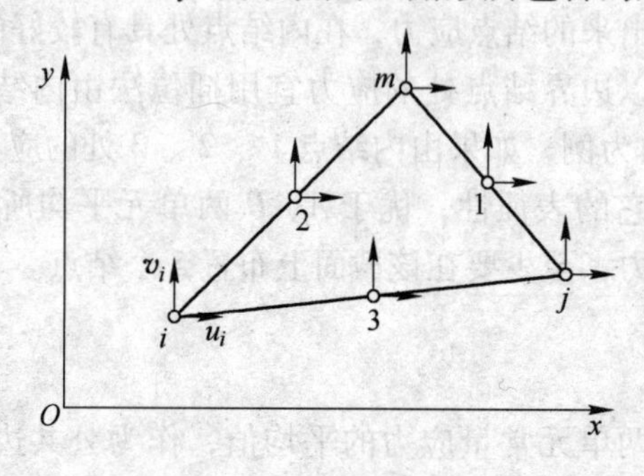

图 4-20 六结点三角形单元

y^2，可见六结点三角形单元的位移模式应取完全二次多项式：

$$\begin{cases}u = a_1 + a_2x + a_3y + a_4x^2 + a_5xy + a_6y^2 \\ v = a_7 + a_8x + a_9y + a_{10}x^2 + a_{11}xy - a_{12}y^2\end{cases} \tag{4-55}$$

显然，由于位移函数次数高，待定系数较多，按照前面的方法去求位移插值函数和形函数，计算非常冗繁。为使运算简便，可以使用面积坐标来代替直角坐标。

4.8.2 位移插值函数

为使运算方便，这里利用面积坐标来推导六结点三角形单元的位移插值函数。单元共有6个结点、12个位移分量，若形函数已知，则可直接写出位移插值函数：

$$\begin{cases}u = N_iu_i + N_ju_j + N_mu_m + N_1u_1 + N_2u_2 + N_3u_3 \\ v = N_iv_i + N_jv_j + N_mv_m + N_1v_1 + N_2v_2 + N_3v_3\end{cases} \tag{4-56}$$

其中6个形函数用面积坐标表示。

如图4-21所示，结点i、j、m的面积坐标分别为（1，0，0）、（0，1，0）、（0，0，1），结点1、2、3的面积坐标分别为（0，1/2，1/2）、（1/2，0，1/2）、（1/2，1/2，0）。根据形函数的性质，形函数N_i在结点i等于1，在其他结点则等于0。

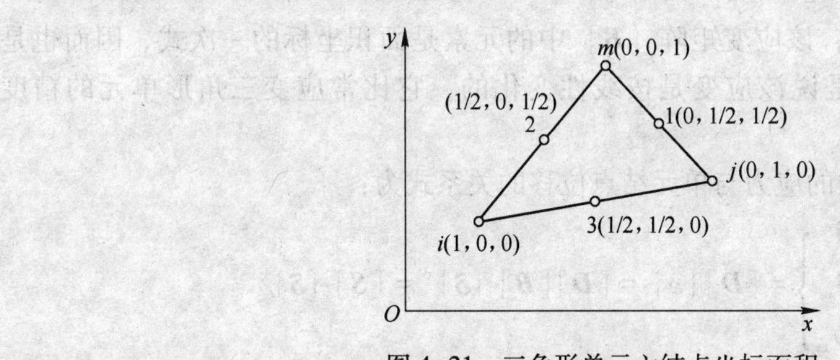

图4-21 三角形单元六结点坐标面积

（1）考察直线$j1m$与2、3可知，要使形函数N_i在结点i、1、m为零，N_i应该包含L_i因子；要使形函数N_i在结点2、3为零，N_i应该包含（L_i − 1/2）因子。

（2）要满足形函数N_i在结点i为1的条件，可设：

$$N_i = \beta L_i(L_i - 1/2) = 1$$

将结点i的面积坐标（1，0，0），即$L_i = 1$代入上式，得到$\beta = 2$。

于是，归纳出用面积坐标表示形函数N_i的表达式为：

$$N_i = 2L_i(L_i - 1/2) = L_i(2L_i - 1)$$

同样有：

$$N_j = L_j(2L_j - 1)$$

$$N_m = L_m(2L_m - 1)$$

类似地，可求得结点1、2、3的形函数为：

$$N_1 = 4L_jL_m,\quad N_2 = 4L_iL_m,\quad N_3 = 4L_iL_j$$

6个形函数表达式简记为：

$$\begin{cases}N_i = L_i(2L_i - 1) \quad (i,\ j,\ m) \\ N_1 = 4L_jL_m \quad (1,\ 2,\ 3)(i,\ j,\ m)\end{cases} \tag{4-57}$$

4.8.3 单元的刚度矩阵

有了形函数和位移插值函数，就可以依次导出应变矩阵［$\boldsymbol{B}$］、应力矩阵［$\boldsymbol{S}$］以及单元刚度矩阵$[\boldsymbol{K}]^e$。

（1）应变矩阵。把位移插值函数式（4-56）代入几何方程：

$$\varepsilon_x = \frac{\partial u}{\partial x},\ \varepsilon_y = \frac{\partial v}{\partial y},\ \gamma_{xy} = \frac{\partial u}{\partial y} + \frac{\partial v}{\partial x}$$

由此得到：

$$\{\varepsilon\} = \begin{bmatrix} \varepsilon_x \\ \varepsilon_y \\ \gamma_{xy} \end{bmatrix} = [\boldsymbol{B}]\{\delta\}^e = [B_i \quad B_j \quad B_m \quad B_1 \quad B_2 \quad B_3]\{\delta\}^e \tag{4-58}$$

式中

$$[\boldsymbol{B}_i] = \frac{1}{2A}\begin{bmatrix} b_i(4L_i - 1) & 0 \\ 0 & c_i(4L_i - 1) \\ c_i(4L_i - 1) & b(4L - 1) \end{bmatrix} (i = i,\ j,\ m) \tag{4-59}$$

由式（4-59）可看出，该应变矩阵［$\boldsymbol{B}$］中的元素是面积坐标的一次式，因而也是直角坐标的一次式。也就是说该应变是按线性变化的，它比常应变三角形单元的精度要高。

（2）应力矩阵。单元中的应力与单元结点位移的关系式为：

$$\{\delta\} = \begin{Bmatrix} \delta_x \\ \delta_y \\ \gamma_{xy} \end{Bmatrix} = [\boldsymbol{D}]\{\varepsilon\} = [\boldsymbol{D}][\boldsymbol{B}]\{\boldsymbol{\delta}\}^e = [\boldsymbol{S}]\{\boldsymbol{\delta}\}^e$$

只需将平面问题的弹性矩阵乘上应变矩阵，就很容易导出应力矩阵。将［$\boldsymbol{S}$］写成分块形式：

$$[\boldsymbol{S}] = [[\boldsymbol{S}_i][\boldsymbol{S}_j][\boldsymbol{S}_m][\boldsymbol{S}_1][\boldsymbol{S}_2][\boldsymbol{S}_3]]$$

对于平面应力问题：

$$[\boldsymbol{S}_i] = \frac{Et(4L_i - 1)}{4(1 - \mu^2)\Delta}\begin{bmatrix} 2b_i & 2\mu c_i \\ 2\mu b_i & 2c_i \\ (1 - \mu)c_i & (1 - \mu)b_i \end{bmatrix} \tag{4-60}$$

由式（4-60）也可以看出［$\boldsymbol{S}$］中的元素是面积坐标的一次式，也是直角坐标的一次式，所以单元中的应力沿 x 和 y 方向都是线性变化，而不是常量。

（3）单元刚度矩阵$[\boldsymbol{k}]^e$。由于：

$$[\boldsymbol{k}]^e = \iint [\boldsymbol{B}]^T[\boldsymbol{D}][\boldsymbol{B}]t\mathrm{d}x\mathrm{d}y = \iint [\boldsymbol{B}]^T[\boldsymbol{S}]t\mathrm{d}x\mathrm{d}y$$

先把上面已导出的矩阵$[\boldsymbol{B}]$和$[\boldsymbol{S}]$代入上式，经矩阵乘法运算后，对各元素进行积分和矩阵相乘后所得到的元素是面积坐标的幂函数，而积分是对坐标 x 和 y 积分，因此，对各元素积分是求面积坐标的幂函数在三角形单元上的积分值。对各元素逐项积分后，再作整理就得到单元刚度矩阵：

$$[k]^e = \frac{Et}{24(1-\mu^2)\Delta}\begin{bmatrix} A_i & G_{ij} & G_{jm} & 0 & -4G_m & -4G_{ij} \\ G_{ji} & A_j & G_{jm} & -4G_{jm} & 0 & -4G_{ji} \\ G_{mi} & G_{mj} & A_m & -4G_{mj} & -4G_{mi} & 0 \\ 0 & -4G_{mj} & -4G_{jm} & B_i & D_{ij} & D_{im} \\ -4G_{mi} & 0 & -4G_{im} & D_{ji} & B_j & D_{jm} \\ -4G_{ji} & -4G_{ij} & 0 & D_{mi} & D_{mj} & B_m \end{bmatrix} \quad (4-61)$$

对平面应力问题：

$$[A_i] = \begin{bmatrix} 6b_i^2 + 3(1-\mu)c_i^2 & 对称 \\ 3(1+\mu)b_ic_i & 6c_i^2 + 3(1-\mu)b_i^2 \end{bmatrix} \quad (i = i,\ j,\ m)$$

$$[B_i] = \begin{bmatrix} 16(b_i^2 - b_jb_m) + 8(1-\mu)(c_i^2 - c_jc_m) & 对称 \\ 4(1+\mu)(b_ic_i + b_jc_j + b_mc_m) & 16(c_i^2 - c_jc_m) + 8(1-\mu)(b_i^2 - b_jb_m) \end{bmatrix} (i = i,\ j,\ m)$$

$$[G_n] = \begin{bmatrix} -2b_rb_s - (1-\mu)c_rc_s & -2\mu b_rc_s - (1-\mu)c_rb_s \\ -2\mu c_rb_s - (1-\mu)b_rb_s & -2c_rc_s - (1-\mu)b_rb_s \end{bmatrix} \quad \begin{pmatrix} r = i,\ j,\ m \\ s = i,\ j,\ m \end{pmatrix}$$

$$[D_n] = \begin{bmatrix} 16b_rb_s + 8(1-\mu)c_rc_s & 对称 \\ 4(1+\mu)(c_rb_s + b_rc_s) & 16c_rc_s + 8(1-\mu)b_rb_s \end{bmatrix} \quad \begin{pmatrix} r = i,\ j,\ m \\ s = i,\ j,\ m \end{pmatrix}$$

在分析同一弹性结构时，选择结点数目大致相同的情况下，用六结点三角形单元计算，计算精度不但远比常应变三角形单元要高，而且也高于矩形单元。换言之，它们达到大致相同的计算精度。用六结点三角形单元时，单元数可以取得少。但是，由于这种单元一个结点的平衡方程与较多的结点位移有关，从整体刚度矩阵的元素叠加规律可知，在结点数相同的情况下，整体刚度矩阵的带宽比常应变三角形单元的要大。

从理论上来说，还可以进一步增加结点数来提高单元的计算精度，但在实际中更高次的单元应用得很少。

4.9 算例分析及程序

4.9.1 算例 1

4.9.1.1 计算过程分析

如图 4-22 所示为一自由端受均布力作用的悬臂梁，梁厚 $t = 1$，$\mu = 1/3$，求该梁的位移与应力情况。

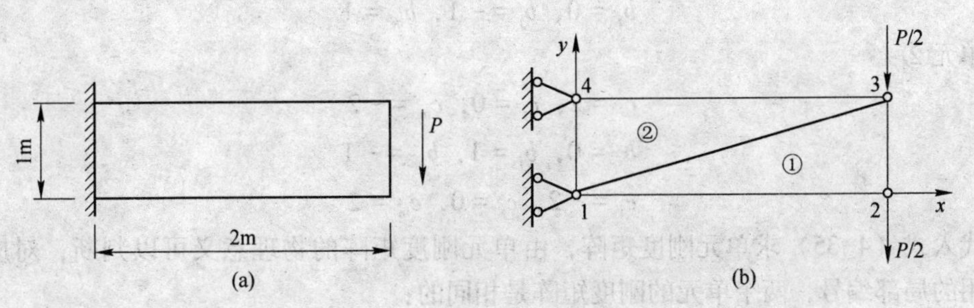

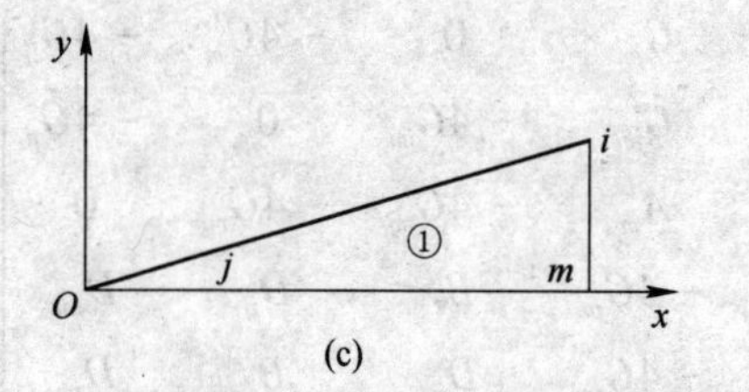

(c)

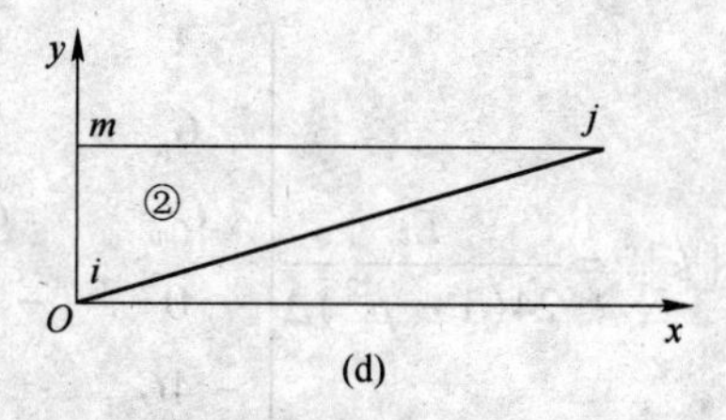

(d)

图 4-22 自由端受均布力作用的悬臂梁及其单元划分

（a）原结构；（b）离散体系整体编号；

（c）1 单元内部编号；（d）2 单元内部编号

（1）划分单元并准备原始数据。划分为两个三角形单元，单元的局部结点编号与整体结点编号对应见表 4-1。

表 4-1 单元的局部结点编号与整体结点编号对应表

单元 / 整体结点编号 / 局部结点编号	①	②
i	3	1
j	1	3
m	2	4

结点坐标见表 4-2。

表 4-2 结点坐标表

结点 / 坐标值 / 坐标	1	2	3	4
x	0	2	2	0
y	0	0	1	1

（2）计算单元刚度矩阵。

单元①：

$$b_i = 0,\ b_j = -1,\ b_m = 1$$

单元②：

$$c_i = 2,\ c_j = 0,\ c_m = -2$$

$$b_i = 0,\ b_j = 1,\ b_m = -1$$

$$c_i = -2,\ c_j = 0,\ c_m = 2$$

代入式（4-35）求单元刚度矩阵，由单元刚度矩阵的物理意义可以判断，对应于前面采用的局部编号，两个单元的刚度矩阵是相同的：

$$
[K]^1=[K]^2=\frac{3E}{32}\left\{\begin{array}{cc|cc|cc}
4 & 0 & 0 & -2 & -4 & 2 \\
0 & 12 & -2 & 0 & 2 & -12 \\
\hline
0 & -2 & 3 & 0 & -3 & 2 \\
-2 & 0 & 0 & 1 & 2 & -1 \\
\hline
-4 & 2 & -3 & 2 & 7 & -4 \\
2 & -12 & 2 & -1 & -4 & 13
\end{array}\right\}\begin{array}{cc}
(3) & (1) \\
 & \\
(1) & (3) \\
 & \\
(2) & (4) \\
 & \\
\uparrow & \uparrow
\end{array}
$$

$$
\begin{array}{cccl}
(3) & (1) & (2) & \leftarrow ① \quad ② \\
(1) & (3) & (4) & \leftarrow ② \text{整体编号}
\end{array}
$$

（3）集成整体刚度矩阵。依照各单元局部编号与整体编号的对应关系，两个单元的贡献矩阵分别为：

$$
[K]^1=\frac{3E}{32}\left\{\begin{array}{cc|cc|cc|cc}
3 & 0 & -3 & 2 & 0 & -2 & & \\
0 & 1 & 2 & -1 & -2 & 0 & & \\
\hline
-3 & 2 & 7 & -4 & -4 & 2 & & \\
2 & -1 & -4 & 13 & 2 & -12 & & \\
\hline
0 & -2 & -4 & 2 & 4 & 0 & & \\
-2 & 0 & 2 & -12 & 0 & 12 & & \\
\hline
 & & & & & & & \\
 & & & & & & &
\end{array}\right\}\begin{array}{c}
(1) \\
 \\
(2) \\
 \\
(3) \\
 \\
(4) \\
\uparrow
\end{array}
$$

$$
\begin{array}{ccccl}
(1) & (2) & (3) & (4) & \leftarrow \text{整体编号}
\end{array}
$$

$$
[K]^2=\frac{3E}{32}\left\{\begin{array}{cc|cc|cc|cc}
4 & 0 & & & 0 & -2 & -4 & 2 \\
0 & 12 & & & -2 & 0 & 2 & -12 \\
\hline
 & & & & & & & \\
 & & & & & & & \\
\hline
0 & -2 & & & 3 & 0 & -3 & 2 \\
-2 & 0 & & & 0 & 1 & 2 & -1 \\
\hline
-4 & 2 & & & -3 & 2 & 7 & -4 \\
2 & -12 & & & 2 & -1 & -4 & 13
\end{array}\right\}\begin{array}{c}
(1) \\
 \\
(2) \\
 \\
(3) \\
 \\
(4) \\
\uparrow
\end{array}
$$

$$
\begin{array}{ccccl}
(1) & (2) & (3) & (4) & \leftarrow \text{整体编号}
\end{array}
$$

再集成整体刚度矩阵：

$$
[K]=[\bar{K}]^1+[\bar{K}]^2=\frac{3E}{32}\left\{\begin{array}{cc|cc|cc|cc}
7 & 0 & -3 & 2 & 0 & -4 & -4 & 2 \\
0 & 13 & 2 & -1 & -4 & 0 & 2 & -12 \\
\hline
-3 & 2 & 7 & -4 & -4 & 2 & & \\
2 & -1 & -4 & 13 & 2 & -12 & & \\
\hline
0 & -4 & -4 & 2 & 7 & 0 & -3 & 2 \\
-4 & 0 & 2 & -12 & 0 & 13 & 2 & -1 \\
\hline
-4 & 2 & & & -3 & 2 & 7 & -4 \\
2 & -12 & & & 2 & -1 & -4 & 13
\end{array}\right\}
$$

（4）处理荷载，生成整体刚度方程。

整体结点荷载列阵：

$$\{R\} = \{R\}^1 + \{R\}^2$$

$$= \begin{bmatrix} 0 & 0 & 0 & -\frac{p}{2} & 0 & -\frac{p}{2} & 0 & 0 \end{bmatrix}^T + [0\ \ 0\ \ 0\ \ 0\ \ 0\ \ 0\ \ 0\ \ 0]^T$$

$$= \begin{bmatrix} 0 & 0 & 0 & -\frac{p}{2} & 0 & -\frac{p}{2} & 0 & 0 \end{bmatrix}^T$$

整体刚度方程：

$$\frac{3E}{32}\begin{bmatrix} 7 & 0 & -3 & 2 & 0 & -4 & -4 & 2 \\ & 13 & 2 & -1 & -1 & 0 & 2 & -12 \\ & & 7 & -4 & -4 & 2 & 0 & 0 \\ & & & 13 & 2 & -12 & 0 & 0 \\ & \text{对} & & & 7 & 0 & -3 & 2 \\ & & \text{称} & & & 13 & 2 & -1 \\ & & & & & & 7 & -4 \\ & & & & & & & 13 \end{bmatrix}\begin{Bmatrix} u_1 \\ v_1 \\ u_2 \\ v_2 \\ u_3 \\ v_3 \\ u_4 \\ v_4 \end{Bmatrix} = \begin{Bmatrix} 0 \\ 0 \\ 0 \\ -p/2 \\ 0 \\ -p/2 \\ 0 \\ 0 \end{Bmatrix} \tag{4-62}$$

（5）引进位移边界条件求解结点位移。用降阶法处理边界条件，将式（4-62）中零位移所对应的第1、2、7、8行与第1、2、7、8列划去，得到：

$$\frac{3E}{32}\begin{bmatrix} 7 & -4 & -4 & 2 \\ -4 & 13 & 2 & -12 \\ -4 & 2 & 7 & 0 \\ 2 & -12 & 0 & 13 \end{bmatrix}\begin{Bmatrix} u_2 \\ v_2 \\ u_3 \\ v_3 \end{Bmatrix} = \begin{Bmatrix} 0 \\ -p/2 \\ 0 \\ -p/2 \end{Bmatrix} \tag{4-63}$$

解方程组（4-63）得到不为零的结点位移：

$$\begin{Bmatrix} u_2 \\ v_2 \\ u_3 \\ v_3 \end{Bmatrix} = \frac{p}{E} = \begin{Bmatrix} -1.88 \\ -8.99 \\ 1.5 \\ -8.42 \end{Bmatrix} \tag{4-64}$$

（6）应力计算。在整体分析中求得结点位移之后，为了计算结构上任意一点的应变或应力，应该又返回到单元分析中去。利用式（4-64）的位移，计算结构的应力。因为结构只划分为2个常应力单元，所以结构上的应力以这两个单元的应力来描述。由于单元划分得很少，误差可能比较大，不过这只是为了算例的简明。

由式（4-27）计算单元①的应力矩阵：

$$[S]^1 = \frac{3E}{16}\begin{bmatrix} 0 & 2 & -3 & 0 & 3 & -2 \\ 0 & 6 & -1 & 0 & 1 & -6 \\ 2 & 0 & 0 & -1 & -2 & 1 \end{bmatrix}$$

对于前面采用的局部编号，由物理意义不难判断单元②的应力矩阵为：

$$[S]^2 = -[S]^1$$

由整体结点位移向量获取单元结点位移向量：

$$\{\delta\}^1=\begin{Bmatrix}u_3\\v_3\\0\\0\\u_2\\v_2\end{Bmatrix}=\frac{p}{E}\begin{bmatrix}1.50\\-8.42\\0\\0\\-1.88\\-8.99\end{bmatrix},\quad \{\delta\}^2=\begin{Bmatrix}0\\0\\u_3\\v_3\\0\\0\end{Bmatrix}=\frac{p}{E}\begin{bmatrix}0\\0\\1.50\\-8.42\\0\\0\end{bmatrix}$$

用式（4-26）计算应力：

$$\{\sigma\}^1=[S]^2\{\delta\}^1=\frac{3E}{16}\begin{bmatrix}0&2&-3&0&3&-2\\0&-6&1&0&-1&6\\-2&0&0&1&2&-1\end{bmatrix}\begin{Bmatrix}u_3\\v_3\\0\\0\\u_2\\v_2\end{Bmatrix}=\begin{Bmatrix}-0.844\\+0.289\\-0.418\end{Bmatrix}p$$

$$\{\sigma\}^2=[S]^2\{\delta\}^2=\frac{3E}{16}\begin{bmatrix}0&-2&3&0&-3&2\\0&-6&1&0&-1&6\\-2&0&0&1&2&-1\end{bmatrix}\begin{Bmatrix}0\\0\\u_3\\v_3\\0\\0\end{Bmatrix}=\begin{Bmatrix}+0.844\\+0.281\\-1.58\end{Bmatrix}p$$

4.9.1.2 matlab 程序

（1）单元刚度矩阵计算函数（文件名：LinearTriangleElementStiffness. m）。

```
function y=LinearTriangleElementStiffness(E,NU,t,xi,yi,xj,yj,xm,ym,p)
A=(xi*(yj-ym) + xj*(ym-yi) + xm*(yi-yj))/2;
bi=yj-ym;
bj=ym-yi;
bm=yi-yj;
ci=xm-xj;
cj=xi-xm;
cm=xj-xi;
B=[bi 0 bj 0 bm 0;
0 ci 0 cj 0 cm;
ci bi cj bj cm bm]/(2*A);
if p ==1
    D=(E/(1-NU*NU))*[1 NU 0;NU 1 0;0 0 (1-NU)/2];
elseif p == 2
    D=(E/(1+NU)/(1-2*NU))*[1-NU NU 0;NU 1-NU 0;0 0 (1-2*NU)/2];
end
y=t*A*B'*D*B;
```

%输入弹性模量 E，泊松比 NU，3 个结点的坐标，参数 p，参数 p 为 1 时求解的为平面应力问题，参数 p 为 2 时求解的为平面应变问题，这里为平面应力问题。

%A 为三角形单元面积；B 为式（4-34）中的 B 矩阵；D 为式（4-34）中的 D 矩阵；t 为梁的厚度；y 为计算返回单元刚度矩阵，程序中计算即为式（4-34）；betai 为 b_i，其他符号类似。

（2）组成整刚度矩阵函数（文件名：LinearTriangleAssemble. m）。

```
function y=LinearTriangleAssemble(K,k,i,j,m)
K(2*i-1,2*i-1)=K(2*i-1,2*i-1) + k(1,1);
K(2*i-1,2*i)=K(2*i-1,2*i) + k(1,2);
K(2*i-1,2*j-1)=K(2*i-1,2*j-1) + k(1,3);
K(2*i-1,2*j)=K(2*i-1,2*j) + k(1,4);
K(2*i-1,2*m-1)=K(2*i-1,2*m-1) + k(1,5);
K(2*i-1,2*m)=K(2*i-1,2*m) + k(1,6);
K(2*i,2*i-1)=K(2*i,2*i-1) + k(2,1);
K(2*i,2*i)=K(2*i,2*i) + k(2,2);
K(2*i,2*j-1)=K(2*i,2*j-1) + k(2,3);
K(2*i,2*j)=K(2*i,2*j) + k(2,4);
K(2*i,2*m-1)=K(2*i,2*m-1) + k(2,5);
K(2*i,2*m)=K(2*i,2*m) + k(2,6);
K(2*j-1,2*i-1)=K(2*j-1,2*i-1) + k(3,1);
K(2*j-1,2*i)=K(2*j-1,2*i) + k(3,2);
K(2*j-1,2*j-1)=K(2*j-1,2*j-1) + k(3,3);
K(2*j-1,2*j)=K(2*j-1,2*j) + k(3,4);
K(2*j-1,2*m-1)=K(2*j-1,2*m-1) + k(3,5);
K(2*j-1,2*m)=K(2*j-1,2*m) + k(3,6);
K(2*j,2*i-1)=K(2*j,2*i-1) + k(4,1);
K(2*j,2*i)=K(2*j,2*i) + k(4,2);
K(2*j,2*j-1)=K(2*j,2*j-1) + k(4,3);
K(2*j,2*j)=K(2*j,2*j) + k(4,4);
K(2*j,2*m-1)=K(2*j,2*m-1) + k(4,5);
K(2*j,2*m)=K(2*j,2*m) + k(4,6);
K(2*m-1,2*i-1)=K(2*m-1,2*i-1) + k(5,1);
K(2*m-1,2*i)=K(2*m-1,2*i) + k(5,2);
K(2*m-1,2*j-1)=K(2*m-1,2*j-1) + k(5,3);
K(2*m-1,2*j)=K(2*m-1,2*j) + k(5,4);
K(2*m-1,2*m-1)=K(2*m-1,2*m-1) + k(5,5);
K(2*m-1,2*m)=K(2*m-1,2*m) + k(5,6);
K(2*m,2*i-1)=K(2*m,2*i-1) + k(6,1);
K(2*m,2*i)=K(2*m,2*i) + k(6,2);
K(2*m,2*j-1)=K(2*m,2*j-1) + k(6,3);
K(2*m,2*j)=K(2*m,2*j) + k(6,4);
K(2*m,2*m-1)=K(2*m,2*m-1) + k(6,5);
K(2*m,2*m)=K(2*m,2*m) + k(6,6);
```

```
y=K;
```

%调用单元刚度矩阵计算结果 k，以及该单元的整体结构中的 3 个结点号，将单元刚度矩阵赋值到总刚度矩阵中。

（3）计算单元应力函数（文件名：LinearTriangleElementStresses. m）。

```
function y=LinearTriangleElementStresses(E,NU,t,xi,yi,xj,yj,xm,ym,p,u)
A=(xi*(yj-ym) + xj*(ym-yi) + xm*(yi-yj))/2;
bi=yj-ym;
bj=ym-yi;
bm=yi-yj;
ci=xm-xj;
cj=xi-xm;
cm=xj-xi;
B=[bi 0 bj 0 bm 0;
   0 ci 0 cj 0 cm;
   ci bi cj bj cm bm]/(2*A);
if p ==1
    D=(E/(1-NU*NU))*[1 NU 0; NU 1 0 ; 0 0 (1-NU)/2];
elseif p==2
    D=(E/(1+NU)/(1-2*NU))*[1-NU NU 0 ; NU 1-NU 0 ; 0 0 (1-2*NU)/2];
end
y=D*B*u;
```

%就是按照式（4-26）计算单元应力。

（4）计算单元主应力及其方向的函数（文件名：LinearTriangleElementPStresses. m）。

```
function y=LinearTriangleElementPStresses(sigma)
R=(sigma(1) + sigma(2))/2;
Q=((sigma(1) - sigma(2))/2)^2 + sigma(3)*sigma(3);
M=2*sigma(3)/(sigma(1) - sigma(2));
s1=R + sqrt(Q);
s2=R - sqrt(Q);
theta=(atan(M)/2)*180/pi;
y=[s1;s2;theta];
```

%函数中 sigma 为单元应力，所以，程序中 sigma(1)、sigma(2)、sigma(3) 分别代表了该单元的 σ_x、σ_y、τ_{xy}，按照公式 $\begin{pmatrix}\sigma_1\\ \sigma_2\end{pmatrix}=\dfrac{\sigma_x+\sigma_y}{2}\pm\sqrt{\left(\dfrac{\sigma_x-\sigma_y}{2}\right)^2+\tau_{xy}^2}$，计算 2 个主应力，也是最大、最小主应力。这里主应力与 x 方向的夹角只是按照公式简单计算，还不能明确是最大还是最小主应力与 x 方向的夹角，更为详细的可参考相关文献。

（5）主程序（文件名：LinearTriangleElementexm1. m）。

```
E=1e11;
NU=1/3;
t=1;
x1=0;
```

```
y1=0;
x2=2;
y2=0;
x3=2;
y3=1;
x4=0;
y4=1;
```

%输入弹性模量 E，泊松比 NU，厚度 t，4 个结点坐标值。

```
k1=LinearTriangleElementStiffness(E,NU,t,x3,y3,x1,y1,x2,y2,1);
k2=LinearTriangleElementStiffness(E,NU,t,x1,y1,x3,y3,x4,y4,1);
```

%调用单元刚度矩阵函数，返回 2 个单元的刚度矩阵，即 k1，k2。

```
KK=zeros(8,8);
```

%总刚矩阵清零。

```
KK=LinearTriangleAssemble(KK,k1,3,1,2);
KK=LinearTriangleAssemble(KK,k2,1,3,4);
```

%调用组成总刚的函数，输入单元刚度矩阵及单元的 3 个结点号，返回赋值该单元刚度矩阵后的总刚矩阵。

```
k=KK([3,4,5,6],[3,4,5,6]);
```

%由于结点 1、4 位移为 0，将所对应的总刚矩阵中的第 1、2、7、8 行与第 1、2、7、8 列划去，仅保留位移不为 0 对应的行、列。

```
p=[0;-100000/2;0;-100000/2];
```

%输入结点 2、3 的外载荷值。

```
u=k\p
```

%求解结点 3、4 的位移，这里结点 3、4 的 x、y 方向位移对应的为 u(1)、u(2)、u(3)、u(4)。

```
q=[0  0  u(1) u(2) u(3) u(4)  0  0]'
```

%赋值所有结点的位移值。

```
P=KK*q
```

%由总刚度方程计算得到所有结点的结点力。

```
u1=[q(5);q(6);0;0;q(3);q(4)]
sig1=LinearTriangleElementStresses(E,NU,t,x3,y3,x1,y1,x2,y2,1,u1)
```

%输入第 1 个单元的结点位移，调用计算单元应力的函数，并返回应力值 sig1。

```
u2=[0;0;q(5);q(6);0;0]
sig2=LinearTriangleElementStresses(E,NU,t,x1,y1,x3,y3,x4,y4,1,u2)
```

%输入第 2 个单元的结点位移，调用计算单元应力的函数，并返回应力值 sig2。

```
s1=LinearTriangleElementPStresses(sig1)
```

%输入第 1 个单元的应力值，调用计算主应力的函数，并返回主应力值大小和方向 s1。

```
s2=LinearTriangleElementPStresses(sig2)
```

%输入第 2 个单元的应力值，调用计算主应力的函数，并返回主应力值大小和方向 s2。

4.9.2 算例2

4.9.2.1 计算过程分析

如图4-23所示，有一正方形薄板，对角承受压力作用，厚度 $t=1$m，载荷 $F=20$kN/m，为了简化计算，设泊松比 $\mu=0$，材料的弹性模量为 E，试求它的应力分布。

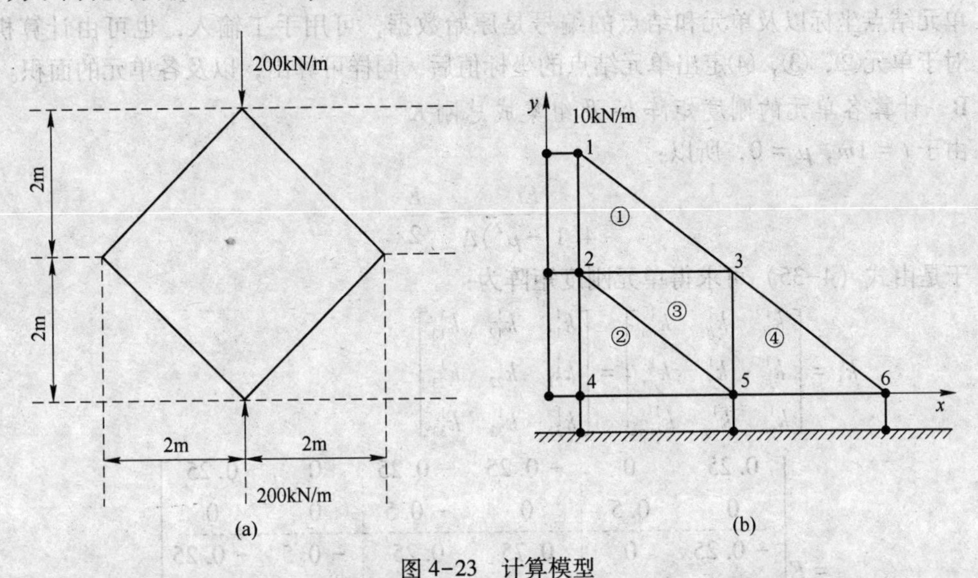

图4-23 计算模型

A 建立需要计算的力学模型以及划分单元

由于该结构几何对称和受载也对称，故可利用其对称性，只需要取薄板的1/4作为计算对象。为了简单起见，把它划分成4个三角形单元，单元和结点编号如图4-23（b）所示。由于对称，结点1，2，4，不可能有水平位移，结点4，5，6不可能有垂直位移，故施加约束如图4-23（b）所示。

取总体 x，y 坐标并确定各结点的坐标值。由图4-24看出，这里只有两类不同的单元，一类单元是①，②，④，另一类单元是③。两类单元结点的编排如图所示。

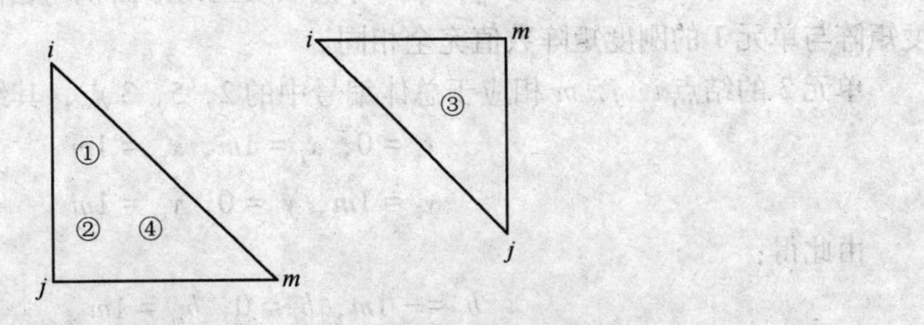

图4-24 两类单元结点编号

单元①，单元结点编排对应于结构的结点编号1，2，3。3个结点坐标如下：

$$x_i=0,\ x_j=0,\ x_m=1m$$
$$y_i=2m,\ y_j=1m,\ y_m=1m$$

代入式（4-7）得：

$$b_i = y_j - y_m = 0;\ b_j = y_m - y_i = -1;\ b_m = y_i - y_j = 1$$

$$c_i = x_m - x_j = 1;\ c_j = x_i - x_m = -1;\ c_m = x_j - x_i = 0$$

三角形面积：

$$\Delta = \frac{1}{2}m^2$$

单元结点坐标以及单元和结点的编号是原始数据，可用手工输入，也可由计算机完成。对于单元②，③，④定出单元结点的坐标值后，同样可算出，以及各单元的面积。

B 计算各单元的刚度矩阵 k^e 及组集成总刚 K

由于 $t = 1m$，$\mu = 0$，所以：

$$\frac{Et}{4(1-\mu^2)\Delta} = \frac{E}{2}$$

于是由式（4-35）可求得单元刚度矩阵为：

$$k_1^e = \begin{bmatrix} k_{ii}^1 & k_{ij}^1 & k_{im}^1 \\ k_{ji}^1 & k_{jj}^1 & k_{jm}^1 \\ k_{mi}^1 & k_{mj}^1 & k_{mm}^1 \end{bmatrix} = \begin{bmatrix} k_{11}^1 & k_{12}^1 & k_{13}^1 \\ k_{21}^1 & k_{22}^1 & k_{23}^1 \\ k_{31}^1 & k_{32}^1 & k_{33}^1 \end{bmatrix}$$

$$= E\begin{bmatrix} 0.25 & 0 & -0.25 & -0.25 & 0 & 0.25 \\ 0 & 0.5 & 0 & -0.5 & 0 & 0 \\ -0.25 & 0 & 0.75 & 0.25 & -0.5 & -0.25 \\ -0.25 & -0.5 & 0.25 & 0.75 & 0 & -0.25 \\ 0 & 0 & -0.5 & 0 & 0.5 & 0 \\ 0.25 & 0 & -0.25 & -0.25 & 0 & 0.25 \end{bmatrix}$$

同理可得单元 2，4 的刚度矩阵分别为：

$$k_2^e = \begin{bmatrix} k_{22}^2 & k_{24}^2 & k_{25}^2 \\ k_{42}^2 & k_{44}^2 & k_{45}^2 \\ k_{52}^2 & k_{54}^2 & k_{55}^2 \end{bmatrix},\ k_4^e = \begin{bmatrix} k_{33}^4 & k_{35}^4 & k_{36}^4 \\ k_{53}^4 & k_{55}^4 & k_{56}^4 \\ k_{63}^4 & k_{65}^4 & k_{66}^4 \end{bmatrix}$$

由于 1，2，4 单元算出的 b_i，b_j…等值以及三角形面积均相同，故算出 2，4 的单元刚度矩阵与单元 1 的刚度矩阵数值完全相同。

单元 3 的结点 i，j，m 相应于总体编号中的 2，5，3 点，其结点坐标为：

$$x_i = 0,\ x_j = 1m,\ x_m = 1m$$

$$y_i = 1m,\ y_j = 0,\ y_m = 1m$$

由此得：

$$b_i = -1m,\ b_j = 0,\ b_m = 1m$$

$$c_i = 0,\ c_j = -1m,\ c_m = 1m$$

从而算出单元刚度矩阵为：

$$k_3^e = \begin{bmatrix} k_{ii}^3 & k_{ij}^3 & k_{im}^3 \\ k_{ji}^3 & k_{jj}^3 & k_{jm}^3 \\ k_{mi}^3 & k_{mj}^3 & k_{mm}^3 \end{bmatrix} = \begin{bmatrix} k_{22}^3 & k_{25}^3 & k_{23}^3 \\ k_{52}^3 & k_{55}^3 & k_{53}^3 \\ k_{32}^3 & k_{35}^3 & k_{33}^3 \end{bmatrix}$$

$$
= E\left[\begin{array}{cc:cc:cc}
0.5 & 0 & 0 & 0 & -0.5 & 0 \\
0 & 0.25 & 0.25 & 0 & -0.25 & -0.25 \\
\hdashline
0 & 0.25 & 0.25 & 0 & -0.25 & -0.25 \\
0 & 0 & 0 & 0.5 & 0 & -0.15 \\
\hdashline
-0.5 & -0.25 & -0.25 & 0 & 0.75 & 0.25 \\
0 & -0.25 & -0.25 & -0.5 & 0.25 & 0.75
\end{array}\right]
$$

根据各单元刚度矩阵组集成总刚度矩阵［$\boldsymbol{K}$］为：

$$
[\boldsymbol{K}] = \begin{bmatrix}
k_{11}^1 & k_{12}^1 & k_{13}^1 & 0 & 0 & 0 \\
 & k_{22}^1 + k_{22}^2 + k_{22}^3 & k_{23}^1 + k_{23}^3 & k_{24}^2 & k_{25}^2 + k_{25}^3 & 0 \\
 & & k_{33}^1 + k_{33}^3 + k_{33}^4 & 0 & k_{35}^3 + k_{35}^4 & k_{36}^4 \\
 & & & k_{44}^2 & k_{45}^2 & 0 \\
 & \text{（对　称）} & & & k_{55}^2 + k_{55} + k_{55}^4 & k_{56}^4 \\
 & & & & & k_{66}^4
\end{bmatrix}
$$

由以上结果求得总刚度矩阵各元素为：

$$k_{11} = k_{11}^1 = E\begin{bmatrix} 0.25 & 0 \\ 0 & 0.5 \end{bmatrix}$$

$$k_{12} = k_{12}^1 = E\begin{bmatrix} -0.25 & -0.25 \\ 0 & -0.5 \end{bmatrix}$$

$$k_{13} = k_{13}^1 = E\begin{bmatrix} 0 & 0.25 \\ 0 & -0.5 \end{bmatrix}$$

$$k_{22} = k_{22}^1 + k_{22}^2 + k_{22}^3 = E\begin{bmatrix} 0.75 & 0.25 \\ 0.25 & 0.75 \end{bmatrix} + E\begin{bmatrix} 0.25 & 0 \\ 0 & 0.5 \end{bmatrix} + E\begin{bmatrix} 0.5 & 0 \\ 0 & 0.25 \end{bmatrix} = E\begin{bmatrix} 1.5 & 0.25 \\ 0.25 & 1.5 \end{bmatrix}$$

$$k_{23} = k_{23}^1 + k_{23}^3 = E\begin{bmatrix} -0.5 & -0.25 \\ 0 & -0.25 \end{bmatrix} + E\begin{bmatrix} -0.5 & 0 \\ -0.25 & -0.25 \end{bmatrix} = E\begin{bmatrix} -1 & -0.25 \\ -0.25 & -0.5 \end{bmatrix}$$

$$k_{24} = k_{24}^2 = E\begin{bmatrix} -0.25 & -0.25 \\ 0 & -0.5 \end{bmatrix}$$

$$k_{25} = k_{25}^2 + k_{25}^3 = E\begin{bmatrix} 0 & 0.25 \\ 0 & 0 \end{bmatrix} + E\begin{bmatrix} 0 & 0 \\ 0.25 & 0 \end{bmatrix} = E\begin{bmatrix} 0 & 0.25 \\ 0.25 & 0 \end{bmatrix}$$

$$k_{33} = k_{33}^1 + k_{33}^3 + k_{33}^4 = E\begin{bmatrix} 0.5 & 0 \\ 0 & 0.25 \end{bmatrix} + E\begin{bmatrix} 0.75 & 0.25 \\ 0.25 & 0.75 \end{bmatrix} + E\begin{bmatrix} 0.25 & 0 \\ 0 & 0.5 \end{bmatrix} = E\begin{bmatrix} 1.5 & 0.25 \\ 0.25 & 1.5 \end{bmatrix}$$

$$k_{35} = k_{35}^3 + k_{35}^4 = E\begin{bmatrix} -0.25 & 0 \\ -0.25 & -0.5 \end{bmatrix} + E\begin{bmatrix} -0.25 & -0.25 \\ 0 & -0.5 \end{bmatrix} = E\begin{bmatrix} -0.5 & -0.25 \\ -0.25 & -1 \end{bmatrix}$$

$$k_{36} = k_{36}^4 = E\begin{bmatrix} 0 & 0.25 \\ 0 & 0 \end{bmatrix}$$

$$k_{44} = k_{44}^2 = E\begin{bmatrix} 0.75 & 0.25 \\ 0.25 & 0.75 \end{bmatrix}$$

$$k_{45} = k_{45}^2 = E\begin{bmatrix} -0.5 & -0.25 \\ 0 & -0.25 \end{bmatrix}$$

$$k_{55}=k_{55}^{2}+k_{55}^{3}+k_{55}^{4}=E\begin{bmatrix}0.5 & 0\\ 0 & 0.25\end{bmatrix}+E\begin{bmatrix}0.25 & 0\\ 0 & 0.5\end{bmatrix}+E\begin{bmatrix}0.75 & 0.25\\ 0.25 & 0.75\end{bmatrix}=E\begin{bmatrix}1.5 & 0.25\\ 0.25 & 1.5\end{bmatrix}$$

$$k_{56}=k_{56}^{4}=E\begin{bmatrix}-0.5 & -0.25\\ 0 & -0.25\end{bmatrix}$$

$$k_{66}=k_{66}^{4}=E\begin{bmatrix}0.5 & 0\\ 0 & 0.25\end{bmatrix}$$

把上面计算出的 k_{11}，…，k_{66} 对号入座放到总刚矩阵［K］中去，于是得到［K］的具体表达式。

C 计算并代入等效结点载荷及相应的位移边界条件，以建立和求解未知结点位移的平衡方程组

先求出各项等效结点载荷然后叠加，以形成方程组右端载荷项，但本问题只在结点 1 有一个集中外载荷：$R_i=10\text{kN/m}$(取 $F=20\text{kN/m}$ 的一半)。

由结构的对称性，可以看出 $u_1=u_2=u_4=v_4=v_5=v_6=0$。于是需要求的未知结点位移分量只有 6 个，即 v_1，v_2，u_3，v_3，u_5。代入边界条件及外载荷以及支反力后，其方程组为：

$$E\begin{bmatrix}
0.25 & 0 & -0.25 & -0.25 & 0 & 0.25 & 0 & 0 & 0 & 0 & 0 & 0\\
0 & 0.5 & 0 & -0.5 & 0 & 0 & 0 & 0 & 0 & 0 & 0 & 0\\
-0.25 & 0 & 1.5 & 0.25 & -1 & -0.25 & -0.25 & -0.25 & 0 & 0.25 & 0 & 0\\
-0.25 & -0.5 & 0.25 & 1.5 & -0.25 & -0.5 & 0 & -0.5 & 0.25 & 0 & 0 & 0\\
0 & 0 & -1 & -0.25 & 1.5 & 0.25 & 0 & 0 & -0.5 & -0.25 & 0 & 0.25\\
0.25 & 0 & -0.25 & -0.5 & 0.25 & 1.5 & 0 & 0 & -0.25 & -1 & 0 & 0\\
0 & 0 & -0.25 & 0 & 0 & 0 & 0.75 & 0.25 & -0.5 & -0.25 & 0 & 0\\
0 & 0 & -0.25 & -0.5 & 0 & 0 & 0.25 & 0.75 & 0 & -0.25 & 0 & 0\\
0 & 0 & 0 & 0.25 & -0.5 & -0.25 & -0.5 & 0 & 1.5 & 0.25 & -0.5 & -0.25\\
0 & 0 & 0.25 & 0 & -0.25 & -1 & -0.25 & -0.25 & 0.25 & 1.5 & 0 & -0.25\\
0 & 0 & 0 & 0 & 0 & 0 & 0 & 0 & -0.5 & 0 & 0.5 & 0\\
0 & 0 & 0 & 0 & 0.25 & 0 & 0 & 0 & -0.25 & -0.25 & 0 & 0.25
\end{bmatrix}$$

$$\begin{bmatrix}0\\ v_1\\ 0\\ v_2\\ u_2\\ v_3\\ 0\\ 0\\ u_5\\ 0\\ u_6\\ 0\end{bmatrix}=\begin{bmatrix}F_{1x}\\ -10\\ F_{2x}\\ 0\\ 0\\ 0\\ F_{4x}\\ F_{4y}\\ 0\\ F_{5y}\\ 0\\ F_{6y}\end{bmatrix}$$

解此方程组的办法之一，是把方程改变一下，把未知结点位移连续放在一起，把有支反力的方程也放在一起，即把左端系数矩阵行列倒换，于是可分块求解。第二种办法是把带有支反力的方程去掉，即把系数矩阵中的第 1，3，7，8，10，12 行和列划掉，得出带有 6 个未知位移的方程式：

$$E\begin{pmatrix} 0.5 & -0.5 & 0 & 0 & 0 & 0 \\ -0.5 & 1.5 & -0.25 & -0.5 & 0.25 & 0 \\ 0 & -0.25 & 1.5 & 0.25 & -0.5 & 0 \\ 0 & -0.5 & 0.25 & 1.5 & -0.25 & 0 \\ 0 & 0.25 & -0.25 & -0.25 & 1.5 & -0.5 \\ 0 & 0 & 0 & 0 & -0.5 & 0.5 \end{pmatrix}\begin{pmatrix} v_1 \\ v_2 \\ u_3 \\ v_3 \\ u_5 \\ u_6 \end{pmatrix}=\begin{pmatrix} -10 \\ 0 \\ 0 \\ 0 \\ 0 \\ 0 \end{pmatrix}$$

解此方程组即得到位置结点位移分量。由上方程组求得位移分量如下：

$$\begin{pmatrix} v_1 \\ v_2 \\ u_3 \\ v_3 \\ u_5 \\ u_6 \end{pmatrix}=\begin{pmatrix} -32.52/E \\ -12.52/E \\ -0.88/E \\ -3.72/E \\ 1.76/E \\ 1.76/E \end{pmatrix}$$

D 求单元应力分量。求出结点位移分量后，就可以按式（4-26）计算单元中的应力略去初应变 ε_0，于是有：

对于单元 1，2，4：

$$[S]=E\begin{bmatrix} 0 & 0 & -1 & 0 & 1 & 0 \\ 0 & 1 & 0 & -1 & 0 & 0 \\ 0.5 & 0 & -0.5 & -0.5 & 0 & 0.5 \end{bmatrix}$$

对于单元 3：

$$[S]=E\begin{bmatrix} -1 & 0 & 0 & 0 & 1 & 0 \\ 0 & 0 & 0 & -1 & 0 & 0-1 \\ 0 & -0.5 & -0.5 & 0 & 0.05 & 0.5 \end{bmatrix}$$

注意到 $u_1=u_2=u_4=v_4=v_5=v_6=0$，最后可求得各单元的应力为：

$$\begin{pmatrix} \sigma_x \\ \sigma_y \\ \tau_{xy} \end{pmatrix}^{(1)}=E\begin{pmatrix} 0 & 0 & -1 & 0 & 1 & 0 \\ 0 & 1 & 0 & -1 & 0 & 0 \\ 0.5 & 0 & -0.5 & -0.5 & 0 & 0.5 \end{pmatrix}\begin{pmatrix} 0 \\ v_1 \\ 0 \\ v_2 \\ u_3 \\ v_3 \end{pmatrix}=\begin{pmatrix} -0.88 \\ -20.00 \\ 4.40 \end{pmatrix}\text{kN/m}^2$$

$$\begin{pmatrix} \sigma_x \\ \sigma_y \\ \tau_{xy} \end{pmatrix}^{(2)}=E\begin{pmatrix} 0 & 0 & -1 & 0 & 1 & 0 \\ 0 & 1 & 0 & -1 & 0 & 0 \\ 0.5 & 0 & -0.5 & -0.5 & 0 & 0.5 \end{pmatrix}\begin{pmatrix} 0 \\ v_2 \\ 0 \\ 0 \\ u_3 \\ 0 \end{pmatrix}=\begin{pmatrix} 1.76 \\ -12.52 \\ 0 \end{pmatrix}\text{kN/m}^2$$

$$\begin{Bmatrix} \sigma_x \\ \sigma_y \\ \tau_{xy} \end{Bmatrix}^{(3)} = E\begin{pmatrix} 0 & 0 & -1 & 0 & 1 & 0 \\ 0 & 1 & 0 & -1 & 0 & 0 \\ 0.5 & 0 & -0.5 & -0.5 & 0 & 0.5 \end{pmatrix}\begin{Bmatrix} 0 \\ v_2 \\ u_5 \\ 0 \\ u_3 \\ v_3 \end{Bmatrix} = \begin{Bmatrix} -0.88 \\ -3.72 \\ 43.08 \end{Bmatrix} \text{kN/m}^2$$

$$\begin{Bmatrix} \sigma_x \\ \sigma_y \\ \tau_{xy} \end{Bmatrix}^{(4)} = E\begin{pmatrix} 0 & 0 & -1 & 0 & 1 & 0 \\ 0 & 1 & 0 & -1 & 0 & 0 \\ 0.5 & 0 & -0.5 & -0.5 & 0 & 0.5 \end{pmatrix}\begin{Bmatrix} u_3 \\ v_3 \\ u_5 \\ 0 \\ u_6 \\ 0 \end{Bmatrix} = \begin{Bmatrix} 0 \\ -3.72 \\ -1.32 \end{Bmatrix} \text{kN/m}^2$$

如图 4-25 所示标出了各个单元的应力值，而且在单元内是不变的，这就说明了是一近似解。在单元交界处，应力值有突变，这就可以看出，如将单元分得很细，则突变减小，其结果将会改善。

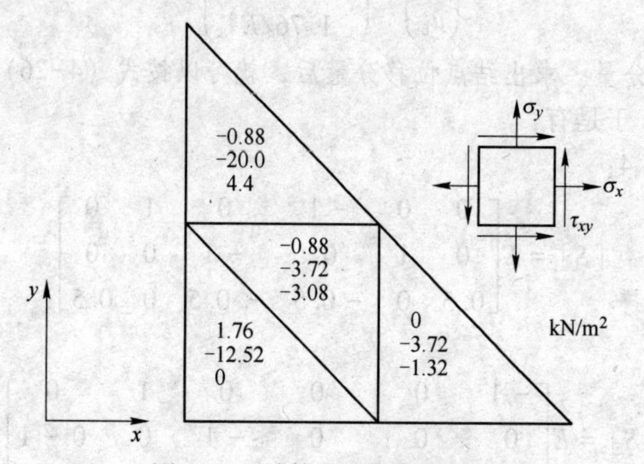

图 4-25 计算后的各单元应力

4.9.2.2 matlab 程序

(1) 单元刚度矩阵计算函数（文件名：LinearTriangleElementStiffness. m）。

与算例 1 相同。

(2) 组成整刚度矩阵函数（文件名：LinearTriangleAssemble. m）。

与算例 1 相同。

(3) 计算单元应力函数（文件名：LinearTriangleElementStresses. m）。

与算例 1 相同。

(4) 计算单元主应力及其方向的函数（文件名：LinearTriangleElementPStresses. m）。

与算例 1 相同。

(5) 主程序（文件名：LinearTriangleElementexm2. m）。

```
E=1e8;
NU=0;
```

```
t=1;
x1=0;
y1=2;
x2=0;
y2=1;
x3=1;
y3=1;
x4=0;
y4=0;
x5=1;
y5=0;
x6=2;
y6=0;
k1=LinearTriangleElementStiffness(E,NU,t,x1,y1,x2,y2,x3,y3,1);
k2=LinearTriangleElementStiffness(E,NU,t,x2,y2,x4,y4,x5,y5,1);
k3=LinearTriangleElementStiffness(E,NU,t,x2,y2,x5,y5,x3,y3,1);
k4=LinearTriangleElementStiffness(E,NU,t,x3,y3,x5,y5,x6,y6,1);
KK=zeros(12,12);
KK=LinearTriangleAssemble(KK,k1,1,2,3);
KK=LinearTriangleAssemble(KK,k2,2,4,5);
KK=LinearTriangleAssemble(KK,k3,2,5,3);
KK=LinearTriangleAssemble(KK,k4,3,5,6);
k=KK([2,4,5,6,9,11],[2,4,5,6,9,11]);
p=[-10;0;0;0;0;0];
u=k\p;
q=[0  u(1) 0  u(2) u(3) u(4)  0  0 u(5) 0 u(6) 0]';
P=KK*q;
u1=[0;q(2);0;q(4);q(5);q(6)];
sig1=LinearTriangleElementStresses(E,NU,t,x1,y1,x2,y2,x3,y3,1,u1);
u2=[q(3);q(4);0;0;q(9);q(10)];
sig2=LinearTriangleElementStresses(E,NU,t,x2,y2,x4,y4,x5,y5,1,u2);
u3=[q(3);q(4);q(9);q(10);q(5);q(6)];
sig3=LinearTriangleElementStresses(E,NU,t,x2,y2,x5,y5,x3,y3,1,u3);
u4=[q(5);q(6);q(9);q(10);q(11);q(12)];
sig4=LinearTriangleElementStresses(E,NU,t,x3,y3,x5,y5,x6,y6,1,u4);
s1=LinearTriangleElementPStresses(sig1);
s2=LinearTriangleElementPStresses(sig2);
s3=LinearTriangleElementPStresses(sig3);
s4=LinearTriangleElementPStresses(sig4);
```

主程序与算例 1 十分类似，不再详细介绍。

4.9.3 算例 3

如图 4-26(a) 所示，为承受内压力而无轴向力的厚壁圆筒，由于对称，所以取其中

1/4 部分进行有限元分析。如图 4-26(b) 所示，已知厚壁圆筒内半径 $a=200\text{mm}$，外半径 $b=300\text{mm}$，即壁厚为 100mm，内压力为 p。用有限元求解位移、应力。

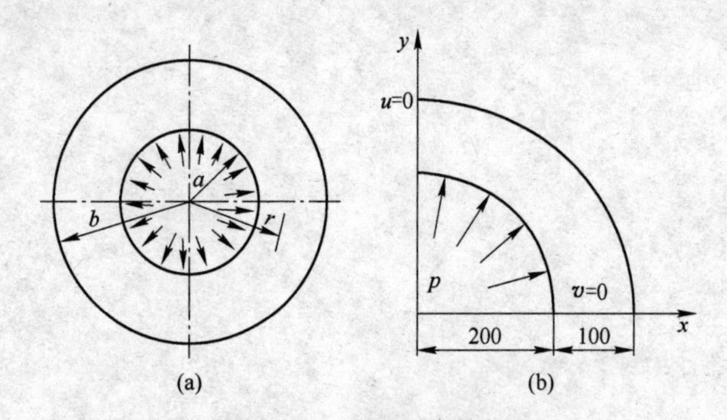

图 4-26 厚壁圆筒算例

(a) 厚壁圆筒受力示意图；(b) 厚壁圆筒 1/4 截面几何尺寸及约束情况

下面介绍如何利用本节算例 1、算例 2 的有限元三角形单元 matlab 函数求解本算例。首先划分网格进行单元离散化，为了简便，这里仅划分 4 个三角形单元，共 6 个结点，如图 4-27 所示。

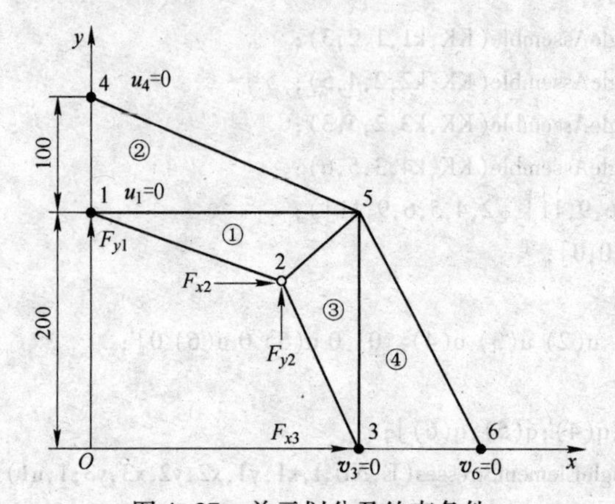

图 4-27 单元划分及约束条件

(1) 单元刚度矩阵计算函数（文件名：LinearTriangleElementStiffness. m）。

与算例 1 相同。值得注意的是，本例中，由于厚壁圆筒仅承受内压力而无轴向力，所以，作为平面应力问题处理。

(2) 组成整刚度矩阵函数（文件名：LinearTriangleAssemble. m）。

与算例 1 相同。

(3) 计算单元应力函数（文件名：LinearTriangleElementStresses. m）。

与算例 1 相同。

(4) 计算单元主应力及其方向的函数（文件名：LinearTriangleElementPStresses. m）。

与算例 1 相同。

(5) 主程序（文件名：LinearTriangleElementexm3. m）。

```
E = 1e5;
NU = 0.25;
```

```
t=1;
x1=0;
y1=200;
x2=141.42;
y2=141.42;
x3=200;
y3=0;
x4=0;
y4=300;
x5=212;
y5=212;
x6=300;
y6=0;
%输入弹性模量E，泊松比NU，厚度t，6个结点的坐标值。
k1=LinearTriangleElementStiffness(E,NU,t,x1,y1,x2,y2,x5,y5,1);
k2=LinearTriangleElementStiffness(E,NU,t,x1,y1,x5,y5,x4,y4,1);
k3=LinearTriangleElementStiffness(E,NU,t,x2,y2,x3,y3,x5,y5,1);
k4=LinearTriangleElementStiffness(E,NU,t,x3,y3,x6,y6,x5,y5,1);
%调用单元刚度矩阵函数。
KK=zeros(12,12);
KK=LinearTriangleAssemble(KK,k1,1,2,5);
KK=LinearTriangleAssemble(KK,k2,1,5,4);
KK=LinearTriangleAssemble(KK,k3,2,3,5);
KK=LinearTriangleAssemble(KK,k4,3,6,5);
k=KK([2,3,4,5,8,9,10,11],[2,3,4,5,8,9,10,11]);
p=[7070;10000;10000;7070;0;0;0;0];
%这里结点荷载是通过内压计算得到的。
u=k\p;
q=[0 u(1)  u(2) u(3) u(4)  0  0 u(5) u(6) u(7) u(8) 0]';
P=KK*q;
u1=[0;q(2);q(3);q(4);q(9);q(10)];
sig1=LinearTriangleElementStresses(E,NU,t,x1,y1,x2,y2,x5,y5,1,u1);
u2=[0;q(2);q(9);q(10);q(7);q(8)];
sig2=LinearTriangleElementStresses(E,NU,t,x1,y1,x5,y5,x4,y4,1,u2);
u3=[q(3);q(4);q(5);q(6);q(9);q(10)];
sig3=LinearTriangleElementStresses(E,NU,t,x2,y2,x3,y3,x5,y5,1,u3);
u4=[q(5);q(6);q(11);q(12);q(9);q(10)];
sig4=LinearTriangleElementStresses(E,NU,t,x3,y3,x6,y6,x5,y5,1,u4);
s1=LinearTriangleElementPStresses(sig1);
s2=LinearTriangleElementPStresses(sig2);
s3=LinearTriangleElementPStresses(sig3);
s4=LinearTriangleElementPStresses(sig4);
```

4.9.4 算例 4

图 4-28(a) 为一简支梁，高 3m，长 18m，承受均布荷载 10N/m²，弹性模量 $E=2\times 10$Pa，泊松比$\mu=0.176$，取$t=1$m，作为平面应力问题。用有限元求解简支梁位移、应力。

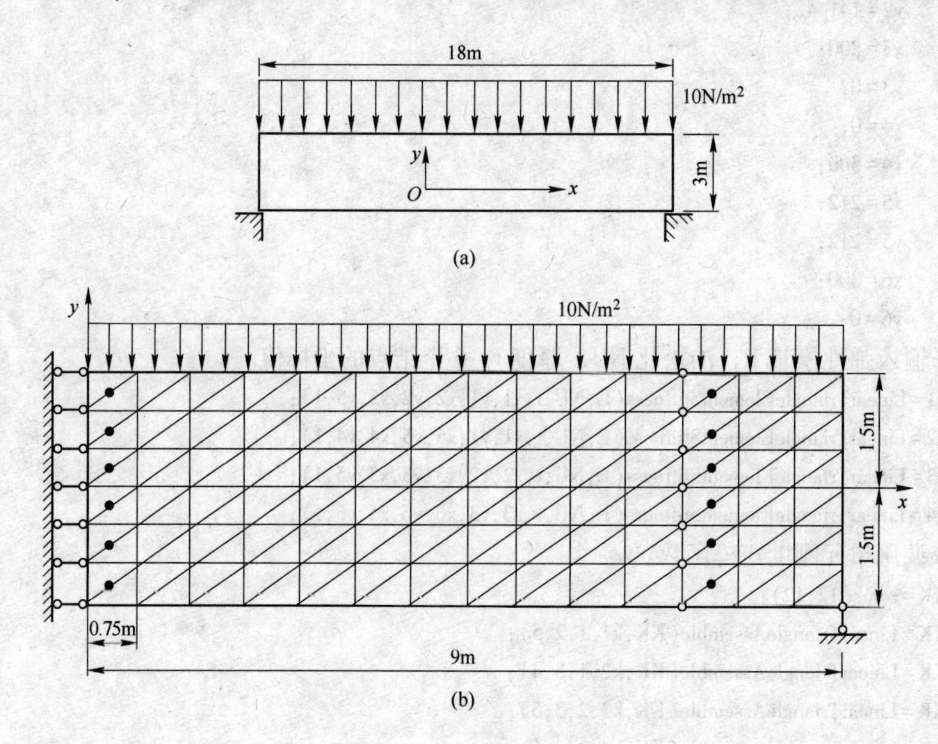

图 4-28 简支梁受均布荷载

(a) 简支梁尺寸及受均布荷载情况；(b) 取对称部分受力及边界条件

下面介绍如何利用前面算例的有限元函数求解该算例。

单元编号及结点坐标：首先需要进行单元离散化。由于对称，只对右边一半进行有限元计算，如图 4-28 (b) 所示。图中，$x=0$ 的边界上，由于对称性，故该边界上的结点在 x 方向的位移为 0，对于$x=9$ 的边界上，仅在 $y=-1.5$ 点为垂直方向位移为 0。本节前面的算例由于单元很少，通过输入的方式，将单元、结点信息直接作为参数输入程序中，由于本算例共 91 个结点、144 个单元，人工输入参数量大，同时，本算例的单元、结点划分规律性很强，所以，下面给出相应的 matlab 程序。

```
clear;
E=2e10;
NU=0.167;
t=1;
%输入弹性模量 E、泊松比 NU，厚度 t 参数。
x=zeros(1,91);
y=zeros(1,91);
%将结点坐标清零
```

```
y(1)=1.5;
for i=1:6;
            y(i+1)=y(i)-0.5;
end
```

%得到起始值为 1.5，按照 0.5 递减的数组。

```
for ii =1:7;
    for j =0:12;
        y(ii+7*j)=y(ii);
     end
end
```

%得到从点（0，-1.5）开始，沿 y=-1.5 各结点的 y 坐标，然后再从点（0，-1）开始，沿 y=-1 各结点的 y 坐标，以此循环，直至得到所有结点的 y 坐标值。

```
x=zeros(1,13);
for n=1:12;
        x(n+1)=x(n)+0.75;
end
xx=zeros(1,91);
yy=zeros(1,91);
yy=y;
for iii=1:13;
    for  jjj=(7*iii-6):7*iii;
         xx(jjj)=x(iii);
    end
end
```

%与得到所有结点的 x 坐标值类似，通过该循环得到所有结点的 x 坐标值。

```
for mm1=0:11;
    for nn1=0:6;
line([xx((1+nn1)+7*mm1),xx((8+nn1)+7*mm1)],[yy((1+nn1)+7*mm1),yy((8+nn1)+7*
mm1)],'Marker','o')
hold on
    end
end
 for mm2=0:5;
    for nn2=0:12;
line([xx((1+7*nn2)+mm2),xx((2+7*nn2)+mm2)],[yy((1+7*nn2)+mm2),yy((2+7*nn2)+
mm2)],'Marker','o')
hold on
    end
end
 for mm3=0:5;
    for nn3=0:11;
line([xx((2+7*nn3)+mm3),xx(((2+7*nn3)+mm3)+6)],[yy((2+7*nn3)+mm3),yy(((2+7*
```

```
nn3)+mm3)+6)],'Marker','o')
    hold on
    end
    end
```

%绘出有限元网格，如图 4-29 所示。

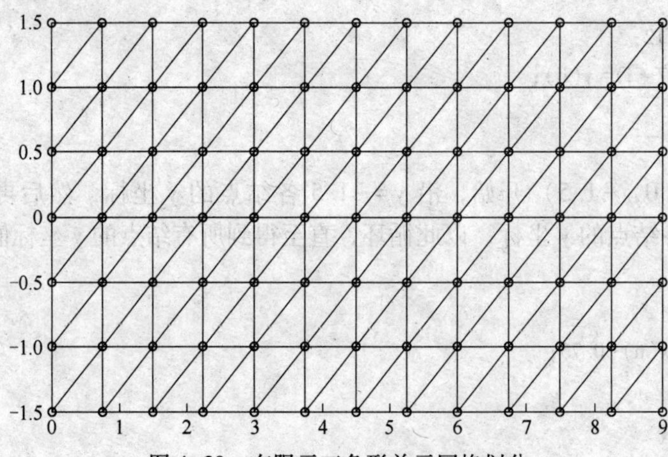

图 4-29　有限元三角形单元网格划分

```
kup=zeros(6,6);
kdo=zeros(6,6);
KK=zeros(182,182);
tt1=1;
tt2=11;
ii=1;
jj=2;
mm=8;
```

%本算例三角形单元刚度矩阵可分为 2 类，就是每个矩形对角线形成的 2 个不同类型的单元，记作 kup，kdo。整刚度矩阵为 182 * 182。

```
for  iijj=1:12
 tp =0;
    for  w1=tt1:2:tt2;
        kup=LinearTriangleElementStiffness(E,NU,t,xx(ii+tp),yy(ii+tp),xx(jj+tp),yy(jj+tp),xx(mm+tp),yy(mm+tp),1);
        kdo=LinearTriangleElementStiffness(E,NU,t,xx(jj+tp),yy(jj+tp),xx(jj+7+tp),yy(jj+7+tp),xx(jj+6+tp),yy(jj+6+tp),1);
        KK=LinearTriangleAssemble(KK,kup,ii+tp,jj+tp,mm+tp);
        KK=LinearTriangleAssemble(KK,kdo,jj+tp,jj+7+tp,jj+6+tp);
tp =tp+1;
  end
    ii=ii+7;
    jj=jj+7;
    mm=mm+7;
```

```
    tt1=tt1+12;
    tt2=tt2+12;
  end
  %调用单元刚度矩阵函数，并分别赋值到整刚矩阵中。
  k=KK([2,4,6,8,10,12,14,15:181],[2,4,6,8,10,12,14,15:181]);
  %位移为0对应的整刚矩阵中去掉
  a=[0;-7.5;0;0;0;0;0;0;0;0;0;0;0;0];
  repeat =11;
  tmp=repmat(a, repeat, 1);
  p=[-7.5/2; 0; 0; 0; 0; 0; 0;tmp;0;-7.5/2;0;0;0;0;0;0;0;0;0;0;0];
  %输入结点荷载。
 u=k\p;
  %得到结点位移不等于0的结点位移值。
  qqq1=[0  u(1) 0  u(2) 0 u(3) 0  u(4)  0 u(5) 0 u(6) 0 u(7)]';
  qqq2=u(8:174);
  q=[qqq1;qqq2;0];
  %将所有结点位移赋值给q。
  P=KK * q;
  %得到所有结点力。
  for mm1=0:11;
     for nn1=0:6;
  line([xx((1+nn1)+7 * mm1),xx((8+nn1)+7 * mm1)],[yy((1+nn1)+7 * mm1),yy((8+nn1)+7 *
mm1)],'Marker','o')
  hold on
      end
  end
  for llpp=1:91
  xb(llpp)=xx(llpp)+500000 * q(llpp * 2-1);
  yb (llpp)=yy(llpp)+500000 * q(llpp * 2);
    end
  for mm1=0:11;
     for nn1=0:6;
          figure(1)
 line([xb((1+nn1)+7 * mm1),xb((8+nn1)+7 * mm1)],[yb((1+nn1)+7 * mm1),yb((8+nn1)+7 *
mm1)],'Marker','o','color','r')
          hold on
           end
  end
  %绘制变形前后对比图，如图4-30所示。
   tt1=1;
  tt2=11;
  ii=1;
```

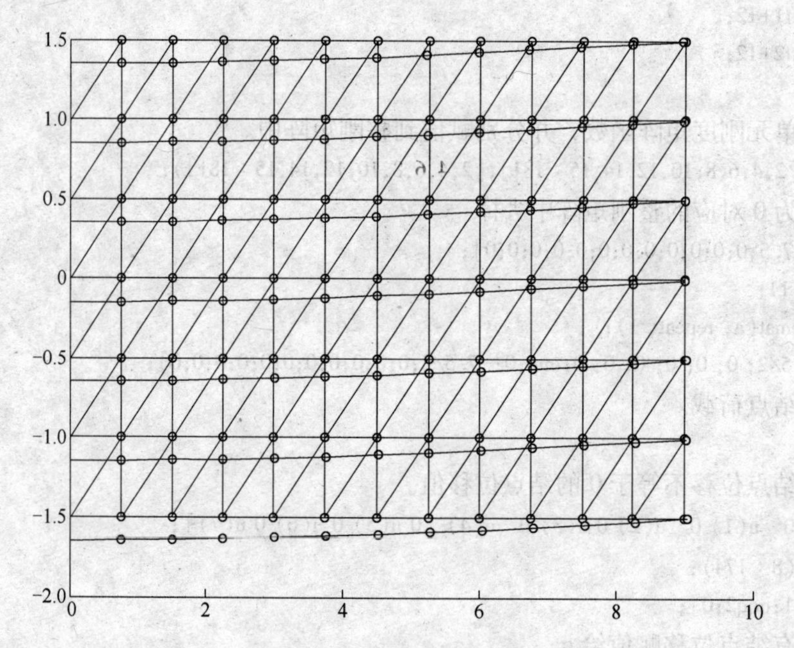

图 4-30　变形前后对比图

```
jj=2;
mm=8;
for   iijj=1 : 12
    tp=0;
    for   w1=tt1 : 2 : tt2;
        uw1=[q((ii+tp)*2-1);q((ii+tp)*2);
        q((jj+tp)*2-1);q((jj+tp)*2); q((mm+tp)*2-1);q((mm+tp)*2)];
            uw2=[q((jj+tp)*2-1);q((jj+tp)*2);
            q((jj+7+tp)*2-1);q((jj+7+tp)*2); q((jj+6+tp)*2-1);q((jj+6+tp)*2)];
            sigma1=LinearTriangleElementStresses(E,NU,t,xx(ii+tp),yy(ii+tp),xx(jj+tp),yy(jj+
tp),xx(mm+tp),yy(mm+tp),1,uw1);
            sigma2=LinearTriangleElementStresses(E,NU,t,xx(jj+tp),yy(jj+tp),xx(jj+7+tp),yy(jj+
7+tp),xx(jj+6+tp),yy(jj+6+tp),1,uw2);
            sigmax(w1)=sigma1(1);
            sigmay(w1)=sigma1(2);
            tauxy(w1)=sigma1(3);
            sigmax(w1+1)=sigma2(1);
            sigmay(w1+1)=sigma2(2);
            tauxy(w1+1)=sigma2(3);
            tp=tp+1;
    end
  %计算单元应力。
        ii=ii+7;
        jj=jj+7;
```

```
            mm=mm+7;
            tt1=tt1+12;
            tt 2=tt2+12;
              end
    xp=zeros(6);
    yp=zeros(6);
    for lili =1:6
            xp(lili)=(yy(lili)+yy(lili+1))/2;
            yp(lili)=(sigmax(lili*2-1)+sigmax(lili*2))/2;
    end
    hold on
    figure(2)
    plot(xp,yp,'--rs','LineWidth',2,…
                        'MarkerEdgeColor','k',…
                        'MarkerFaceColor','g',…
                        'MarkerSize',10)
```

%绘制 x=0.375 截面上的水平应力，sigmx，结果呈直线分布，如图 4-31 所示。

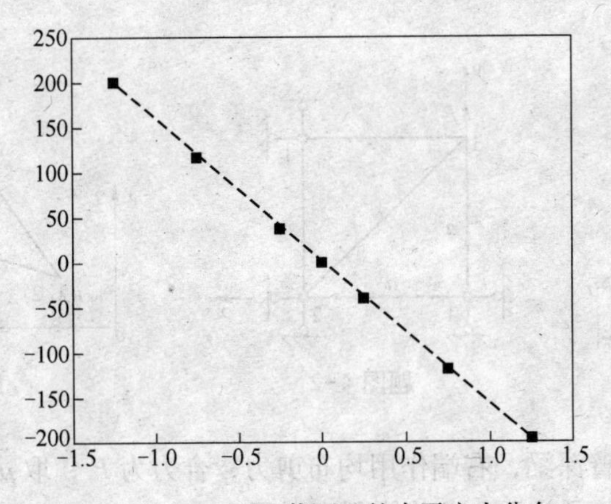

图 4-31　$x=0.375$ 截面上的水平应力分布

与函数解对比列于表 4-3。

表 4-3　$x=0.375$ 截面上的水平应力结果对比表

对比点的 y 值	1.25	0.75	0.25	−0.25	−0.75	−1.25
有限元程序	−196.3847	−118.4955	−40.609	37.448	116.9517	201.089
函数解	−225	−134	−44	44	134	225

本算例中，用两单元平均法整理 $x=7.125$ 的截面上的剪应力，如图 4-28（b）中用圆点表示，在截面上 $y=0$ 处，上、下三角形单元编号为 114、115，对应的剪应力为 28.824Pa，41.784Pa，两单元平均法得到 $x=7.125$，$y=0$ 处的剪应力为 35.304Pa，与函数解 35.6Pa 非常接近。

4.10 习 题

4-1 按位移求解的有限单元法中：

(1) 应用了哪些弹性力学的基本方程？

(2) 应力边界条件及位移边界条件是如何反映的？

(3) 力的平衡条件是如何满足的？

(4) 变形协调条件是如何满足的？

4-2 在有限单元法中，如何应用虚功原理导出单元内的应力和结点力的关系式，并将外荷载静力等效地变换为结点荷载？

4-3 为了保证有限单元法解答的收敛性，平面三角形单元位移模式应满足哪些条件？

4-4 题图 4-1 所示为等腰直角三角形单元，设 $\mu = 1/4$，记杨氏弹性模量为 E，厚度为 t，求形函数矩阵 $[N]$、应变矩阵 $[B]$、应力矩阵 $[S]$ 与单元刚度矩阵 $[K]^e$。

4-5 正方形薄板，受力与约束如题图 4-2 所示，划分为两个三角形单元，$\mu = 1/4$，板厚为 t，求各结点位移与应力。

4-6 三角形单元若 i，j，m 的 j，m 边作用有如题图 4-3 所示线性分布面载荷，求结点载荷向量。

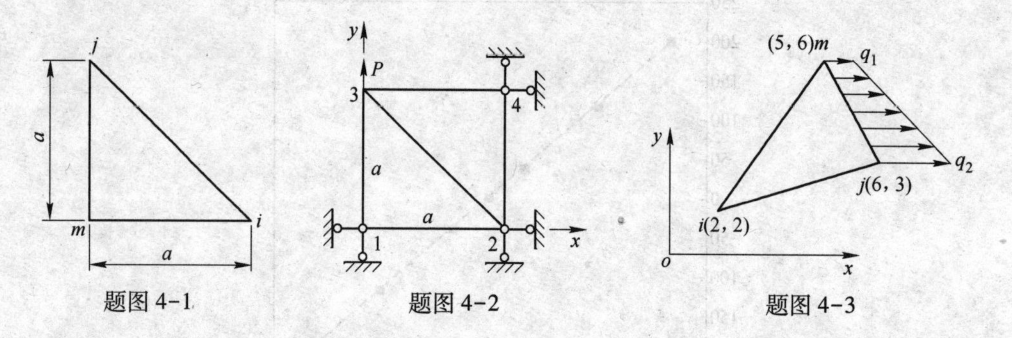

题图 4-1　　题图 4-2　　题图 4-3

4-7 题图 4-4 所示悬臂深梁，右端作用均布剪力，合力为 P，取 $\mu = 1/3$，厚度为 t，如图示划分 4 个三角形单元，求总体刚度方程。

4-8 题图 4-5 所示结点三角形单元的 142 边作用有均布侧压力 q，单元厚度为 t，求单元的等效结点载荷。

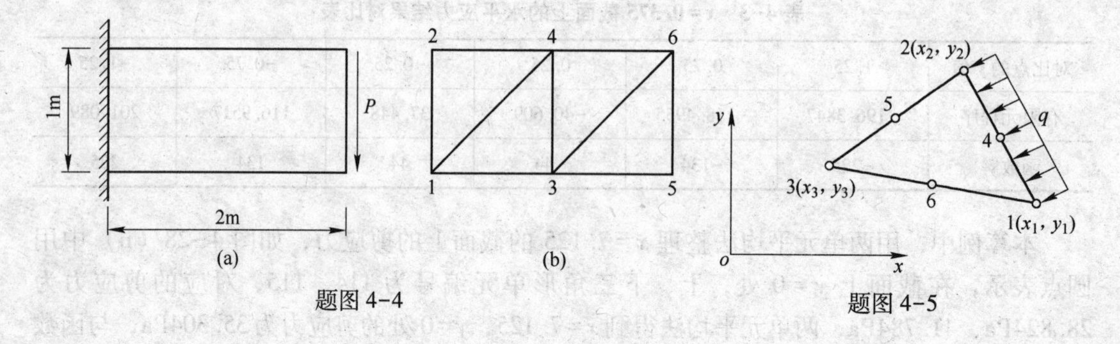

题图 4-4　　题图 4-5

5 平面四边形等参数单元

5.1 引　言

在上一章节中，详细地介绍了三角形常应变单元。这种单元，精确度是受到限制的。用有限元法求解弹性力学问题时，有时要遇到带有曲线边界的单元。为了提高精确度，要用到一些不规则的单元，以便适应不规则的或带有曲线边界的区域。可以采用高阶插值函数，或采用矩形高阶插值的单元。在一些具有曲线或曲面边界的问题中，如果采用直线或平面边界的单元，就会产生用折线代替曲线或平面代替曲面所带来的误差，而这种误差又不能单纯地由提高单元的插值函数阶次来补偿。因此，希望构造出一些曲边的高精度单元，以便在给定的精度下，用数目较少的单元，解决工程实际地具体问题。构造这种不规则形状的单元，遇到的最大困难是单元边界上的位移连续条件不易满足。采用坐标变换的方法，构造一种新型的单元可解决这样的问题。这种新型的单元就是本章所要介绍的等参数单元（也称为同参数单元）。

所谓的等参数单元，就是在确定单元形状的插值函数和确定单元位移场的插值函数中采用了完全相同的形函数。等参数单元能很好地适应不规则区域及曲线边界，计算精度高，因而在用有限元方法求解的某些问题中得到了广泛的应用。

5.2 四结点等参单元

5.2.1 位移模式与形函数

在讨论曲边单元以前，先来分析四结点任意四边形单元。图 5-1 所示的矩形单元，是最简单的四边形单元，也是今后分析其他等参数单元的基础。这种单元适用于结构边界规则的情形。

在整体坐标下，四结点矩形单元的位移函数可以写成：

$$\left.\begin{aligned} u &= \sum_{i=1}^{4} N_i(x,\ y)u_i \\ v &= \sum_{i=1}^{4} N_i(x,\ y)v_i \end{aligned}\right\} \tag{5-1}$$

如果把坐标原点移到单元中心，考察一个边长为 2 的正方形单元时，把形函数写出统一的形式为：

$$N_i(x,\ y) = \frac{(1 + x_i x)(1 + y_i y)}{4} \quad (i = 1,\ 2,\ 3,\ 4) \tag{5-2}$$

这是一个双线性的插值函数，在矩形的每一边（$x=\pm1$，或 $y=\pm1$）上，位移函数 u 或 v 分别是 x 或 y 的线性函数。它们完全可以由该边上两个结点的函数值唯一确定。因此，这样构造的位移函数在相邻两个矩形单元的公共边上均能保证连续性的要求，即满足相容性条件。

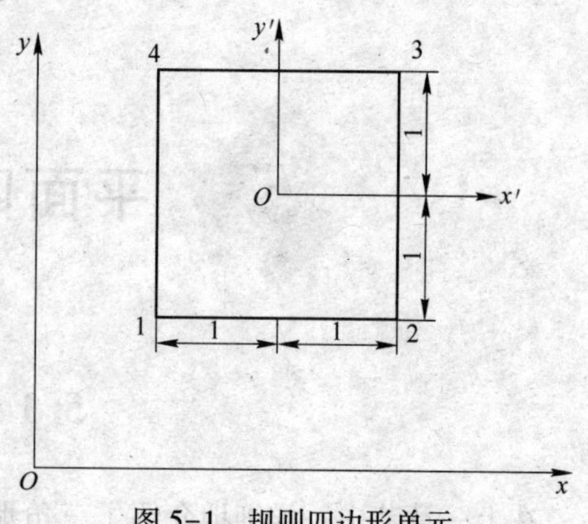

图 5-1　规则四边形单元

这种双线性插值，对任何双线性函数都是精确成立的，把它用来描述几何位置的坐标变量也必然成立，即：

$$\left.\begin{aligned} x &= \sum_{i=1}^{4} N_i(x,\ y)x_i \\ y &= \sum_{i=1}^{4} N_i(x,\ y)y_i \end{aligned}\right\} \tag{5-3}$$

式中，$\sum N_i(x,\ y) = 1$。

上式称为“常应变准则”，是保证有限元解收敛的准则。它是用几何位置的结点值（结点坐标值）来表示坐标变量的表达式。而表达式中结点坐标系数 $N_i(x,\ y)$，正是描述位移函数的形函数。这种单元的位移函数（即其结点位移值的插值公式）和几何位置的坐标变量（即其结点坐标值的插值公式）具有完全相同的形式。它们都是同样数目的相应结点值作为参数，并且具有完全相同的形状函数作为这些结点值前面系数。当参数取结点的位移值时，就得到位移函数的插值公式；当参数取结点的坐标值时，就得到描述几何位置的坐标函数表达式。

下面分析四结点斜四边形单元：

如图 5-2 所示，在 4 个顶点布置结点，分别为 1，2，3，4。其结点坐标时（x_i，y_i），i=1，2，3，4。由图可以看出，如果形函数仍然取上述矩形单元的双线性函数，则在单元的边界上，一般不能满足相容性条件。因为，在不平行于 x 轴（或 y 轴）的任一边上（如 $\overline{43}$边），这条边的直线方程为：

$$y = ax + b \quad (a \neq 0)$$

把它代入位移函数式（5-1）时，则位移为 x 的二次函数，即：

$$u = Ax^2 + Bx + C$$

这表明 u 在这条边上不再是线性变化（v 亦如此）。因此，在这条边上的位移也就不能由两个结点值的插值函数唯一确定，从而在相邻两个单元的公共边上将不能保证位移是连续的，即相容性条件得不到满足。因此，四结点斜四边形单元不能像矩形单元那样，直接采用原直角坐标（x，y）表示的双线性函数为形函数。必须把斜四边形单元变换到相应的矩形单元上去。这样就要引入一个局部坐标系统。这是等参数单元的一个重要特点。

通过总体坐标（x，y）与局部坐标（ξ，η）之间的变换（或称为几何映射），使在总体坐标下的斜四边形单元变换为在局部坐标下边长为 2，坐标原点位于单元中心的正方形单元，如图 5-3 所示。在（x，y）平面上的结点 1，2，3，4 分别与（ξ，η）平面上的结点1，2，3，4相对应。这一变换可以用如下方法直观地得到，如图5-4所示。对于在总体坐标下的单元，将各对边的等分点用直线连接，并规定它与局部坐标下单元相应对边地等分点连接相对应。这样就得到了一一对应关系，即确定了相应的坐标变换。这种坐标变换是否存在，一一对应关系需要满足什么条件将在后面说明。

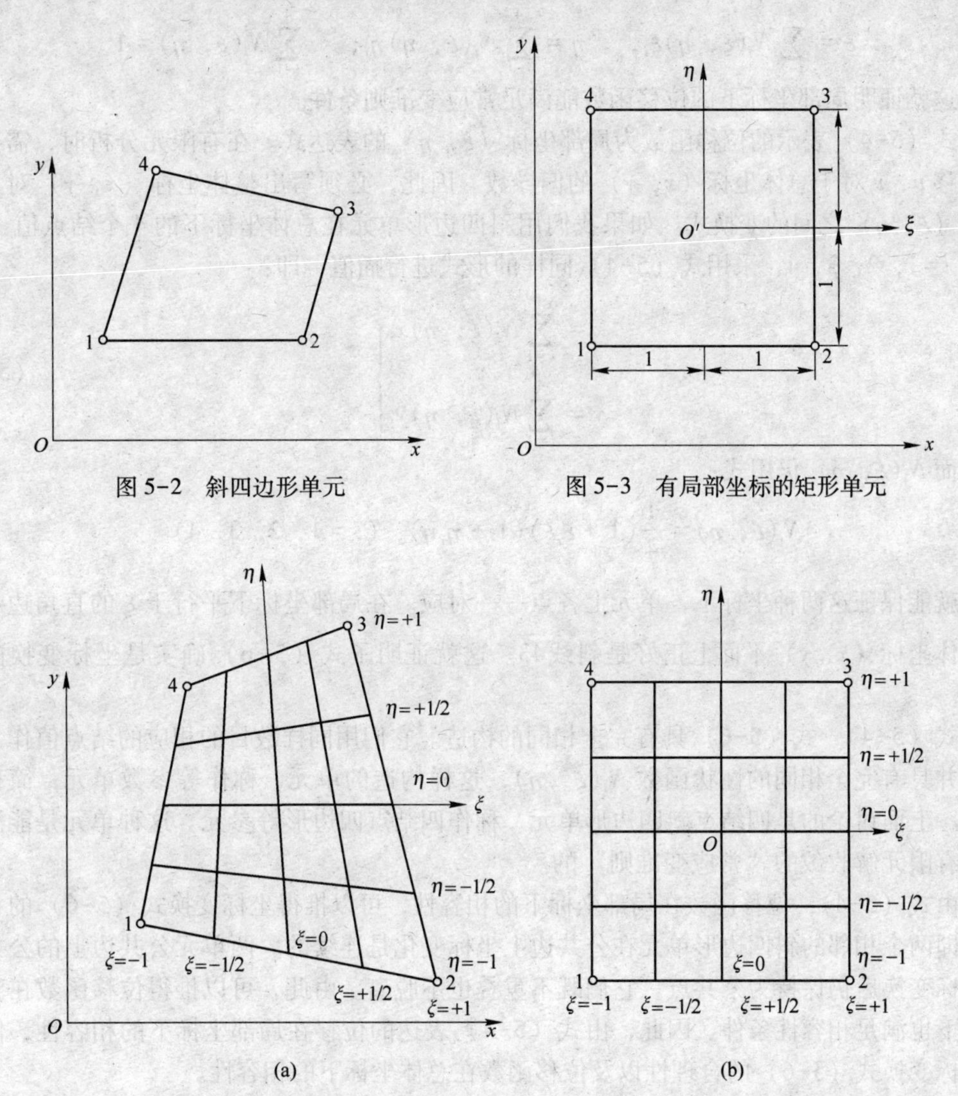

图5-2 斜四边形单元

图5-3 有局部坐标的矩形单元

图5-4 斜四边形单元与矩形单元之间的坐标变换

现在，先认为这种变换存在，再观察坐标变换后的位移函数在局部坐标（ξ，η）下的表达式。

由于在局部坐标（ξ，η）下的单元是一个正方形单元，不难看出其位移函数为：

$$\left.\begin{aligned} u(\xi,\ \eta) &= \sum_{i-1}^{4} N_i(\xi,\ \eta)u_i \\ v(\xi,\ \eta) &= \sum_{i-1}^{4} N_i(\xi,\ \eta)v_i \end{aligned}\right\} \tag{5-4}$$

式中

$$N_i(\xi, \eta)=\frac{1}{4}(1+\xi_i\xi)(1+\eta_i\eta) \quad (i=1, 2, 3, 4) \tag{5-5}$$

且下列等式是成立的，即：

$$\xi=\sum_{i-1}^{4}N_i(\xi, \eta)\xi_i, \quad \eta=\sum_{i-1}^{4}N_i(\xi, \eta)\eta_i, \quad \sum_{i-1}^{4}N_i(\xi, \eta)=1$$

这就证明局部坐标下的位移函数能满足常应变准则条件。

式（5-4）表示的位移函数为局部坐标（ξ, η）的表达式。在有限元分析时，需要计算位移 u, v 对于总体坐标（x, y）的偏导数。因此，必须写出整体坐标（x, y）对局部坐标（ξ, η）之间的变换式。如果我们用斜四边形单元在总体坐标下的 4 个结点值（x_i, y_i），$i=1, 2, 3, 4$，采用式（5-4）同样的形式进行插值，即：

$$\left.\begin{aligned} x&=\sum_{i=1}^{4}N_i(\xi, \eta)x_i \\ y&=\sum_{i=1}^{4}N_i(\xi, \eta)y_i \end{aligned}\right\} \tag{5-6}$$

而 $N_i(\xi, \eta)$ 仍用式：

$$N_i(\xi, \eta)=\frac{1}{4}(1+\xi_i\xi)(1+\eta_i\eta) \quad (i=1, 2, 3, 4)$$

就能保证这两种坐标下，单元上各点一一对应。在局部坐标下平行于 ξ 的直角边$\overline{43}$变到整体坐标（x, y）平面上正好是斜线$\overline{43}$。这就证明了式（5-6）确实是坐标变换的解析式。

式（5-4）、式（5-6）具有完全相同的构造。它们用同样数目的相应的结点值作为参数，并具有完全相同的性状函数 $N_i(\xi, \eta)$，这样构造的单元，称作等参数单元，简称等参元。上面讨论的是四结点斜四边形单元，称作四结点四边形等参元。这种单元是能满足保证有限元解收敛的“常应变准则”的。

由式（5-4），位移函数在局部坐标下的相容性，可以推得坐标变换式（5-6）的相容性，即两个相邻的斜四边形单元在公共边上坐标变化是连续的。两单元公共边上的公共点在坐标变换后仍保持为公共点。它们既不重叠也不脱离。由此，可以推得位移函数在整体坐标下也满足相容性条件。因此，由式（5-4）表达的位移在局部坐标下的相容性，保证了坐标变换式（5-6）的合理性以及位移函数在总体坐标下的相容性。

5.2.2 单元应变矩阵

在坐标应力问题分析中，需要求出应变、应力以及单元刚度矩阵，而它们都依赖于位移函数 u, v 对总体坐标 x, y 的导数，而现在位移插值函数式（5-1）只给出 u, v 关于局部坐标（ξ, η）的函数，因此，需要用坐标变换式（5-3）进行复合求导：

$$\left.\begin{aligned} \frac{\partial N_i}{\partial \xi}&=\frac{\partial N_i}{\partial x}\frac{\partial x}{\partial \xi}+\frac{\partial N_i}{\partial y}\frac{\partial y}{\partial \xi} \\ \frac{\partial N_i}{\partial \eta}&=\frac{\partial N_i}{\partial x}\frac{\partial x}{\partial \eta}+\frac{\partial N_i}{\partial y}\frac{\partial y}{\partial \eta} \end{aligned}\right\} \tag{5-7}$$

写成矩阵形式，则有：

$$\begin{bmatrix} \frac{\partial N_i}{\partial \xi} \\ \frac{\partial N_i}{\partial \eta} \end{bmatrix} = \begin{bmatrix} \frac{\partial x}{\partial \xi} & \frac{\partial y}{\partial \xi} \\ \frac{\partial x}{\partial \eta} & \frac{\partial y}{\partial \eta} \end{bmatrix} \begin{bmatrix} \frac{\partial N_i}{\partial x} \\ \frac{\partial N_i}{\partial y} \end{bmatrix} \tag{5-8}$$

定义：

$$J(\xi,\ \eta) = \begin{bmatrix} \frac{\partial x}{\partial \xi} & \frac{\partial y}{\partial \xi} \\ \frac{\partial x}{\partial \eta} & \frac{\partial y}{\partial \eta} \end{bmatrix} \tag{5-9}$$

称 $J(\xi,\ \eta)$ 为雅可比矩阵，则式（5-8）可以写为：

$$\begin{bmatrix} \frac{\partial N_i}{\partial \xi} \\ \frac{\partial N_i}{\partial \eta} \end{bmatrix} = [J] \begin{bmatrix} \frac{\partial N_i}{\partial x} \\ \frac{\partial N_i}{\partial y} \end{bmatrix} \tag{5-10}$$

由式（5-10）求逆，可得：

$$\begin{bmatrix} \frac{\partial N_i}{\partial x} \\ \frac{\partial N_i}{\partial y} \end{bmatrix} = [J]^{-1} \begin{bmatrix} \frac{\partial N_i}{\partial \xi} \\ \frac{\partial N_i}{\partial \eta} \end{bmatrix} \tag{5-11}$$

$[J]^{-1}$是坐标变换矩阵的逆阵。由于矩阵［J］是 2×2 阶的，它的逆阵是：

$$[J]^{-1} = \frac{1}{|J|} \begin{bmatrix} \frac{\partial y}{\partial \eta} & -\frac{\partial y}{\partial \xi} \\ -\frac{\partial x}{\partial \eta} & \frac{\partial x}{\partial \xi} \end{bmatrix} \tag{5-12}$$

式中
$$|J| = \frac{\partial x}{\partial \xi}\frac{\partial y}{\partial \eta} - \frac{\partial y}{\partial \xi}\frac{\partial x}{\partial \eta}$$

称作变换行列式或雅可比行列式。

将式（5-12）代入到式（5-11），于是得到：

$$\begin{aligned} \frac{\partial N_i}{\partial x} &= \frac{1}{|J|}\left(\frac{\partial y}{\partial \eta}\frac{\partial N_i}{\partial \xi} - \frac{\partial y}{\partial \xi}\frac{\partial N_i}{\partial \eta}\right) \\ \frac{\partial N_i}{\partial y} &= \frac{1}{|J|}\left(-\frac{\partial x}{\partial \eta}\frac{\partial N_i}{\partial \xi} + \frac{\partial x}{\partial \xi}\frac{\partial N_i}{\partial \eta}\right) \end{aligned} \tag{5-13}$$

因为 $N_i(\xi,\ \eta)$ 中不显含 x，y，所以 $N_i(\xi,\ \eta)$ 对 x，y 的偏导数可根据复合函数求导法则来计算。由式（5-6）可以看出整体坐标 x，y 与局部坐标 ξ，η 之间存在着一一对应关系，即 $x=x(\xi,\ \eta)$，$y=y(\xi,\ \eta)$。若要用 x，y 来表示 ξ，η 它们之间的关系可以写成 $\xi=\xi(x,\ y)$ 和 $\eta=\eta(x,\ y)$。从式（5-11）可见，必须计算出形函数对局部坐标的偏导数，才能算出形函数对整体坐标的偏导数。于是由式（5-6），可得：

$$\begin{cases} \dfrac{\partial x}{\partial \xi} = \sum\limits_{i=1}^{4} \dfrac{\partial N_i}{\partial \xi} x_i & \dfrac{\partial y}{\partial \xi} = \sum\limits_{i=1}^{4} \dfrac{\partial N_i}{\partial \xi} y_i \\ \dfrac{\partial x}{\partial \eta} = \sum\limits_{i=1}^{4} \dfrac{\partial N_i}{\partial \eta} x_i & \dfrac{\partial y}{\partial \eta} = \sum\limits_{i=1}^{4} \dfrac{\partial N_i}{\partial \eta} y_i \end{cases} \tag{5-14}$$

由式（5-5），可得：

$$\left.\begin{aligned} \frac{\partial N_i}{\partial \xi} &= \frac{1}{4}\xi_i(1 + \eta_i \eta) \\ \frac{\partial N_i}{\partial \eta} &= \frac{1}{4}\eta_i(1 + \xi_i \xi) \end{aligned}\right\} \quad (i = 1,\ 2,\ 3,\ 4) \tag{5-15}$$

仍用 δ^e 表示单元结点位移列阵，由几何方程得到：

$$\boldsymbol{\varepsilon} = \begin{bmatrix} \varepsilon_x \\ \varepsilon_y \\ \gamma_{xy} \end{bmatrix} = \begin{bmatrix} \dfrac{\partial}{\partial x} & 0 \\ 0 & \dfrac{\partial}{\partial y} \\ \dfrac{\partial}{\partial y} & \dfrac{\partial}{\partial x} \end{bmatrix} \begin{bmatrix} u \\ v \end{bmatrix} = B\delta^e = [B_1 \quad B_2 \quad B_3 \quad B_4]\delta^e$$

$$= \begin{bmatrix} \dfrac{\partial N_1}{\partial x} & 0 & \dfrac{\partial N_2}{\partial x} & 0 & \dfrac{\partial N_3}{\partial x} & 0 & \dfrac{\partial N_4}{\partial x} & 0 \\ 0 & \dfrac{\partial N_1}{\partial y} & 0 & \dfrac{\partial N_2}{\partial y} & 0 & \dfrac{\partial N_3}{\partial y} & 0 & \dfrac{\partial N_4}{\partial y} \\ \dfrac{\partial N_1}{\partial y} & \dfrac{\partial N_1}{\partial x} & \dfrac{\partial N_2}{\partial y} & \dfrac{\partial N_2}{\partial x} & \dfrac{\partial N_3}{\partial y} & \dfrac{\partial N_3}{\partial x} & \dfrac{\partial N_4}{\partial y} & \dfrac{\partial N_4}{\partial x} \end{bmatrix} \begin{bmatrix} u_1 \\ v_1 \\ u_2 \\ v_2 \\ u_3 \\ v_3 \\ u_4 \\ v_4 \end{bmatrix} \tag{5-16}$$

式中

$$\boldsymbol{B}_i = \begin{bmatrix} \dfrac{\partial N_i}{\partial x} & 0 \\ 0 & \dfrac{\partial N_i}{\partial y} \\ \dfrac{\partial N_i}{\partial y} & \dfrac{\partial N_i}{\partial x} \end{bmatrix} \quad (i = 1,\ 2,\ 3,\ 4) \tag{5-17}$$

$\boldsymbol{B}$ 为单元应变刚度矩阵。将式（5-14）、式（5-15）代入式（5-13），即可求出形函数 $N_i(\xi,\ \eta)$ 对 x，y 的偏导数 $\partial N_i/\partial x$、$\partial N_i/\partial y$ 值（为 ξ、η 的函数），于是应变 $\boldsymbol{\varepsilon}$ 转化为 ξ、η 的函数。

5.2.3 应力矩阵

单元内各点的应力用应力矩阵 $\boldsymbol{\sigma} = [\sigma_x \quad \sigma_y \quad \sigma_{xy}]^T$ 表示，则有：

$$\sigma = D\tau = D[B_1 \quad B_2 \quad B_3 \quad B_4]\delta^e = [S_1 \quad S_2 \quad S_3 \quad S_4] = \delta^e = S\delta^e \tag{5-18}$$

式中

$$S_i = \boldsymbol{D}B_i = \boldsymbol{D}\begin{bmatrix} \dfrac{\partial N_i}{\partial x} & 0 \\ 0 & \dfrac{\partial N_i}{\partial y} \\ \dfrac{\partial N_i}{\partial y} & \dfrac{\partial N_i}{\partial x} \end{bmatrix}$$

$\boldsymbol{D}$ 为弹性矩阵，若为平面应力问题，则有：

$$\boldsymbol{D} = \frac{E}{1-\mu^2}\begin{bmatrix} 1 & \mu & 0 \\ \mu & 1 & 0 \\ 0 & 0 & \dfrac{1-\mu}{2} \end{bmatrix}$$

$$S_i = \boldsymbol{DB}_i = \frac{E}{1-\mu^2}\begin{bmatrix} \dfrac{\partial N_i}{\partial x} & \mu\dfrac{\partial N_i}{\partial y} \\ \mu\dfrac{\partial N_i}{\partial x} & \dfrac{\partial N_i}{\partial y} \\ \dfrac{1-\mu}{2}\dfrac{\partial N_i}{\partial y} & \dfrac{1-\mu}{2}\dfrac{\partial N_i}{\partial x} \end{bmatrix}$$

在此需要指出，对于等参数单元内的任一点，按式（5-6）可由它的局部坐标求出其整体坐标，但要用式（5-6）由整体坐标求出它的局部坐标，则须解非线性方程组，这是比较麻烦的。在计算单元中的应力时，只能给出某点的一组局部坐标，利用式（5-18）计算，用式（5-6）计算出该点的相应整体坐标，从而可知道计算得到的应力是属于单元中哪一点的。但一些特殊点的局部坐标和整体坐标的对应关系易于求得，如角结点、边中点及单元形心处，因此常用这些点上的应力来表征单元的应力。还应注意，在整理计算结果时，结点处的应力常采用绕结点平均法，若单元的形态比较差，则算出的结点处应力表征性就比较差，即使通过平均后，表征性可能仍不够好，对此，宜整理单元中若干内点处的应力。

5.2.4 单元刚度矩阵

根据虚功原理，经过推导可得到单元刚度矩阵 $[\boldsymbol{k}]^e$，仍可写为：

$$\boldsymbol{k}^e = \iint_e \boldsymbol{B}^T\boldsymbol{DB}t\mathrm{d}\Delta = \iint_\Delta \boldsymbol{B}^T\boldsymbol{DB}t\mathrm{d}x\mathrm{d}y \tag{5-19}$$

式中，t 为单元厚度；$\mathrm{d}\Delta$ 为单元面积，在局部坐标下单元面积 $\mathrm{d}\Delta = |J|\,\mathrm{d}\xi\mathrm{d}\eta$,并注意在局部坐标系下正方形单元的积分上下限。由式（5-19），则有：

$$\boldsymbol{k}^e = \int_{-1}^{1}\int_{-1}^{1}[\boldsymbol{B}]^T[\boldsymbol{D}][\boldsymbol{B}]t\,|J|\,\mathrm{d}\xi\mathrm{d}\eta \tag{5-20}$$

单元刚度矩阵为 ξ、η 的函数，积分比较复杂，很难用解析解计算，一般采用数值积分来计算。将式（5-20）写成分块矩阵的形式，则有：

$$\boldsymbol{k}^{e}=\begin{bmatrix}k_{11} & k_{12} & k_{13} & k_{14}\\ k_{21} & k_{22} & k_{23} & k_{24}\\ k_{31} & k_{32} & k_{33} & k_{34}\\ k_{41} & k_{42} & k_{43} & k_{44}\end{bmatrix}$$

式中的矩阵$\boldsymbol{k}_{ij}$为：

$$k_{ij}=\int_{-1}^{1}\int_{-1}^{1}\boldsymbol{B}_i^T\boldsymbol{D}\boldsymbol{B}_j t\det J\mathrm{d}\xi\mathrm{d}\eta=\begin{bmatrix}H_{11} & H_{12}\\ H_{13} & H_{14}\end{bmatrix}\det Jt\mathrm{d}\xi\mathrm{d}\eta \quad (i,\ j=1,\ 2,\ 3,\ 4) \tag{5-21}$$

对于平面应力问题，则有：

$$\begin{cases}H_{11}=\dfrac{E}{1-\mu^2}\left(\dfrac{\partial N_i}{\partial x}\dfrac{\partial N_j}{\partial x}+\dfrac{1-\mu}{2}\dfrac{\partial N_i}{\partial y}\dfrac{\partial N_j}{\partial y}\right)\\ H_{12}=\dfrac{E}{1-\mu^2}\left(\mu\dfrac{\partial N_i}{\partial x}\dfrac{\partial N_j}{\partial y}+\dfrac{1-\mu}{2}\dfrac{\partial N_i}{\partial y}\dfrac{\partial N_j}{\partial x}\right)\\ H_{21}=\dfrac{E}{1-\mu^2}\left(\mu\dfrac{\partial N_i}{\partial y}\dfrac{\partial N_j}{\partial x}+\dfrac{1-\mu}{2}\dfrac{\partial N_i}{\partial x}\dfrac{\partial N_j}{\partial y}\right)\\ H_{22}=\dfrac{E}{1-\mu^2}\left(\dfrac{\partial N_i}{\partial y}\dfrac{\partial N_j}{\partial y}+\dfrac{1-\mu}{2}\dfrac{\partial N_i}{\partial x}\dfrac{\partial N_j}{\partial x}\right)\end{cases} \quad (i,\ j=1,\ 2,\ 3,\ 4) \tag{5-22}$$

5.2.5 单元荷载列阵

若单元上作用有直接结点荷载和非结点荷载（包括集中力体积力和表面力），那么应将非结点荷载按照静力等效的原则，等效为结点荷载。计算如下：

单元的结点荷载列阵-直接荷载列阵+等效结点荷载列阵。

（1）单元上任一点受有集中荷载$F=[F_x \quad F_y]^T$时，则等效结点荷载列阵为：

$$F_E^e=N^tF \tag{5-23}$$

式中

$$F_E^e=[X_1 \quad Y_1 \quad X_2 \quad Y_2 \quad X_3 \quad Y_3 \quad X_4 \quad Y_4]^T$$

$$N=[IN_1 \quad IN_2 \quad IN_3 \quad IN_4]$$

I为二阶单位矩阵。

（2）单元上受有分布体力$P=[X \quad Y]^T$时，则等效结点荷载列阵为：

$$F_E^e=\int_v N^TPt\mathrm{d}\Delta=\int_{-1}^{1}\int_{-1}^{1}N^TPt\,|J|\,\mathrm{d}\xi\mathrm{d}\eta \tag{5-24}$$

（3）单元在其某一边界面上受有分部面力$\overline{P}$（见图5-5），则等效结点荷载列阵为：

$$F_E^e=\int_{ce}N^T\overline{P}t\mathrm{d}s=\int_{ce}N^T\begin{bmatrix}\overline{X}\\ \overline{Y}\end{bmatrix}t\mathrm{d}s \tag{5-25}$$

式中

$$\overline{P}=\begin{bmatrix}\overline{X}\\ \overline{Y}\end{bmatrix}=\begin{bmatrix}\overline{\tau}\dfrac{\mathrm{d}x}{\mathrm{d}s}+\overline{\sigma}\dfrac{\mathrm{d}y}{\mathrm{d}s}\\ \overline{\tau}\dfrac{\mathrm{d}y}{\mathrm{d}s}-\overline{\sigma}\dfrac{\mathrm{d}x}{\mathrm{d}s}\end{bmatrix}$$

$\overline{\sigma}$及$\overline{\tau}$为已知的表面应力，式（5-25）可写为：

$$F_E^e = \int_{ce} N^T \begin{bmatrix} \overline{\tau}\dfrac{dx}{ds} + \overline{\sigma}\dfrac{dy}{ds} \\ \overline{\tau}\dfrac{dy}{ds} - \overline{\sigma}\dfrac{dx}{ds} \end{bmatrix} tds = \int_{ce} N^T \begin{bmatrix} \overline{\tau}dx + \overline{\sigma}dy \\ \overline{\tau}dy - \overline{\sigma}dx \end{bmatrix} t \tag{5-26}$$

具体计算时，须根据 ce 的位置，将 ds，dx，dy 转换成 dξ，dη 的形式。

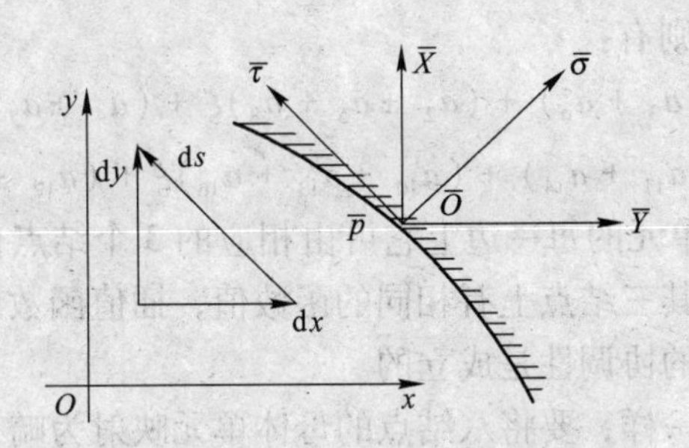

图 5-5 单元边界面力等效结点荷载

5.3 八结点等参单元

上节所述的四边形四结点等参数单元，对于具有曲线边界的区域，其计算精度不够理想。为进一步改进精度，可在此基础上增加结点数，提高插值多项式的次数。下面介绍最常采用的平面八结点等参数单元，在作映射变换前此种单元的边界是二次抛物线，可以适应具有曲线边界的区域，因而其计算精度高。

5.3.1 位移模式与形函数

对于如图 5-6 所示的母体单元，单元局部坐标为 ξ，η，在单元内取位移插值函数为如下的形式，即：

$$\left.\begin{aligned} u &= a_1 + a_2\xi + a_3\eta + a_4\xi^2 + a_5\xi\eta + a_6\eta^2 + a_7\xi^2\eta + a_8\xi\eta^2 \\ v &= a_9 + a_{10}\xi + a_{11}\eta + a_{12}\xi^2 + a_{13}\xi\eta + a_{14}\eta^2 + a_{15}\xi^2\eta + a_{16}\xi\eta^2 \end{aligned}\right\} \tag{5-27}$$

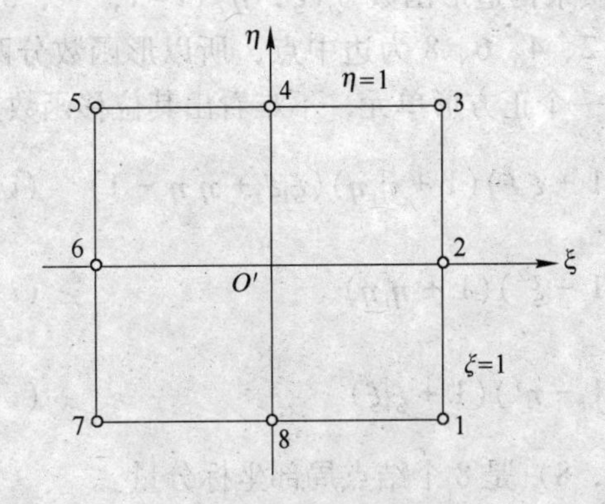

图 5-6 八结点等参单元

这里的待定常数 a_1 至 a_{16}将由结点函数值唯一决定，在式（5-27）中两个三次项取为 $\xi^2\eta$、$\xi\eta^2$，而没有取作 ξ^2、η^2，这样可以保证在单元边界上（$\xi=\pm1$，$\eta\pm1$）位移模式为二次。例如：

当 $\xi=\pm1$ 时，则有：

$$\left.\begin{aligned}u &= (a_1 \pm a_2 + a_4) + (a_3 \pm a_5 + a_7)\eta + (a_6 \pm a_8)\eta^2\\ v &= (a_9 \pm a_{10} + a_{12}) + (a_{11} \pm a_{13} + a_{15})\eta + (a_{14} \pm a_{16})\eta^2\end{aligned}\right\} \quad (5\text{-}28a)$$

同理，当 $\eta=\pm1$ 时，则有：

$$\left.\begin{aligned}u &= (a_1 \pm a_3 + a_6) + (a_2 \pm a_5 + a_8)\xi + (a_4 \pm a_7)\xi^2\\ v &= (a_9 \pm a_{11} + a_{14}) + (a_{10} \pm a_{13} + a_{16})\xi + (a_{12} \pm a_{15})\xi^2\end{aligned}\right\} \quad (5\text{-}28b)$$

对于式（5-28），在单元的每一边上它可由相应的 3 个结点位移值唯一确定。在相邻单元的公共边上，只要在其三结点上有相同的函数值，插值函数就能满足连续性要求。由此可以证明，相邻单元间的协调性是成立的。

与四结点等参数单元一样，要将八结点的母体单元映射为畸变单元，并将位移模式式（5-27）表示成结点位移的插值函数，都须用到形函数 $N_i(\xi,\ \eta)(1,\ \cdots,\ 8)$。设结点上的位移值为 u_i，v_i，整体坐标为 x_i，$y_i(i=1,\ 2,\ \cdots,\ 8)$ 则式（5-27）可写成：

$$\begin{cases}u = \sum\limits_{i=1}^{8} N_i(\xi,\ \eta)u_i\\ v = \sum\limits_{i=1}^{8} N(\xi,\ \eta)v_i\end{cases} \quad (5\text{-}29)$$

式（5-29）用形函数的形式表示为：

$$\begin{Bmatrix}u\\v\end{Bmatrix} = \begin{bmatrix}N_1 & 0 & N_2 & 0 & \cdots & N_8 & 0\\ 0 & N_1 & 0 & N_2 & \cdots & 0 & N_8\end{bmatrix}\begin{Bmatrix}u_1\\v_1\\u_2\\v_2\\ \vdots\\u_8\\v_8\end{Bmatrix} \quad (5\text{-}30)$$

下面根据形函数的性质来构造形函数 $N_i(\xi,\ \eta)(i=1,\ \cdots,\ 8)$，在形函数的 8 个结点中 1、3、5、7 为角结点，2、4、6、8 为边中点，所以形函数分两类来构造。由于在局部坐标（ξ，η）下的单元是一个正方形单元，不难看出其位移函数为：

$$\begin{cases}N_i(\xi,\ \eta) = \dfrac{1}{4}(1+\xi_i\xi)(1+\eta_i\eta)(\xi_i\xi+\eta_i\eta-1) & (i=1,\ 3,\ 5,\ 7)\\ N_i(\xi,\ \eta) = \dfrac{1}{2}(1-\xi^2)(1+\eta_i\eta) & (i=4,\ 8)\\ N_i(\xi,\ \eta) = \dfrac{1}{2}(1-\eta^2)(1+\xi_i\xi) & (i=2,\ 6)\end{cases} \quad (5\text{-}31)$$

式中，ξ_i，$\eta_i(i=1,\ 2,\ \cdots,\ 8)$ 是 8 个结点局部坐标分量。

将式（5-31）在各结点位置展开，则有：

$$
\begin{cases}
N_1 = \frac{1}{4}(1+\xi)(1-\eta)(\xi-\eta-1) \\
N_2 = \frac{1}{2}(1-\eta^2)(1+\xi) \\
N_3 = \frac{1}{4}(1+\xi)(1+\eta)(\xi+\eta-1) \\
N_4 = \frac{1}{2}(1-\xi^2)(1+\eta) \\
N_5 = \frac{1}{4}(1-\xi)(1+\eta)(-\xi+\eta-1) \\
N_6 = \frac{1}{2}(1-\eta^2)(1-\xi) \\
N_7 = \frac{1}{4}(1-\xi)(1-\eta)(-\xi-\eta-1) \\
N_8 = \frac{1}{2}(1-\xi^2)(1-\eta)
\end{cases}
\tag{5-32}
$$

将得到的形函数 $N_i(\xi, \eta)(i=1, 2, \cdots, 8)$ 相加，得：

$$
\sum_{i=1}^{8} N_i(\xi, \eta) = 1 \tag{5-33}
$$

所以式（5-31）所构成的 $N_i(\xi, \eta)(i=1, 2, \cdots, 8)$ 为八结点等参数单元的形函数。

有了形函数之后，将在整体坐标 x，y 下的畸变单元映射到局部坐标 ξ，η 下的母体单元，其映射关系（坐标变换公式）为：

$$
\left.
\begin{aligned}
x &= \sum_{i=1}^{8} N_i(\xi, \eta) x_i \\
y &= \sum_{i=1}^{8} N_i(\xi, \eta) y_i
\end{aligned}
\right\}
\tag{5-34}
$$

式中，(x_i, y_i) 为总体坐标下的结点坐标。对于式（5-34）所示的映射关系，可以建立母体单元上的点与畸变单元上的点的一一对应关系。对于母体单元上的一直线边对应到畸变单元上为一抛物线（特殊情况下可为直线），如图 5-7 所示。

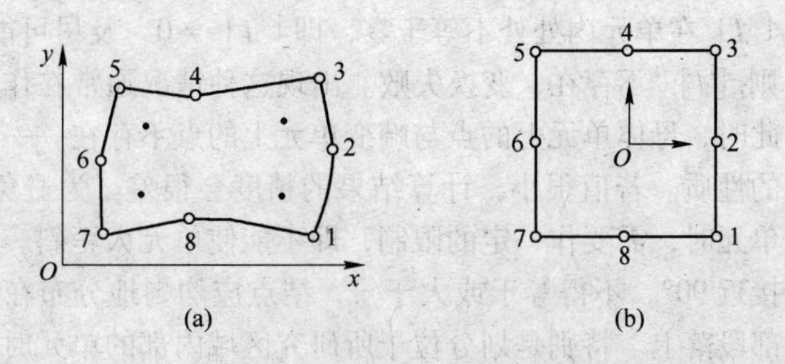

图 5-7 八结点等参单元整体坐标系与局部坐标系映射关系

（a）整体坐标系；（b）局部坐标系

例如，以图 5-6 中的直线边 345 为例，该边在局部坐标下的方程为 $\eta=1$，代入式（5-34）则有：

$$\begin{cases} x = N_3x_3 + N_4x_4 + N_5x_5 = \dfrac{1}{2}(x_3 - 2x_4 + x_5)\xi^2 + \dfrac{1}{2}(x_3 - x_5)\xi + x_4 = a\xi^2 + b\xi + c \\ y = N_3y_3 + N_4y_4 + N_5y_5 = \dfrac{1}{2}(y_3 - 2y_4 + y_5)\xi^2 + \dfrac{1}{2}(y_3 - y_5)\xi + y_4 = \mathrm{d}\xi^2 + \mathrm{e}\xi + f \end{cases} \tag{5-35}$$

式（5-35）是一条抛物线的参数方程，由（x_3，y_3）、（x_4，y_4）、（x_5，y_5）唯一确定（从中消去参数 ξ，η，可以得到 $g=f(x)$ 之间的函数关系）。由形函数的性质可知，该抛物线一定过 3、4、5 点，在 Oxy 坐标系下若 3、4、5 点共线，抛物线就退化为直线。于是局部坐标下的直线边 3、4、5 经坐标变换式（5-35）映射为在整体坐标下过 3、4、5 点的一条抛物线。其他三条边的情况也是如此，因此，局部坐标下的母体单元被映射为整体坐标下的曲边四边形单元，如图 5-8 所示。

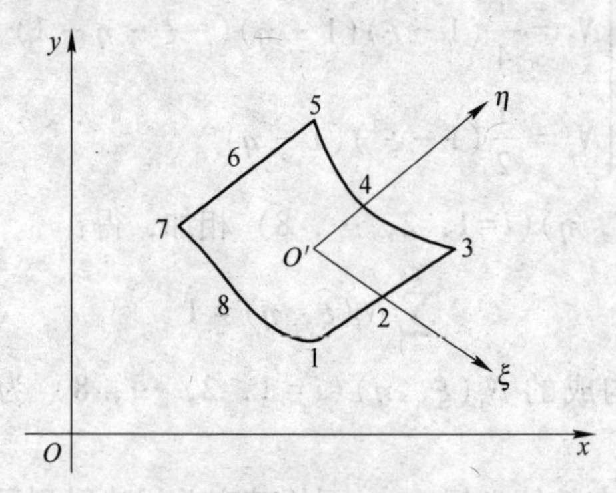

图 5-8　局部坐标下的母体单元被映射为整体坐标下的曲边四边形单元

在实际计算中用到的只是每个单元在整体坐标下的 8 个结点的位置，即其坐标（x_i，y_i）（i=1，…，8）只要给出结点的位置，各单元的边界即由式（5-35）代表的抛物线所决定。这就相当于在所研究区域的内部用此抛物线来划分有限元网络，在区域的边界上用此抛物线去拟合区域的实际边界。

与三角形线性单元、四结点四边形等参数单元相比较，八结点四边形曲线单元大大地提高了拟合曲线边界的能力，减少了在几何离散化过程中进行近似处理所带来的误差，计算精度显著提高。还应指出的是，为保证等参数的坐标变换能顺利进行，必须使变换的雅可比矩阵的行列式 $|J|$ 在单元内处处不等于零，即 $|J|\neq 0$，及尽可能使 $|J|$ 有更大的数值。若 $|J|=0$ 则 $[J]^{-1}$不存在，变换失败。出现这种情况通常在作变换时单元形状出现了严重的畸变。此时，母体单元上的点与畸变单元上的点不存在一一对应的关系，亦即映射失去一一对应的性质。若值很小，计算结果的精度会很差。为避免这些情况的出现，在整体坐标下划分单元时，需要作一定的限制，即不能使单元太歪斜。也就是说，单元的任一内角应尽可能接近 90°，不得等于或大于 π，结点应均匀地分布在边界上，不应过分地集中于边界的局部段落上。特别是划分位于所研究区域内部的单元时，应尽量取成正方形或接近于正方形，这样可以大大地提高计算结果的精度。关于这方面的详细讨论，请查看相关参考书。

八结点等参数单元的应变、应力、单元刚度矩阵及荷载列阵，可以仿照四结点等参数单元的格式写出，形式上完全相同。

5.3.2 应变转换矩阵

平面八结点等参单元中，单元应变转换矩阵为：

$$[\boldsymbol{B}]=[\boldsymbol{B}]=[\boldsymbol{B}_1 \quad \boldsymbol{B}_2 \quad \cdots \quad \boldsymbol{B}_8]_{3\times16} \tag{5-36}$$

式中

$$[\boldsymbol{B}_i]=\begin{bmatrix}\dfrac{\partial N_i}{\partial x} & 0\\ 0 & \dfrac{\partial N_i}{\partial y}\\ \dfrac{\partial N_i}{\partial y} & \dfrac{\partial N_i}{\partial x}\end{bmatrix}_{3\times2} \quad (i=1,\ 2,\ \cdots,\ 8) \tag{5-37}$$

因式（5-31）所示的形函数 N_i 是局部坐标 ξ，η 的函数，而 ξ，η 与 x，y 的关系就是坐标变换式（5-34）。因此，为求得式（5-34）中形函数 N_i 对整体坐标 x，y 的偏导数，还须作下列运算。

根据复合函数求导数的规则，有：

$$\begin{Bmatrix}\dfrac{\partial N_i}{\partial \xi}\\ \dfrac{\partial N_i}{\partial \eta}\end{Bmatrix}=\begin{bmatrix}\dfrac{\partial x}{\partial \xi} & \dfrac{\partial y}{\partial \xi}\\ \dfrac{\partial x}{\partial \eta} & \dfrac{\partial y}{\partial \eta}\end{bmatrix}\begin{Bmatrix}\dfrac{\partial N_i}{\partial x}\\ \dfrac{\partial N_i}{\partial y}\end{Bmatrix}=[\boldsymbol{J}]\begin{Bmatrix}\dfrac{\partial N_i}{\partial x}\\ \dfrac{\partial N_i}{\partial y}\end{Bmatrix} \tag{5-38}$$

从而有：

$$\begin{Bmatrix}\dfrac{\partial N_i}{\partial x}\\ \dfrac{\partial N_i}{\partial y}\end{Bmatrix}=[\boldsymbol{J}]^{-1}\begin{Bmatrix}\dfrac{\partial N_i}{\partial \xi}\\ \dfrac{\partial N_i}{\partial \eta}\end{Bmatrix} \tag{5-39}$$

式中

$$[\boldsymbol{J}]=\begin{bmatrix}\dfrac{\partial x}{\partial \xi} & \dfrac{\partial y}{\partial \xi}\\ \dfrac{\partial x}{\partial \eta} & \dfrac{\partial y}{\partial \eta}\end{bmatrix} \tag{5-40}$$

称为雅可比矩阵，计算这个矩阵，只需将式（5-34）代入式（5-40），得：

$$[\boldsymbol{J}]=\begin{bmatrix}\displaystyle\sum_{i=1}^{8}\frac{\partial N_i}{\partial \xi}x_i & \displaystyle\sum_{i=1}^{8}\frac{\partial N_i}{\partial \xi}y_i\\ \displaystyle\sum_{i=1}^{8}\frac{\partial N_i}{\partial \eta}x_i & \displaystyle\sum_{i=1}^{8}\frac{\partial N_i}{\partial \eta}y_i\end{bmatrix}=\begin{bmatrix}\dfrac{\partial N_1}{\partial \xi} & \dfrac{\partial N_2}{\partial \xi} & \cdots & \dfrac{\partial N_8}{\partial \xi}\\ \dfrac{\partial N_1}{\partial \eta} & \dfrac{\partial N_2}{\partial \eta} & \cdots & \dfrac{\partial N_8}{\partial \eta}\end{bmatrix}_{2\times8}\begin{bmatrix}x_1 & y_1\\ x_2 & y_2\\ \vdots & \vdots\\ x_8 & y_8\end{bmatrix}_{8\times2} \tag{5-41}$$

由式（5-39）与式（5-41）可见，必须计算出形函数对局部坐标的偏导数，才能计算形函数对整体坐标的偏导数。为此，由式（5-31）求得：

$$\begin{cases}\dfrac{\partial N_i}{\partial \xi}=\dfrac{1}{4}\xi_i(1+\eta_i\eta)(2\xi_i\xi+\eta_i\eta)\\ \dfrac{\partial N_i}{\partial \eta}=\dfrac{1}{4}\eta_i(1+\xi_i\xi)(\xi_i\xi+2\eta_i\eta)\end{cases}\quad (i=1,\ 3,\ 5,\ 7) \tag{5-42a}$$

$$\begin{cases}\dfrac{\partial N_i}{\partial \xi}=-\xi(1+\eta_i\eta)\\ \dfrac{\partial N_i}{\partial \eta}=\dfrac{1}{2}\eta_i(1-\xi^2)\end{cases}\quad (i=4,\ 8) \tag{5-42b}$$

$$\begin{cases}\dfrac{\partial N_i}{\partial \xi}=\dfrac{1}{2}\xi_i(1-\eta^2)\\ \dfrac{\partial N_i}{\partial \eta}=-\eta(1+\xi_i\xi)\end{cases}\quad (i=2,\ 6) \tag{5-42c}$$

由式（5-39）~式（5-42）各式可见，必须计算出形函数对局部坐标的偏导数值，首先将该点的局部坐标值代入式（5-42）中的ξ、η后，算得该点的形函数对局部坐标的偏导数值；再由式（5-41）算得该点的雅可比矩阵；接着根据矩阵求逆公式：

$$[\boldsymbol{J}]^{-1}=\frac{1}{|J|}[\boldsymbol{J}]^{*} \tag{5-43}$$

得到该点的雅可比矩阵的逆矩阵。式中，$|J|$是雅可比矩阵的行列式；$[\boldsymbol{J}]^{*}$称雅可比矩阵的伴随矩阵，它的4个元素是雅可比矩阵4个元素的代数余子式，但行列要转置。最后，便由式（5-39）获得所考虑点的形函数对整体坐标的偏导数值。

5.3.3 单元刚度矩阵

二维平面应变问题中，单元刚度矩阵的计算式表示为：

$$[\boldsymbol{k}]^{e}=\iint_{\Omega}[B_1\quad B_2\quad \cdots\quad B_8]^{T}_{16\times3}[D]_{3\times3}[\boldsymbol{B}_1\quad \boldsymbol{B}_2\quad \cdots\quad \boldsymbol{B}_8]_{3\times16}t\mathrm{d}x\mathrm{d}y$$

$$=\begin{bmatrix}k_{11} & k_{12} & \cdots & k_{18}\\ k_{21} & k_{22} & \cdots & k_{28}\\ \vdots & \vdots & & \vdots\\ k_{81} & k_{82} & \cdots & k_{88}\end{bmatrix}_{16\times16} \tag{5-44}$$

式中，t为单元厚度，而：

$$[\boldsymbol{k}_{ij}]_{2\times2}=\iint_{\Omega}[\boldsymbol{B}_i]^{T}_{2\times3}[\boldsymbol{D}]_{3\times3}[\boldsymbol{B}_j]_{3\times2}t\mathrm{d}x\mathrm{d}y$$

$$=\int_{-1}^{1}\int_{-1}^{1}[\boldsymbol{B}_i]^{T}[\boldsymbol{D}][\boldsymbol{B}_j]\,|J|\,t\mathrm{d}\xi\mathrm{d}\eta \tag{5-45}$$

采用9个点的高斯积分公式（即相当于一维高斯积分公式中的$n=3$）计算上述积分，可得：

$$[\boldsymbol{k}]_{ij}=\sum_{s=1}^{3}\sum_{r=1}^{3}([\boldsymbol{B}_i]^{T}[\boldsymbol{D}][\boldsymbol{B}_j]\,|J|)_{\xi_r\eta_s}H_rH_st \tag{5-46}$$

式中，ξ_r，η_s是积分点的局部坐标值；H_r，H_s是相应的加权系数，它们的数值如下：

$$
\begin{cases}
\xi_1 = \eta_1 = -0.774596669241483 \\
\xi_2 = \eta_2 = 0.0 \\
\xi_3 = \eta_3 = 0.774596669241483 \\
H_1 = 0.5555555555555556 \\
H_2 = 0.8888888888888889 \\
H_3 = 0.5555555555555556
\end{cases}
\tag{5-47}
$$

在平面应变问题中，弹性矩阵 $[\boldsymbol{D}]$ 的表达式为：

$$
[\boldsymbol{D}] = \frac{E(1-\mu)}{(1+\mu)(1-2\mu)} \begin{bmatrix} 1 & \dfrac{\mu}{1-\mu} & 0 \\ \dfrac{\mu}{1-\mu} & 1 & 0 \\ 0 & 0 & \dfrac{1-2\mu}{2(1-\mu)} \end{bmatrix} = \begin{bmatrix} D_1 & D_2 & 0 \\ D_2 & D_1 & 0 \\ 0 & 0 & D_3 \end{bmatrix} \tag{5-48}
$$

式中

$$
D_1 = \frac{E(1-\mu)}{(1+\mu)(1-2\mu)} D_2 = \frac{E\mu}{(1+\mu)(1-2\mu)} D_3 = \frac{E}{2(1+\mu)}
$$

将式（5-48）与式（5-37）代入式（5-46）后得：

$$
[\boldsymbol{k}]_{ij} = \sum_{s=1}^{3} \sum_{r=1}^{3} \left(\begin{bmatrix} D_1 \dfrac{\partial N_i}{\partial x} \dfrac{\partial N_j}{\partial x} + D_3 \dfrac{\partial N_i}{\partial y} \dfrac{\partial N_j}{\partial y} & D_2 \dfrac{\partial N_i}{\partial x} \dfrac{\partial N_j}{\partial y} + D_3 \dfrac{\partial N_i}{\partial y} \dfrac{\partial N_j}{\partial x} \\ D_2 \dfrac{\partial N_i}{\partial y} \dfrac{\partial N_j}{\partial x} + D_3 \dfrac{\partial N_i}{\partial x} \dfrac{\partial N_j}{\partial y} & D_1 \dfrac{\partial N_i}{\partial y} \dfrac{\partial N_j}{\partial y} + D_3 \dfrac{\partial N_i}{\partial x} \dfrac{\partial N_j}{\partial x} \end{bmatrix} |J| \right)_{\xi_r \eta_s} H_r H_s t \tag{5-49}
$$

5.4 工程实例分析及程序

本节通过一个基坑开挖的实例为工程背景，介绍平面四边形等参数单元的应用情况，同时包括平面杆系单元，进一步加深对平面四边形等参数单元的理解和掌握，并给出了相应的计算程序 FAFE 源代码。该程序为平面应力、平面应变和轴对称问题的岩土及地下结构静力分析程序，用于计算岩土及地下工程施工前后地层的应力场、位移场和塑性区分布以及支护结构内力，适用于地下坑外推进过程中的施工模拟。

5.4.1 工程概况

某建筑物层数为（地上）35 层地下室深度 6.8m，总高度设计为 100m，建（构）筑物等级为一级。本工程基坑开挖深度约为 7.1m，总的支护形式为复合型土钉墙，采用单排 $\phi550$ 深层搅拌桩作截水帷幕并作超前支护，设置 4 排土钉，第一排倾角为 15°，其余均为 10°，垂直间距 1.4m，水平间距 1.2m，长度 10~14m，土钉钉体采用 $\phi25$ 钢筋，上两排土钉采用二次注浆。在车道一侧采用 1 ∶ 1 放坡，挂钢筋网，面层喷射 C20 混凝土 80mm 厚。

5.4.2 计算参数的选取

计算当中结构参数直接给定，其中搅拌桩的材料参数为弹性模量 $E_M = 100\text{MPa}$，泊松比 $\mu_M = 0.3$，单位厚度面积 $A_M = 0.7\text{m}^2$，搅拌桩长 8.1m；土钉的弹性模量为 $E_1 = 2.1 \times 10^5\text{MPa}$，泊松比 $\mu_1 = 0.3$，单根土钉的面积 $A_1 = 0.000491\text{m}^2$，接触面单元的切向刚度为 100kN/m^3，法向刚度为 40000kN/m^3。

土体的本构模型采用弹塑性模型，土层的参数取用深圳地区典型土层物理力学指标的平均值。由于复合型土钉墙的施工期比较短，因此土体按固结不排水条件考虑。由于土体的剪胀性，泊松比 μ 可能大于或等于 0.5，但是取大于 0.5 的值将导致有限元矩阵的奇异，因此一般取值不超过 0.49（0.3 或 0.4）。还需要说明的是，对于表层土，除了新近的填土外，一般可以作为超固结土处理，否则在有限元计算当中会出现比较大的变形，从而与实际情况不符。

5.4.3 计算网格的划分

按平面应变问题考虑该计算单元断面，根据以上方案进行有限元分析计算。在平面应变问题下将复合型土钉墙挡土结构中的搅拌桩墙和土体离散为等参八结点单元，土钉作为一维杆单元，并且考虑采用分步增量法模拟施工开挖，开挖步数为四步，第一步挖深为 2.2m，第二、三步挖深均为 1.4m，第四步挖深为 2.1m。

根据以往工程经验和有限元计算结果，基坑开挖的影响深度大约为挖深的 2~4 倍，影响宽度为挖深的 3~4 倍。再结合具体的基坑形状，确定了有限元计算的区域：上边界为地表和开挖自由面。左右边界各距基坑中心线 40.85m，底部边界在地表以下 28.4m 处。有限元分析中划分了 404 个单元，1283 个结点，其中等参八结点单元 400 个，杆单元 4 个。在设定初始的边界约束条件时，假设计算区域的两侧设有水平链杆，底部设有竖向链杆，顶部为自由面。这样一来，上部边界为自由变形边界，左右两侧边界为水平位移为零的边界，底部边界为竖向位移为零的边界，初始地应力场为自重应力场。由此的有限元计算网格划分如图 5-9 所示。

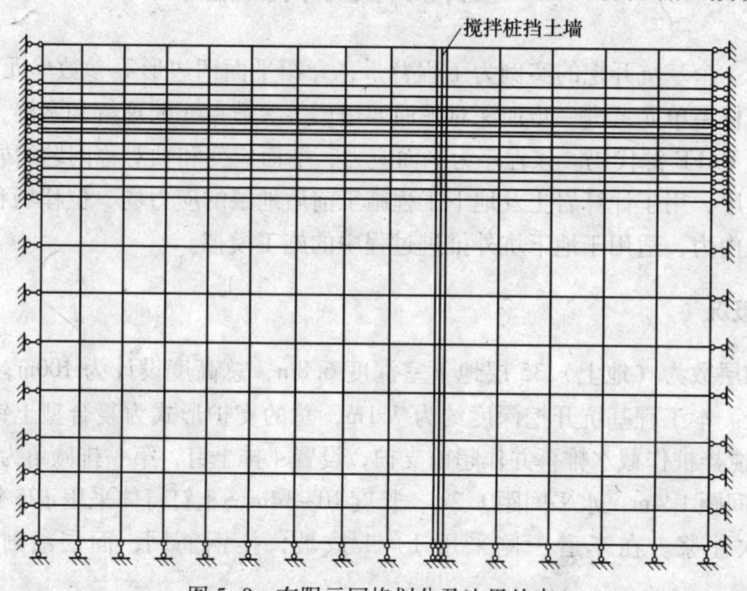

图 5-9 有限元网格划分及边界约束

5.4.4 有限单元计算结果的分析

5.4.4.1 复合型土钉墙的变位分析

图 5-10 所示为基坑第二步和第四步开挖完成后位移矢量。

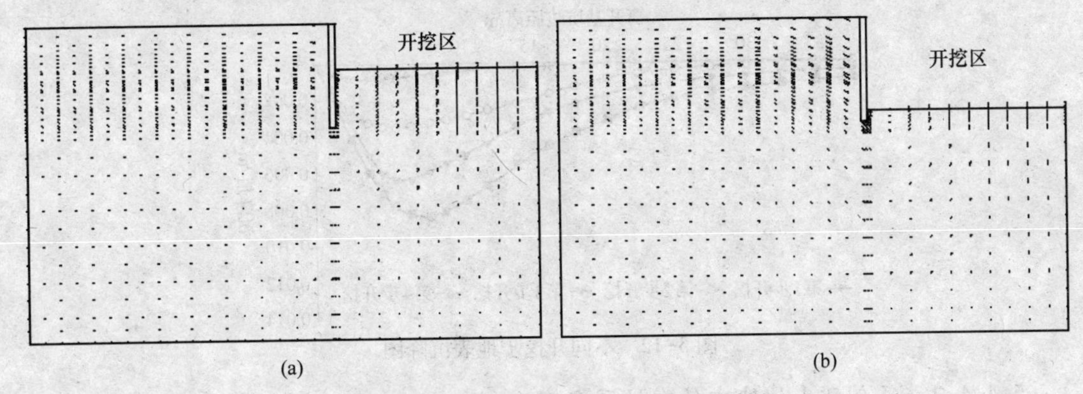

图 5-10 第二步和第四步开挖位移矢量图
(a) 第二步开挖；(b) 第四步开挖

各步开挖引起的位移矢量变化发展图所显示的该工程复合型土钉墙受力变形形态为：搅拌桩墙体（含面层）向基坑内侧前倾，略呈“凸肚状”，而地面的变形形态则为凹下，呈“槽状”，与实际观察到的变形形态情况一致。而对于非复合型土钉墙（如搅拌桩重力式挡土墙等），墙体绕趾部内侧倾斜，变形呈上大下小的倒三角形，地面的沉降量在基坑边缘为最大，随着远离基坑沉降量逐渐减小。

图 5-11 给出的是分步开挖时复合型土钉墙搅拌桩墙体（含面层）的侧向变形曲线，从图中可看出，在最初的开挖步，呈前倾的斜线，亦即墙体的侧向变形沿挖深呈线性变化，上部位移大，下部位移小，其变化特征与非复合型土钉墙的变形特征很相似；随着开挖深度的增加，中下部位的水平位移发展较快，斜线开始弯曲，墙体鼓胀，向基坑内侧凸出，最大侧向变形的位移往坑底方向下移，表现为上部位移变化趋势急减，中下部位移增大明显，到一定的开挖步后，最大侧向变形的位置在基坑底部附近。

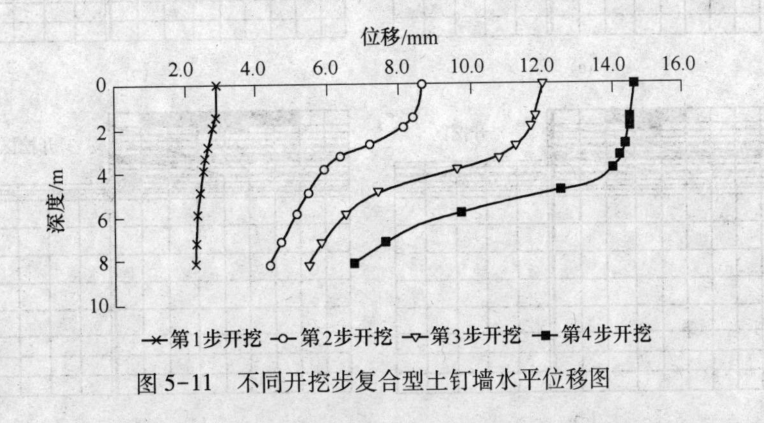

图 5-11 不同开挖步复合型土钉墙水平位移图

图 5-12 给出的是分步开挖时复合型土钉墙的沉降曲线。图中的内容说明随着开挖深度的增加，地面沉降值和分布的范围也随之增大；最大沉降值不是在基坑边，而是距基坑

边有一定的距离，本工程实例最大沉降值在基坑外侧约 1.1H 处，即形成所谓的“沉降槽”，曲线的特征为一凹形曲线。与之对应的复合型土钉搅拌桩墙体侧向变形曲线相比较，沉降值增加幅度较大的开挖步与水平位移增加幅度较快的开挖步数一致，也就是说，地面沉降值的变化随水平位移变形加快而加大。

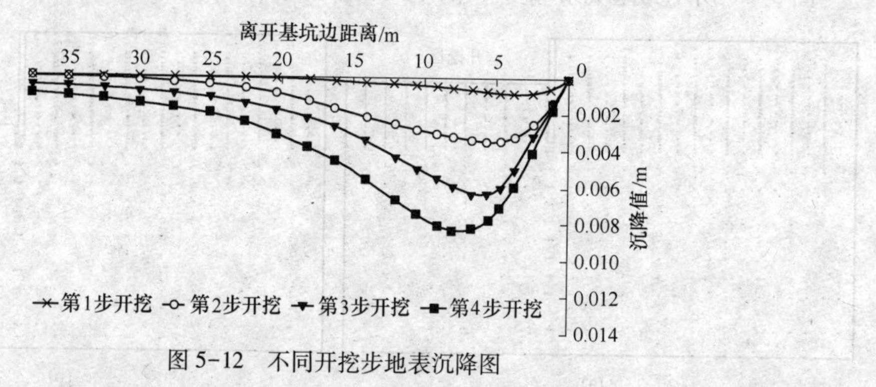

图 5-12 不同开挖步地表沉降图

5.4.4.2 复合型土钉墙中的塑性区分布

图 5-13 显示了不同开挖步阶段下的复合型土钉墙塑性区分布和发展的状况。在第一、二步开挖阶段，没有出现塑性区，在第三步开挖阶段，即挖深 5.0m 时，在复合型土钉墙墙顶地表开始出现了小范围内塑性区，随挖深的增加，在第四步开挖阶段，即挖深 7.1m 时，地表塑性区向两边延展和土体深部延伸，同时在坡脚也出现了塑性区。坡脚塑性区是剪胀屈服的反映，而地表则是拉张的反映。由坑底发展起来的塑性区将可能与上部的拉张区连通起来，以致使基坑将产生失稳破坏。

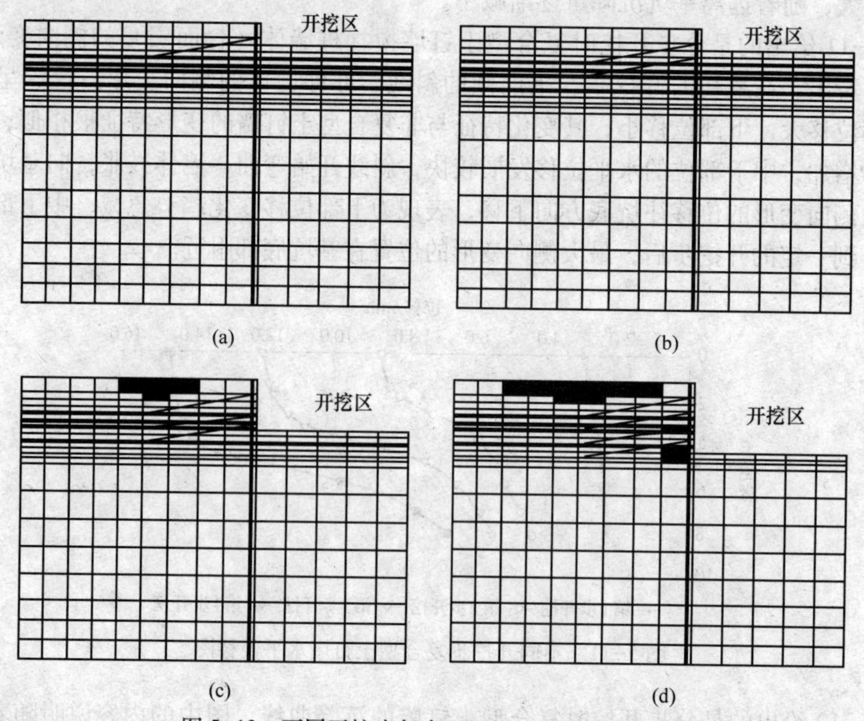

图 5-13 不同开挖步复合型土钉墙屈服区分布图

(a) 第一步开挖；(b) 第二步开挖；(c) 第三步开挖；(d) 第四步开挖

现场观察在第二步开挖结束后第三步开挖前期间，地表便开始出现了微裂缝，微裂缝与坑边平行，宽度约3~5mm，分布在距搅拌桩墙外0.8~1.0倍挖深处。这与屈服区分布图中拉张塑性区的位置相近。后经现场施工对产生的微裂缝进行缝合和压密注浆处理，微裂缝没有发展，从而保证了基坑的稳定。

5.4.5 程序源代码

//主程序 FAFE 部分源代码

```
import java. awt. * ;
public class FAFE extends Canvas{
    int scale=10;  //图形比例尺
    double x0=50,y0=50;  //应用坐标原点
    int layerNum;  //土体层数
    double layerDepth[];  //各土层层底埋深(m)
    double soilDensidy[];  //各土层的容重/密度(kN/m³)
    double E[],u[],c[];  //各土层变形模量(kN/m²)和泊松比和各土层的土体黏聚力(kPa)
    double soilAngle[];  //各土层的土体内摩擦角(°)
    double moduli[];  //各土层的土体静止侧压力系数
    double pitWidth,pitDepth,waterPosition;  //开挖基坑的长和深及地下水位(m)
    double wallWidth,wallDepth;  //挡土墙的截面宽度和高度(m)
    double excavationPara[]=new double[5];
    double wallE,wallu;  //挡土墙弹性模量和泊松比(kN/m²)
    double wallDensidy;  //挡土墙重度(kN/m³)
    double nailLength,nailDis;  //土钉的长度和垂直间距(m)
    double nailAsia;  //单土钉的截面积(m²)
    double nailAngle,nailE,nailu;  //土钉倾角.弹性模量和泊松比
    int nailNumber[];  //各开挖步土钉数
    int nailPosition[][][];  //土钉上下端点所对应的水平线编号
    double nailStartDis,nailEndDis;  //第一排土钉距地表的距离和最底排土钉距坑底的距离
    int stepNumber;  //基坑开挖步数
    double stepDepth[];  //第i步开挖累计深度(m)
    int NG,NU;  //基坑整体总结点数和总单元数
    int i,j;  //row 和 col 分别代表刚阵的行与列
    double t;  //单元厚度(m)
    double x[],y[];  //第i个结点的x、y坐标值(i=1,2,...,NG)
    double Rxy[];  //各结点所受的载荷力(kN)
    double uxy[][];  //各结点位移(m)
    double stress[][][];  //单元应力 [step][unit][]
    int unitPoint[][];  //各单元所包含的8个结点标号(unitPoint[单元编号][单元结点])
    double unitE[],unitU[],unitDensidy[];  //单元模量和泊松比及单元重度(kN/m³)
    double unitC[],unitSoilAng[];  //土体单元黏聚力和内摩擦角
    int airUnit[][];  //开挖单元属性即单元编号值
    int stepUnitSum[];  //开挖步所对包含的单元总数
```

```
double soilData[][],pitData[],nailData[],wallData[]; //基坑开挖支护参数矩阵
int lineNum[]; //定义该变量是为了更好地数据输出
int a=0,b=0; //基坑网格水平和垂直方向的剖分结点总数(网格列行数)
int a1=0,a2=0,a3=0; //分别表示水平剖分总线数、土钉外域、土钉域和开挖域垂直剖分线数
double unitK[][][]; //单元刚阵 [unit][row][col]
double nailUnitK[][][]; //土钉单元刚阵 [unit][row][col]
double k[][]; //整体满阵存储刚度矩阵
double kz[][]; //二维等带宽整体刚阵
int hemiWidth; //整体刚阵的半带宽
double largeNumber=1.0E+40; //一个相当大的数(temporary variable)
double smallNumber=1.0E-40; //一个相当小的数(temporary variable)
int nn=0,mm=0;
double vx[];
double hy[]=new double[200]; //剖分线上垂直和水平线上的坐标
int sumX,sumY; //基坑开挖影响范围
double p[]=new double[4];
double w[]=new double[4]; //积分点局部坐标值(其中 p 为水平方向,w 为垂直方向)
double h[]=new double[4]; //积分点局部坐标值相应的加权系数(temporary variable)
double d[]=new double[4]; //平面应力弹性矩阵
double Np[]=new double[9];
double Nw[]=new double[9]; //形函数分别对 p 和 w 的偏导在 8 个结点上的值
double Nx[]=new double[9];
double Ny[]=new double[9]; //形函数分别对 x 和 y 求偏导
double N[]=new double[9]; //局部坐标下的单元形函数
public FAFE(double soilData[][],double pitData[],double nailData[],double wallData[]){
    this.soilData=soilData;
    this.pitData=pitData;
    this.nailData=nailData;
    this.wallData=wallData;
    layerNum=(int)soilData[0][0];
    layerDepth=new double[layerNum+1];stepDepth=new double[layerNum+1];
    soilDensidy=new double[layerNum+1];
    E=new double[layerNum+1];u=new double[layerNum+1];c=new double[layerNum+1];
    soilAngle=new double[layerNum+1];moduli=new double[layerNum+1];
    layerDepth[0]=0;stepDepth[0]=0;
    for(i=1;i<=layerNum;i++){
        layerDepth[i]=soilData[i][1]*scale;  soilDensidy[i]=soilData[i][2]/Math.pow(scale,3);
        E[i]=soilData[i][3]*1.0E+3/(scale*scale);  u[i]=soilData[i][4];
        c[i]=soilData[i][5]/(scale*scale);
        soilAngle[i]=soilData[i][6];  moduli[i]=soilData[i][7];
    }
    pitWidth=pitData[0]*scale;  pitDepth=pitData[1]*scale;  waterPosition=pitData[2]*scale;
    stepNumber=(int)pitData[3];
```

```
        stepDepth=new double[stepNumber+1];        stepUnitSum=new int[stepNumber+1];
        for(i=4;i<stepNumber+4;i++)stepDepth[i-3]=stepDepth[i-4]+pitData[i] * scale;
        nailLength=nailData[0] * scale;    nailDis=nailData[1] * scale;
        nailStartDis=nailDis;              nailEndDis=0.5 * scale;
        nailAsia=0.000491 * scale * scale;   //深圳万科金色家园数据
        nailAngle=nailData[2];nailE=nailData[3] * 1.0E+8/(scale * scale);   //(kN/m^2)
        nailu=nailData[4];
        wallWidth=wallData[0] * scale;    wallDepth=wallData[1] * scale;
        wallE=wallData[2] * 1.0E+3/(scale * scale);     wallu=wallData[3];
        wallDensidy=wallData[4]/Math.pow(scale,3);
        t=1.0 * scale;
        p[1]=w[1]=-0.774596669241483;
        p[2]=w[2]=0.0;
        p[3]=w[3]=0.774596669241483;
        h[1]=0.5555555555555556;
        h[2]=0.8888888888888889;
        h[3]=0.5555555555555556;
        getExcavationPara();
        defineLine();
        unitPoint();
        unitParameter();
        displacement(0);
        for(int kk=1;kk<=stepNumber;kk++){
            force(kk);
            displacement(kk);
        }
        stress(stepNumber);
}

public double[] getExcavationPara(){
    excavationPara[0]=pitWidth;
    excavationPara[1]=wallWidth;
    excavationPara[2]=wallDepth;
    excavationPara[3]=stepNumber;
    excavationPara[4]=pitDepth;
    return excavationPara;
}

public int[] defineLine(){
    double maxDis=3.6 * scale;
    double effectX=3.5,effectY=3;
    double wid,dep;
    b=0;
```

```
sumX=(int)(effectX * pitDepth);
sumY=(int)(effectY * pitDepth+pitDepth);
double nv=nailLength * Math.cos(nailAngle * Math.PI/180);
a1=(int)((sumX-nv)/maxDis+0.5);a1=2 * a1+1;
a2=(int)((nv-wallWidth)/maxDis+0.5);a2=2 * a2+1;
a3=(int)(pitWidth/2.0/maxDis+0.5);a3=2 * a3+1;
a=a1+a2+a3+5+3;
vx=new double[a+1];
for(i=1;i<=a1+2;i++)vx[i]=(sumX-nv)/(a1+1.0) * (i-1);
for(i=a1+3;i<=a1+a2+3;i++)vx[i]=vx[a1+2]+(nv-wallWidth)/(a2+1.0) * (i-(a1+3)+1);
for(i=a1+a2+4;i<=a1+a2+7;i++)vx[i]=vx[a1+a2+3]+wallWidth/4.0 * (i-(a1+a2+4)+1);
for(i=a-a3;i<=a;i++)vx[i]=vx[a1+a2+7]+pitWidth/2.0/(a3+1.0) * (i-(a-a3)+1);
hy[1]=0;
for(i=1;i<layerNum+1;i++)
    if(sumY>layerDepth[i])hy[i+1]=layerDepth[i];
    else if(sumY==layerDepth[i]){hy[i+1]=sumY;b=i+1;break;}
    else if(sumY<layerDepth[i]){hy[i+1]=sumY;b=i+1;break;}
for(i=1;i<=stepNumber;i++)hy[b+i]=stepDepth[i];
b+=stepNumber;
nn=(int)((pitDepth-nailStartDis-nailEndDis)/nailDis+1);
mm=0;
double nh=nailLength * Math.sin(nailAngle * Math.PI/180);
double hyy=0;
for(i=1;i<=nn;i++){
    hyy=nailStartDis+nailDis * (i-1);
    mm++;hy[b+mm]=hyy;
    for(j=1;j<=b;j++)if(hyy==hy[j]){hy[b+mm]=0;mm--;}
}
b+=mm;
mm=0;
for(i=1;i<=nn;i++){
    hyy=nailStartDis+nailDis * (i-1)+nh;
    mm++;hy[b+mm]=hyy;
    for(j=1;j<=b;j++)if(hyy==hy[j]){hy[b+mm]=0;mm--;}
}
b+=mm;
mm=0;
mm++;hy[b+mm]=wallDepth;
for(j=1;j<=b;j++)if(wallDepth==hy[j]){hy[b+mm]=0;mm--;}
b+=mm;
double min=0;
for(i=2;i<b;i++){
    min=hy[i];
```

```
        for(j=i+1;j<=b;j++){
            if(min>hy[j]){min=hy[j];hy[j]=hy[i];hy[i]=min;}
        }
    }
    mm=0;nn=0;
    for(i=1;i<b;i++)
        if(hy[i+1]-hy[i]>maxDis){
            nn=(int)((hy[i+1]-hy[i])/maxDis+0.5);
            for(j=1;j<=nn;j++)hy[b+mm+j]=hy[i]+(hy[i+1]-hy[i])/(nn+1)*j;
            mm+=nn;
    }
    b+=mm;
    for(i=2;i<b;i++){
        min=hy[i];
        for(j=i+1;j<=b;j++){
            if(min>hy[j]){min=hy[j];hy[j]=hy[i];hy[i]=min;}
        }
    }
    for(i=1;i<b;i++)hy[b+i]=(hy[i]+hy[i+1])/2;
    b=2*b-1;
    min=0;
    for(i=2;i<b;i++){
        min=hy[i];
        for(j=i+1;j<=b;j++){
            if(min>hy[j]){min=hy[j];hy[j]=hy[i];hy[i]=min;}
        }
    }
    NG=a*(b+1)/2+(int)(b/2)*(a+1)/2;
    NU=(int)(a/2)*(int)(b/2);
    lineNum=new int[9];
    lineNum[0]=a;lineNum[1]=a1;lineNum[2]=a2;
    lineNum[3]=a3;lineNum[4]=b;
    lineNum[5]=NG;lineNum[6]=NU;
    lineNum[7]=sumX;lineNum[8]=sumY;
    return lineNum;
}

public void unitK(int step){
    unitK=new double[NU+1][17][17];
    if(step==0)Rxy=new double[2*NG+1];
    for(int kk=1;kk<=NU;kk++)
     for(i=1;i<17;i++)
      for(j=1;j<17;j++)unitK[kk][i][j]=0;
```

```
for(int kk=1;kk<=NU;kk++){
    d[1]=unitE[kk]*(1-unitU[kk])/((1+unitU[kk])*(1-2*unitU[kk]));
    d[2]=unitE[kk]*unitU[kk]/((1+unitU[kk])*(1-2*unitU[kk]));
    d[3]=unitE[kk]/(2*(1+unitU[kk]));
    for(int s=1;s<=3;s++)//w->s
        for(int r=1;r<=3;r++){ //p->r
            Np[1]=(1-w[s])*(2*p[r]-w[s])/4;
            Np[2]=(1-w[s]*w[s])/2;
            Np[3]=(1+w[s])*(2*p[r]+w[s])/4;
            Np[4]=-p[r]*(1+w[s]);
            Np[5]=-(1+w[s])*(w[s]-2*p[r])/4;
            Np[6]=(w[s]*w[s]-1)/2;
            Np[7]=(1-w[s])*(2*p[r]+w[s])/4;
            Np[8]=p[r]*(w[s]-1);
            Nw[1]=(1+p[r])*(2*w[s]-p[r])/4;
            Nw[2]=-w[s]*(1+p[r]);
            Nw[3]=(1+p[r])*(p[r]+2*w[s])/4;
            Nw[4]=(1-p[r]*p[r])/2;
            Nw[5]=(1-p[r])*(2*w[s]-p[r])/4;
            Nw[6]=w[s]*(p[r]-1);
            Nw[7]=(1-p[r])*(p[r]+2*w[s])/4;
            Nw[8]=(p[r]*p[r]-1)/2;
            N[1]=(1+p[r])*(1-w[s])*(p[r]-w[s]-1)/4;
            N[2]=(1-w[s]*w[s])*(1+p[r])/2;
            N[3]=(1+p[r])*(1+w[s])*(p[r]+w[s]-1)/4;
            N[4]=(1-p[r]*p[r])*(1+w[s])/2;
            N[5]=(1-p[r])*(1+w[s])*(-p[r]+w[s]-1)/4;
            N[6]=(1-w[s]*w[s])*(1-p[r])/2;
            N[7]=-(1-p[r])*(1-w[s])*(p[r]+w[s]+1)/4;
            N[8]=(1-p[r]*p[r])*(1-w[s])/2;
            double Npx=0,Nwy=0,Npy=0,Nwx=0;
            for(int m=1;m<=8;m++){
                Npx+=Np[m]*x[unitPoint[kk][m]];
                Nwy+=Nw[m]*y[unitPoint[kk][m]];
                Npy+=Np[m]*y[unitPoint[kk][m]];
                Nwx+=Nw[m]*x[unitPoint[kk][m]];
            }
            double absJ=Npx*Nwy-Npy*Nwx;

            for(i=1;i<=8;i++){
                Nx[i]=(Np[i]*Nwy-Nw[i]*Npy)/absJ;
                Ny[i]=(-Np[i]*Nwx+Nw[i]*Npx)/absJ;
            }
```

```
                for(i=1;i<=8;i++)
                for(j=1;j<=8;j++){
                    unitK[kk][2*i-1][2*j-1]+=(d[1]*Nx[i]*Nx[j]+d[3]*Ny[i]*Ny[j])*
                        absJ*h[r]*h[s]*t;
                    unitK[kk][2*i-1][2*j]+=(d[2]*Nx[i]*Ny[j]+d[3]*Ny[i]*Nx[j])*
                        absJ*h[r]*h[s]*t;
                    unitK[kk][2*i][2*j-1]+=(d[2]*Ny[i]*Nx[j]+d[3]*Nx[i]*Ny[j])*
                        absJ*h[r]*h[s]*t;
                    unitK[kk][2*i][2*j]+=(d[1]*Ny[i]*Ny[j]+d[3]*Nx[i]*Nx[j])*absJ
                        *h[r]*h[s]*t;
                }
                if(step==0)for(i=1;i<=8;i++)
                    Rxy[2*unitPoint[kk][i]]+=unitDensidy[kk]*N[i]*absJ*h[r]*h[s]*t;
            }
        }
}

public void restrictedCondition(int step){
    ......
}

public void displacement(int step){
    restrictedCondition(step);
    int im=0;
    for(int k=1;k<2*NG;k++){
        if(k+hemiWidth-1<2*NG)im=k+hemiWidth-1;
        else im=2*NG;
        for(i=k+1;i<=im;i++){
            Rxy[i]=Rxy[i]-kz[k][i-k+1]*Rxy[k]/kz[k][1];
            for(j=1;j<=hemiWidth+k-i;j++)
                kz[i][j]=kz[i][j]-kz[k][i-k+1]*kz[k][j+i-k]/kz[k][1];
        }
    }
    uxy[step][2*NG]=Rxy[2*NG]/kz[2*NG][1];
    for(i=2*NG-1;i>0;i--){
        double kiju=0;
        int jm=0;
        if(2*NG-i+1>=hemiWidth)jm=hemiWidth;
        else jm=2*NG-i+1;
        for(j=2;j<=jm;j++)kiju+=kz[i][j]*uxy[step][j+i-1];
        uxy[step][i]=(Rxy[i]-kiju)/kz[i][1];
    }
    kz=null;
```

```
        System.gc();
        Rxy=null;
        System.gc();
    }

    public void stress(int step){
        for(int kk=1;kk<=NU;kk++){
            d[1]=unitE[kk]*(1-unitU[kk])/((1+unitU[kk])*(1-2*unitU[kk]));
            d[2]=unitE[kk]*unitU[kk]/((1+unitU[kk])*(1-2*unitU[kk]));
            d[3]=unitE[kk]/(2*(1+unitU[kk]));
            stress[step][kk][0]=stress[step][kk][1]=stress[step][kk][2]=0;
            for(int s=1;s<=3;s++)
                for(int r=1;r<=3;r++){
                    Np[1]=(1-w[s])*(2*p[r]-w[s])/4;
                    Np[2]=(1-w[s]*w[s])/2;
                    Np[3]=(1+w[s])*(2*p[r]+w[s])/4;
                    Np[4]=-p[r]*(1+w[s]);
                    Np[5]=-(1+w[s])*(w[s]-2*p[r])/4;
                    Np[6]=(w[s]*w[s]-1)/2;
                    Np[7]=(1-w[s])*(2*p[r]+w[s])/4;
                    Np[8]=p[r]*(w[s]-1);
                    Nw[1]=(1+p[r])*(2*w[s]-p[r])/4;
                    Nw[2]=-w[s]*(1+p[r]);
                    Nw[3]=(1+p[r])*(p[r]+2*w[s])/4;
                    Nw[4]=(1-p[r]*p[r])/2;
                    Nw[5]=(1-p[r])*(2*w[s]-p[r])/4;
                    Nw[6]=w[s]*(p[r]-1);
                    Nw[7]=(1-p[r])*(p[r]+2*w[s])/4;
                    Nw[8]=(p[r]*p[r]-1)/2;
                    double Npx=0,Nwy=0,Npy=0,Nwx=0;
                    for(int m=1;m<=8;m++){
                        Npx+=Np[m]*x[unitPoint[kk][m]];
                        Nwy+=Nw[m]*y[unitPoint[kk][m]];
                        Npy+=Np[m]*y[unitPoint[kk][m]];
                        Nwx+=Nw[m]*x[unitPoint[kk][m]];
                    }
                    double absJ=Npx*Nwy-Npy*Nwx;
                    for(int m=1;m<=8;m++){
                        Nx[m]=(Np[m]*Nwy-Nw[m]*Npy)/absJ;
                        Ny[m]=(-Np[m]*Nwx+Nw[m]*Npx)/absJ;
stress[step][kk][0]+=d[1]*Nx[m]*uxy[step][2*unitPoint[kk][m]-1]+d[2]*Ny[m]*uxy[step]
    [2*unitPoint[kk][m]];
stress[step][kk][1]+=d[2]*Nx[m]*uxy[step][2*unitPoint[kk][m]-1]+d[1]*Ny[m]*uxy[step]
```

```
        [2 * unitPoint[kk][m]];
stress [step][kk][2]+=d[3] * Ny[m] * uxy[step][2 * unitPoint[kk][m]-1]+d[3] * Nx[m] * uxy[step]
        [2 * unitPoint[kk][m]];
    }}
            }
        if(step! =0)
          for(i=0;i<3;i++){
              stress[step][kk][i]+=stress[step-1][kk][i];
          }
    }
}

public void force(int step){
    stress(step-1);
    Rxy=new double[2 * NG+1];
    for(i=1;i<=2 * NG;i++)Rxy[i]=0;
    for(int kk=1;kk<=NU;kk++){
        for(int s=1;s<=3;s++)
            for(int r=1;r<=3;r++){
                Np[1]=(1-w[s]) * (2 * p[r]-w[s])/4;
                Np[2]=(1-w[s] * w[s])/2;
                Np[3]=(1+w[s]) * (2 * p[r]+w[s])/4;
                Np[4]=-p[r] * (1+w[s]);
                Np[5]=-(1+w[s]) * (w[s]-2 * p[r])/4;
                Np[6]=(w[s] * w[s]-1)/2;
                Np[7]=(1-w[s]) * (2 * p[r]+w[s])/4;
                Np[8]=p[r] * (w[s]-1);
                Nw[1]=(1+p[r]) * (2 * w[s]-p[r])/4;
                Nw[2]=-w[s] * (1+p[r]);
                Nw[3]=(1+p[r]) * (p[r]+2 * w[s])/4;
                Nw[4]=(1-p[r] * p[r])/2;
                Nw[5]=(1-p[r]) * (2 * w[s]-p[r])/4;
                Nw[6]=w[s] * (p[r]-1);
                Nw[7]=(1-p[r]) * (p[r]+2 * w[s])/4;
                Nw[8]=(p[r] * p[r]-1)/2;
                double Npx=0,Nwy=0,Npy=0,Nwx=0;
                for(int m=1;m<=8;m++){
                    Npx+=Np[m] * x[unitPoint[kk][m]];
                    Nwy+=Nw[m] * y[unitPoint[kk][m]];
                    Npy+=Np[m] * y[unitPoint[kk][m]];
                    Nwx+=Nw[m] * x[unitPoint[kk][m]];
                }
                double absJ=Npx * Nwy-Npy * Nwx;
```

```
                for(int m=1;m<=8;m++){
                    Nx[m]=(Np[m]*Nwy-Nw[m]*Npy)/absJ;
                    Ny[m]=(-Np[m]*Nwx+Nw[m]*Npx)/absJ;
Rxy [2*unitPoint[kk][m]-1]+=(stress[step-1][kk][0]*Nx[m]+stress[step-1][kk][2]*Ny[m])*
    absJ*h[r]*h[s]*t;
Rxy [2*unitPoint[kk][m]]+=(stress[step-1][kk][1]*Ny[m]+stress[step-1][kk][2]*Nx[m])*
    absJ*h[r]*h[s]*t;
                }
            }
    }
}
```

5.5 习　　题

5-1　四结点四边形单元刚度矩阵与整体刚度矩阵各有什么特征？

5-2　对于平面八结点等参数单元，根据形函数的性质，建立 $N_i(\xi,\ \eta)(i=1,\ 2,\ \cdots,\ 8)$ 表达式。

5-3　证明平面八结点四边形等参单元在整体坐标系下每一边为二次抛物线。

5-4　如题图 5-1 所示八结点等参单元，计算在局部坐标$\left(\frac{1}{2},\ \frac{1}{2}\right)$的 Q 点导数$\frac{\partial N_1}{\partial x}$、$\frac{\partial N_1}{\partial y}$的值。

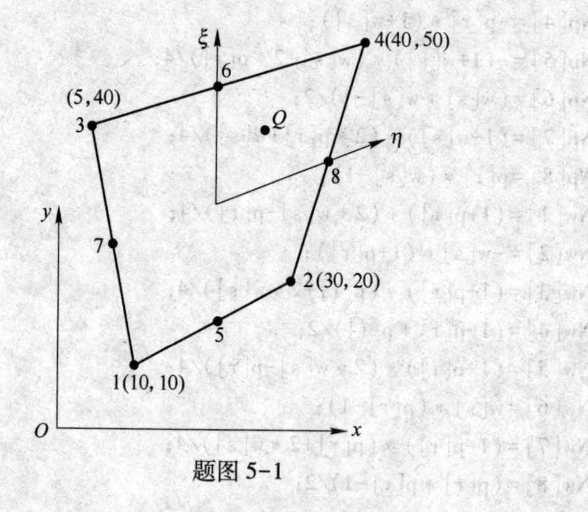

题图 5-1

线性方程组的解法

由前面的讲述可知，有限元法分析到最后总是归结为解线性代数方程组 $[K]\{\delta\}=\{F\}$，因此，为更深入地理解和掌握有限元法，必须熟悉线性代数方程组的解法。

有限元法的求解效率很大程度上取决于线性代数方程组的解法（包括 $[K]$ 矩阵的存储方式），因为在有限元法的整个求解时间中解线性代数方程组的时间占了很大的比例。当单元增多、网格加密、未知数成倍增加时，尤为如此。尽管在数学中有许多求解线性代数方程组的方法，但为了提高求解效率，许多学者和科技人员在前人工作的基础上，结合整体刚度矩阵的特性（大型、对称、带状、稀疏、正定、主元占优势），研究出了许多实用的方法。

常用的线性代数方程组的解法有两大类：直接解法和迭代解法。

直接解法都以高斯消元法为基础，求解效率高，在方程阶数不是特别高时（如不超过10000 阶），通常都采用这种方法。当方程组的阶数过高时，由于计算机有效位数的限制，消元法中的舍入误差和有效位数的损失将会影响方程求解的精度，此时多用迭代法。迭代法有赛德尔迭代法和超松弛迭代法。

本章主要介绍高斯消元法及其他派生出来的一些方法：二维等带宽存储的高斯消元法，一维变带宽存储的高斯消元法，直接三角分解法和求解巨型方程组的波前法。

6.1 高斯消元法

6.1.1 满阵存储的高斯消元法

设线性代数方程组 $[K]\{\delta\}=\{F\}$ 有如下形式：

$$\begin{bmatrix} k_{11}^0 & k_{12}^0 & \cdots & k_{1n}^0 \\ k_{21}^0 & k_{22}^0 & \cdots & k_{2n}^0 \\ \vdots & \vdots & & \vdots \\ k_{i1}^0 & k_{i2}^0 & \cdots & k_{in}^0 \\ \vdots & \vdots & & \vdots \\ k_{n1}^0 & k_{n2}^0 & \cdots & k_{nn}^0 \end{bmatrix} \begin{bmatrix} x_1 \\ x_2 \\ \vdots \\ x_i \\ \vdots \\ x_n \end{bmatrix} = \begin{bmatrix} F_1^0 \\ F_2^0 \\ \vdots \\ F_i^0 \\ \vdots \\ F_n^0 \end{bmatrix} \begin{matrix} (1)^0 \\ (2)^0 \\ \vdots \\ (i)^0 \\ \vdots \\ (n)^0 \end{matrix} \tag{6-1}$$

下面以该式为例推导消元法公式，并理出编程思路。

6.1.1.1 消元过程

(1) 第一轮消元。式 $(1)^0$ 保持不变，利用式 $(1)^0$ 把其余方程中的二 x_1 消去，得出新方程组如下：

系数右边项计算方法

$$
\begin{array}{cccccl}
 & & & & & \vdots \\
k_{11}^{0} & k_{12}^{0} & \cdots & k_{1n}^{0} & F_1^0 & (1)0 \rightarrow \text{轴行}(2)^1 = (2)^0 - \dfrac{k_{21}^0}{k_{11}^0}(1)^0 \\
0 & k_{22}^{1} & \cdots & k_{2n}^{1} & F_2^1 & (2)^1 \\
\vdots & \vdots & & \vdots & \vdots & \vdots \quad \vdots \\
 & k_{i2}^{1} & \cdots & k_{in}^{1} & F_i^1 & (i)^1 \quad \text{消元行}(i)^1 = (i)^0 - \dfrac{k_{i1}^0}{k_{11}^0}(1)^0 \\
\vdots & \vdots & & \vdots & \vdots & \vdots \quad \vdots \\
0 & k_{n2}^{1} & \cdots & k_{nn}^{1} & F_n^1 & (n)^1 \\
 & & & & & (n)^1 = (n)^0 - \dfrac{k_{n1}^0}{k_{11}^0}(1)^0
\end{array}
\tag{6-2}
$$

（2）第 i 轮消元。式 $(k)^{(k-1)}$ 保持不变，利用 $(k)^{(k-1)}$ 式把其余方程中的 x_k 消掉，得出新方程组如下：

系数右边项计算方法

$$
\begin{array}{ccccccccl}
k_{11}^{0} & k_{12}^{0}\cdots & k_{1k}^{0} & \vdots & \cdots k_{1j}^{0}\cdots & k_{1n}^{0} & F_1^0 & (1)^0 & \\
 & k_{22}^{1}\cdots & k_{2k}^{1} & \vdots & \cdots k_{2j}^{1}\cdots & k_{2n}^{1} & F_2^1 & (2)^1 & \vdots \\
 & & \vdots & \vdots & \vdots & \vdots & \vdots & \vdots & \text{轴行} \\
 & & k_{kk}^{(k-1)} & \vdots & \cdots k_{ki}^{(k-1)}\cdots & k_{kn}^{(k-1)} & F_k^{(k-1)} & (k)^{(k-1)} & \\
 & & & \vdots & \vdots & \vdots & \vdots & \vdots & (i)^k = (n)^{(k-1)} - \dfrac{k_{ik}^{(k-1)}}{k_{kk}^{(k-1)}}(k)^{(k-1)} \\
 & & & k_{i(k+1)}^{k} & \cdots k_{ij}^{k}\cdots & k_{in}^{k} & F_i^k & (i)^k & \text{消元行} \\
 & & & \vdots & \vdots & \vdots & & & \\
 & & & \vdots & \vdots & \vdots & & & (n)^k = (n)^{(k-1)} - \dfrac{k_{nk}^{(k-1)}}{k_{kk}^{(k-1)}}(k)^{(k-1)} \\
 & & & k_{n(k+1)}^{k} & \cdots k_{nj}^{k}\cdots & k_{nn}^{k} & F_n^k & (n)^k &
\end{array}
\tag{6-3}
$$

（3）第 $(n-1)$ 轮消元。式 $(n-1)^{(n-1)}$ 保持不变，利用式 $(n-1)^{(n-2)}$ 把第 n 个方程中的 $x_{(n-1)}$ 消去，得新方程组如下：

系数右边项计算方法

$$
\begin{array}{cccccc}
k_{11}^{0} & k_{12}^{0} \quad \cdots & \cdots & k_{1n}^{0} & F_1^0 & (1)^0 \\
 & k_{22}^{1} \quad \cdots & \cdots & k_{2n}^{1} & F_2^1 & (2)^1 \\
 & & & \vdots & \vdots & \vdots \\
 & k_{kk}^{(k-1)} & \cdots & k_{nn}^{(k-1)} & F_k^{(k-1)} & (k)^{(k-1)} \\
 & & & \vdots & \vdots & \vdots \\
 & & k_{(n-1)(n-1)}^{(k-2)} & k_{(n-1)n}^{(k-2)} & F_{n-1}^{(n-1)} & (n-1)^{(n-2)} \\
 & & & k_{nn}^{(k-1)} & F_n^{(n-1)} & (n)^{(n-1)}
\end{array}
$$

$$
(n)^{(n-1)} = (n)^{(n-2)} - \frac{k_{n(n-1)}^{(n-2)}}{k_{(n-1)(n-1)}^{(k-2)}}(n-1)^{(n-2)}
\tag{6-4}
$$

根据满阵存储的高斯消元求解过程，可得出如下几点编程思路：

（1）消元行的系数在每轮消元中都不同，求该系数时必须指出是第几次消元后的系数，所以要有消元轮次码 k 作为循环变量，k 的取值范围为 1~$(n-1)$。

（2）消元的轴行从第一个方程开始，按方程式的次序依次向下，直到倒数第二个方程式。轴行码与消元轮次码相同，均为 k。

（3）计算消元行系数时要有三个循环码：消元轮次码 k、系数所在的行码 i 和列码 j。求第 k 轮消元，i 行 j 列系数的计算公式如下：

$$k_{ij}^{(k)} = k_{ij}^{(k-1)} - \frac{k_{ik}^{(k-1)}}{k_{kk}^{(k-1)}} k_{kj}^{(k-1)} \tag{6-5}$$

式中，$k=1, 2, \cdots, (n-1)$；$i=(k+1), \cdots, n$；$j=(k+1), \cdots n$。

（4）计算消元行右边项公式如下：

$$p_i^{(k)} = p_i^{(k-1)} - \frac{k_{ik}^{(k-1)}}{k_{kk}^{(k-1)}} p_k^{(k-1)} \tag{6-6}$$

式中，$k=1, 2, \cdots, (n-1)$；$i=(k+1), \cdots, n$。

（5）消元后，系数矩阵变为一个上三角阵。

6.1.1.2 回代过程

为了使公式看起来简洁，把 $(n-1)$ 轮消元后所得到的最后方程式去掉上标 (k)（$k=0$~$(n-1)$），有如下形式：

$$\begin{bmatrix} k_{11}\cdots & \cdots & \cdots & k_{1n} \\ & & & \vdots \\ & k_{ii} & \cdots & k_{in} \\ & & & \vdots \\ & & k_{(n-1)(n-1)} & k_{(n-1)n} \\ & & & k_{nn} \end{bmatrix} \begin{bmatrix} x_1 \\ \vdots \\ x_i \\ \vdots \\ x_{(n-1)} \\ x_n \end{bmatrix} = \begin{bmatrix} F_1 \\ \vdots \\ F_i \\ \vdots \\ F_{(n-1)} \\ F_n \end{bmatrix} \begin{matrix} (1) \\ \vdots \\ (i) \\ \vdots \\ (n-1) \\ (n) \end{matrix} \tag{6-7}$$

（1）先由最后式 (n) 求出 x_n，即：

$$x_n = F_n / k_{nn} \tag{6-8}$$

（2）将 x_n 代入式 $(n-1)$，求出 $x_{(n-1)}$。依次往上按下式可求出 $x_{n-1}, \cdots, x_i, \cdots, x_1$，即：

$$x_i = \left(F_i - \sum_{j=i+1}^{n} k_{ij} x_j\right) / k_{ii} \tag{6-9}$$

式中，$i=(n-1), (n-2), \cdots, 1$；$j=(i+1), \cdots, n$。

6.1.2 半阵存储的高斯消元法

由于整体刚度矩阵［$\boldsymbol{K}$］具有对称性，可以只存其主对角线以上的元素，如图 6-1（a）所示。因为 $k_{ik}=k_{ki}$，可将式（6-5）、式（6-6）修改如下：

$$k_{ij}^{(k)} = k_{ij} - \frac{k_{ki}}{k_{kk}} k_{kj}, \qquad F_i^{(k)} = F_i - \frac{k_{ki}}{k_{kk}} F_k \tag{6-10}$$

式中，$k=1, 2, \cdots, (n-1)$；$i=(k+1), (k+2), \cdots, n$；$j=(k+1), (k+2), \cdots, n$。

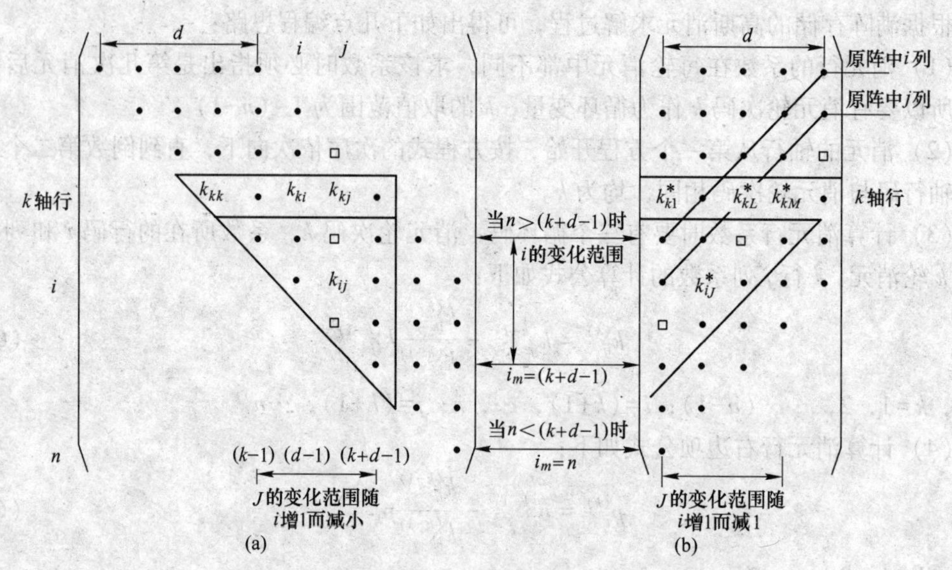

图 6-1　[***K***] 与 [***K***]* 中元素和行列码对应关系

(a) [***K***]; (b) [***K***]*

6.1.3　二维等带宽存储的高斯消元法

由于 [***K***] 具有带状性，为了节省内存可将整体刚度矩阵 [***K***] 中的元素存在等带宽矩阵 [***K***]* 中。下面介绍 [***K***]* 存储方式下的高斯消元法。

其实，推导等带宽高斯消元法公式并不困难，只要找到元素 [***K***] 在与 [***K***]* 中的对应关系，这个问题就迎刃而解了。

6.1.3.1　元素在 [***K***] 与 [***K***]* 中的对应关系

(1) 元素对应关系如图 6-1 所示，两个矩阵中元素及列码对应关系如下（行码不变）：

$$k_{ij} \to k^*_{iJ} \quad J = j - i + 1$$

$$k_{kk} \to k^*_{k1}$$

$$k_{ki} \to k^*_{kL} \quad L = i - k + 1$$

$$k_{kj} \to k^*_{kM} \quad M = j - k + 1 = J + i - k \quad (J\text{为循环变量})$$

(2) 循环码的修改由图 6-1 可见，消元过程的循环码变化如下：

1) 消元轮次码 k（也是轴行码）不变，其取值范围仍为 $(1\sim(n-1))$。

2) 消元行码 i 不变，但其取值范围发生了变化。这是因为在消元过程中变化的系数只局限在三角形（见图 6-1）所框的范围内，i 的取值范围是 $(k+1)\sim i_m$，而 i_m 的取值又分两种情况。当 $(k+d-1)<n$ 时（即图 6-1 和程序中的 $n>(k+d-1)$），$i_m=(k+d-1)$；而当 $(k+d-1)\geqslant n$ 时（即图 6-1 和程序中的 $(n\leqslant k+d-1)$），$i_m=n$。

3) 消元列码 j 改变为 J，J 的取值范围是 $1\sim J_n$，而 J_n 是随行码 i 增加而减小，由下式计算：$J_n=d-(i-k)$。在程序中用 $J_n=d-L+1$（因为 $L=i-k+1$，$i-k=L-1$）。

6.1.3.2　消元公式的修改

对式 (6-10) 修改如下：

$$\left.\begin{aligned} k_{iJ}^{*(k)} &= k_{iJ}^{*} - \frac{k_{kL}^{*}}{k_{k1}^{*}} k_{kM}^{*} \\ F_i^{(k)} &= F_i - \frac{k_{kL}^{*}}{k_{k1}^{*}} F_k \end{aligned}\right\} \tag{6-11}$$

式中，$k=1, 2, \cdots, (n-1)$；$i=(k+1), (k+2), \cdots, i_m$；$J=1, 2, \cdots, J_n=(d-L+1)$。

6.1.3.3 回代公式的修改

对式（6-8）、式（6-9）式修改如下：

$$\left.\begin{aligned} x_n &= F_n/k_{n1} \\ x_i &= (F_i - \sum k_{ij}x_H)/k_{i1} \end{aligned}\right\} \tag{6-12}$$

式中，$H=J+i-1$；$i=(n-1), (n-2), \cdots, 1$；$J=2, 3, \cdots, J_0$。

说明：

（1）x_H 在式（6-9）中为 x_j，由 j 与 J 的对应关系 $j=J+i-1$，所以，$H=J+i-1$ 是以 H 取代 j，避免重复。

（2）如图 6-2 所示，列号 J 由 2 开始，但其截止码为 J_0。当 $(n-i+1) \geqslant d$ 时，$J_0=d$；当 $(n-i+1)<d$ 时，$J_0=(n-i+1)$。

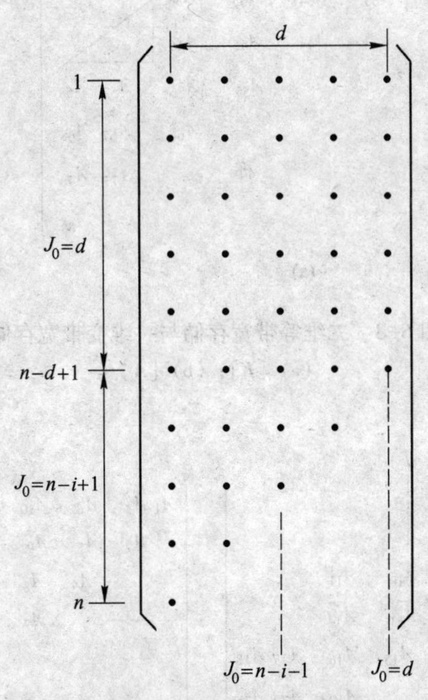

图 6-2 回代公式中 [**K**]* 的最大列码

6.1.4 一维变带宽存储的高斯消元法

6.1.4.1 一维变带宽存储

如图 6-3 所示整体刚度矩阵 [**K**]，当用二维等带宽（半带）存储时仍有许多“0”

元素（在黑实线与虚线之间），这些“0”元素浪费了许多内存，而且在消元过程中浪费了机时。因此，人们想出了一种一维变带宽的存储方法，在存储时去掉这些多余的“0”元素。

一维变带宽存储有两种存储顺序：按行存储与按列存储。图 6-4 分别示出了［$\boldsymbol{K}$］中的元素按行与列存储在［$\boldsymbol{A}$］中的位置顺序。

按行存储对消元法是方便的，而按列存储适用于平方根法或其他分解法。

下面重点介绍同一元素在［$\boldsymbol{K}$］与［$\boldsymbol{A}$］中的对应位置的计算方法，以及如何将单元刚度矩阵［k］^{e} 送到［$\boldsymbol{A}$］中。

A 按行存储

图 6-4(a) 示出了［$\boldsymbol{K}$］中的元素按行存储在［$\boldsymbol{A}$］中的排列位置。虽然同一元素在［$\boldsymbol{K}$］与［$\boldsymbol{A}$］中行列号均不同，但如果仔细分析图 6-4(a) 就会发现，只要知道［$\boldsymbol{K}$］主对角线上的元素 k_{ii} 在［$\boldsymbol{A}$］中的位置（序号）$N1(i)$，就可以找出［$\boldsymbol{K}$］中的每个元素在［$\boldsymbol{A}$］中的位置。

j
i
A_{11} A_{12} A_{13} A_{14}
A_{22} A_{23} A_{24}
A_{33} A_{34} A_{35} A_{36}
A_{44} A_{45} A_{46}
A_{55} A_{56} A_{57} A_{58}
A_{66} A_{67} A_{68}
A_{77} A_{78}
A_{88}
对
称
(a)
A_1
A_2
A_{ij}
A_{23}
A_{24}
(b)

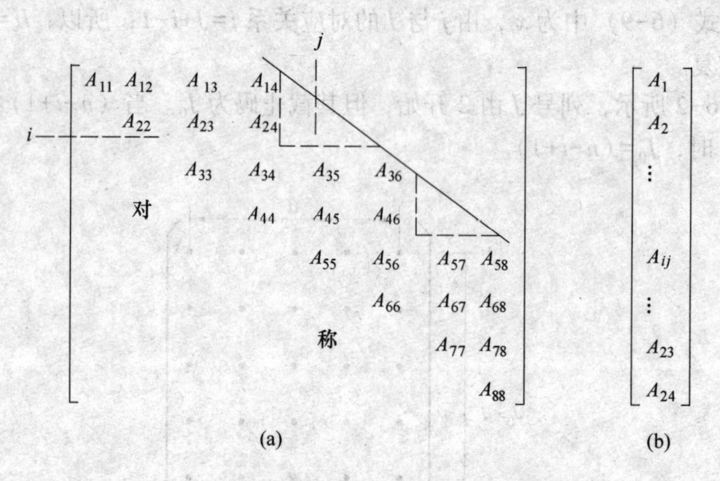

图 6-3 二维等带宽存储与一维变带宽存储

（a）［$\boldsymbol{K}$］；（b）［$\boldsymbol{A}$］

j
i
A_1 A_2 A_3 A_4
A_5 A_6 A_7
A_8 A_9 A_{10} A_{11}
A_{12} A_{13} A_{14}
A_{15} A_{16} A_{17} A_{18}
A_{19} A_{20} A_{21}
A_{22} A_{23}
A_{24}
(a)
j
i
A_1 A_3 A_6 A_{10}
A_2 A_5 A_9
A_4 A_8 A_{13} A_{17}
A_7 A_{12} A_{16}
A_{11} A_{15} A_{20} A_{24}
A_{14} A_{19} A_{23}
A_{18} A_{22}
A_{21}
(b)

图 6-4 ［$\boldsymbol{K}$］中的元素，按行或按列存储在［$\boldsymbol{A}$］中的顺序

（a）按行存储；（b）按列存储

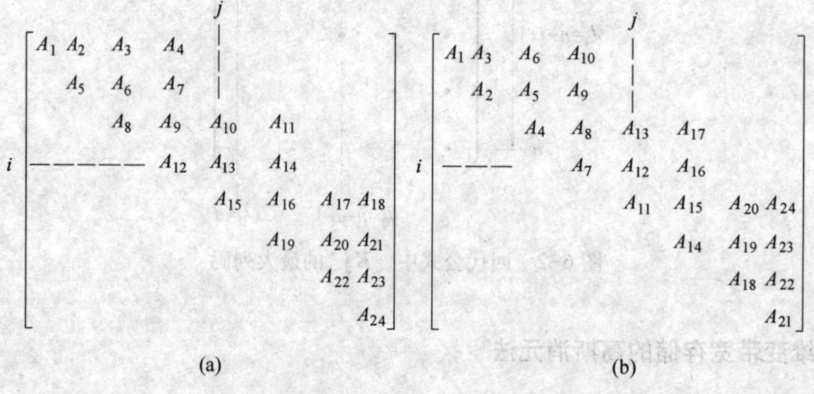

$N1$ 是一维数组，它有 n 个元素（n 是［$\boldsymbol{K}$］中对角线元素的个数，即方程的个数），元素值是 $k_{ii}(i=1, 2, \cdots, n)$ 在 A 中的序号，对于图 6-4(a) 所示的按行存储：

$$N1=(1 \quad 5 \quad 8 \quad 12 \quad 15 \quad 19 \quad 22 \quad 24)$$

设［$\boldsymbol{K}$］中任一元素 K_{ij} 在［$\boldsymbol{A}$］中的位置（序号）为 IJ，则由图 6-4(a) 可知：

$$IJ=N1(i)+(j-i)(i=1, 2, \cdots, n; j=i, \cdots, (i+N/(i+1)-N/(i)-1)) \tag{6-13}$$

然而 $N1$ 并不能由图 6-4(a) 而得，因为不能由［$\boldsymbol{k}$］^{e} 组装成［$\boldsymbol{K}$］再得到［$\boldsymbol{A}$］，而是直接由［$\boldsymbol{k}$］^{e} 去组装成［$\boldsymbol{A}$］。所以，必须想办法先得到 $N1$。

经对图 6-4(a) 的观察可知，只要知道第 i 行对角线上的元素 k_{ii} 在［$\boldsymbol{A}$］中的序号，再知道 k_{ii} 右边元素的个数，两者相加，就可以推算出 $k_{(i+1)(i+1)}$ 元素在［$\boldsymbol{A}$］中的序号。因为 k_{11} 在［$\boldsymbol{A}$］中的序号永远是 1，即 $N1(1)=1$，所以后面（$n-1$）个对角线元素的序号必然都能算出来。关键是要知道［$\boldsymbol{K}$］中每一行处于主对角线右边的元素的个数。

因为 k_{ij} 是第 j 个结点位移对第 i 个结点力的影响系数，所以，只要知道相邻结点号的最大差值和每个结点的自由度数，就可以计算出 k_{ii} 右边的元素的个数。为此，还要建立一个数组，$MAJD(NJ)$（NJ 是结点总数），按结点顺序依次记录与其相邻的最大结点号的号码数。

至于由［$\boldsymbol{k}$］^{e} 组装总刚度矩阵［$\boldsymbol{A}$］，仍可沿用第 3 章杆系结构单元介绍过的程序，当求出元素的整体行 i 和整体列 j 以后，即可由式（6-13）求出该元素在［$\boldsymbol{A}$］中的位置 IJ，将 $KE(H, L)$ 送入 $\boldsymbol{A}(IJ)$ 即可。

B 按列存储

图 6-4(b) 示出了［$\boldsymbol{K}$］中元素按列存储在［$\boldsymbol{A}$］中的排列位置。此时，每列元素由下往上顺序存储，先存对角线上的元素，然后再存其上的元素。为了找到同一元素在［$\boldsymbol{K}$］与［$\boldsymbol{A}$］中的对应位置，也需要建立一个数组 $N1$。不过该 $N1$ 与按行存储的 $N1$ 不同，该 $N1$ 有（$n+1$）个元素，前 n 个元素用以描述［$\boldsymbol{K}$］对角线上的元素 k_{11} 在［$\boldsymbol{A}$］中的排列位置；最后一个元素用以计算［$\boldsymbol{A}$］中最后一列元素的个数，其值是［$\boldsymbol{A}$］中元素总数加 1，如图 6-4(b) 所示，有：

$$N1=(1 \quad 2 \quad 4 \quad 7 \quad 11 \quad 14 \quad 18 \quad 21 \quad 25)$$

［$\boldsymbol{K}$］中的任一元素 k_{ij}，对应［$\boldsymbol{A}$］中的 $\boldsymbol{A}(IJ)$，IJ 与 i，j 的关系可由图 6-4(b) 去计算，即：

$$IJ=N1(j)+j-i \tag{6-14}$$

至于由［$\boldsymbol{k}$］^{e} 组装成［$\boldsymbol{A}$］的方法与上面讲的相似，这里不再赘述。

6.1.4.2 高斯消元法公式的修改（按行存储）

一维变带宽存储的高斯消元法计算公式，如图 6-5 所示，可以由半阵存储的高斯消元法式（6-10）修改而得。

A 元素的对应关系

由图 6-5 所示，式（6-13）、式（6-10）中的各元素与［$\boldsymbol{A}$］中元素的对应关系如下：

$$k_{ij}—A(IJ)IJ=N1(i)+j-i$$

$$k_{kk}—A(KK)KK=N1(k)$$

$$k_{ki}—A(KI)\ KI = N1(k) + i - k$$

$$k_{kj}—A(KJ)\ KJ = N1(k) + j - k$$

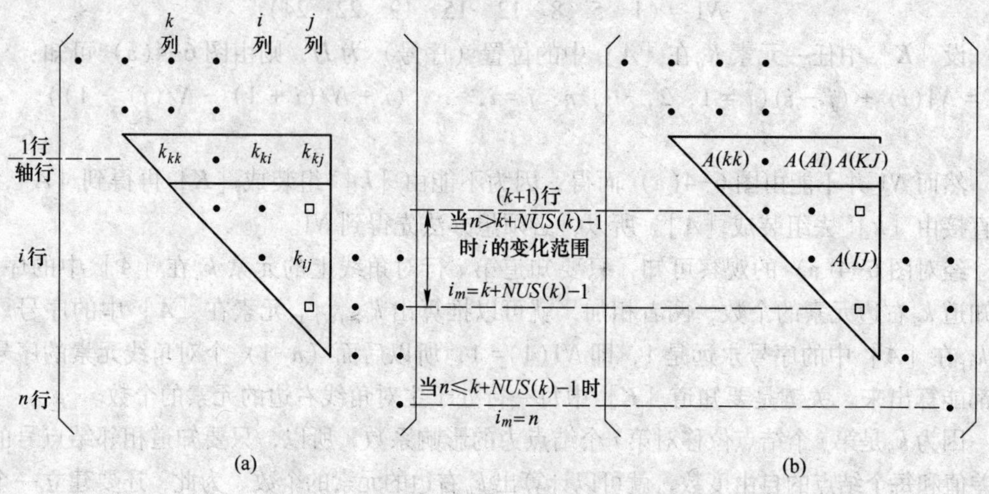

图 6-5　[***K***] 与 [***A***] 中元素的对应关系

(a) [***K***]；(b) [***A***]

B　修改后的公式

(1) 消元公式：

$$\begin{cases} A(IJ) = A(IJ) - \dfrac{A(KI)}{A(KK)} \cdot A(KJ) \\ F_i = F_i - \dfrac{A(KI)}{A(KK)} \cdot F_k \end{cases} \tag{6-15}$$

式中，$k = 1, 2, \cdots, (n-1)$；$i = (k+1), \cdots, i_m$；$j = i, (i+1), \cdots, J_n$。

(2) 回代公式：

$$x_n = F_n / A(NN) \quad NN = N1(n) \tag{6-16}$$

$$x_i = (F_i - \sum_{j=i+1}^{J_0} A(IJ) x_j) / A(II) \tag{6-17}$$

式中，$i = (n-1), (n-2), \cdots, 1$；$j = (i+1), \cdots, J_0$；$II = N1(i)$。

(3) 循环码说明。因为 [***A***] 中元素的位置可以由式 (6-13) 算出，所以编程时仍可用 k，i，j 做循环码，只是 k，i，j 的循环范围要加以修改。修改的方法可参考等带宽高斯消元法的式 (6-11) 和式 (6-12)。

"等带宽"和"变带宽"的主要区别在于 [***K***] 中每一行存储的元素个数是否相等，只要将图 6-1(a) 与图 6-4(a) 加以比较便可知。由图 6-1 可见，等带宽存储消元工作只在三角形范围内进行，变化的元素有 (d−1) 行，但每一行要变化的元素的列数都不同；最上一行有 (d−1) 列，下面各行是每增加一行减少一列（在图 6-1(a) 中是前边减少一列，而在图 6-1(b) 中是后边减少一列）。因为是等带宽存储，消元过程中三角形的大小（即三角形内元素的行、列数）是不变的，即半带宽 d 为常数。而在图 6-4(a) 中，每一行的带宽是不同的，因此，不同的行做轴行其消元范围三角形的大小是不一样的。此时，三角形有 ($NUS(k)$−1) 行，最上一行有 ($NUS(k)$−1) 列，下面各行，每增加一行前边减少一列，所以得到了式（6-15）的循环码。轴行 k 变化范围与式（6-11）一样，不再多讲。消元行 i 的变化范围从（k+1）行到 i_m 行 i_m 的值按两种情况去取，当 $k+NUS(k)-1<n$ 时，$i_m=k+NUS(k)-1$，当 $k+NUS(k)-1\geqslant n$ 时，$i_m=n$（这里只是将式（6-11）中的 d 改为 $NUS(k)$。消元列号 j 的变化较复杂。由图 6-5(a) 可见，（k+1）行由（k+1）列至 J_n 列，（k+2）行由（k+2）列至 J_n，…，恰好 i 的变化规律为（k+1）、（k+2），所以起始列取 i，而 $J_m=k+NUS(k)-1$。

因为消元后各元素仍存在原来的位置上，回代仍按图 6-5 来进行，所以式(6-17）中的 J_0 应是每行的带宽减 1，即 $J_0=NUS(k)-1$。

注意：一维变带宽存储虽然比等带宽存储少占了一些内存，但消元过程中寻找元素较二维等带宽复杂，占用机时多，因此，两种方法的利弊要通盘考虑。通常当带宽变化不大，计算机内存又允许，采用等带宽存储还是合适的。

6.1.5 高斯消元法的物理意义

从数学角度讲，每消元一次，去掉一个未知数，从物理意义讲，每消元一次相当于放松一个约束，下面以连续梁为例加以说明。

如图 6-6 所示为一连续梁，各跨刚度相等均为 $i=EI/l=1$，中间作用一力矩 $M=1$，为简单起见，略去轴力、剪力影响，用有限元法求解。

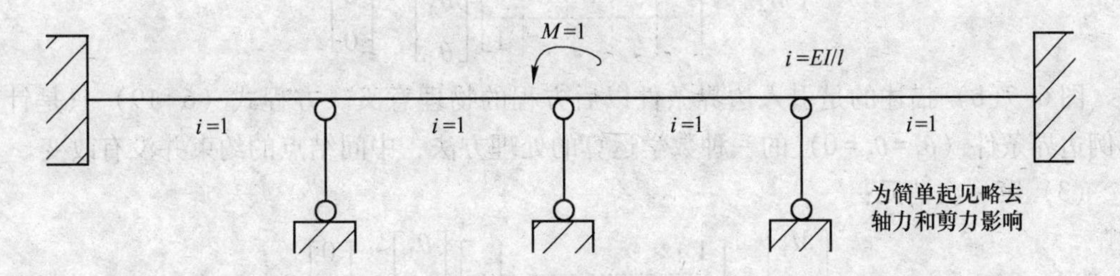

图 6-6 受载两端固定连续梁

高斯消元的过程方程物理意义图解如图 6-7 所示，其方程与物理解释如下：

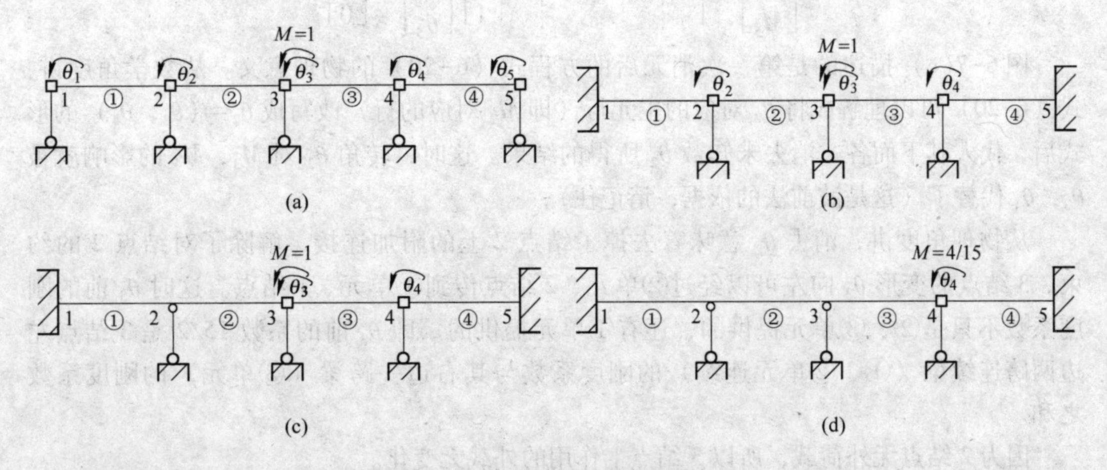

图 6-7 高斯消元法的物理图解

（1）原始方程：

$$\begin{bmatrix} M_1 \\ M_2 \\ M_3 \\ M_4 \\ M_5 \end{bmatrix} = \begin{bmatrix} 4 & 2 & & & \\ 2 & 8 & 2 & & \\ & 2 & 8 & 2 & \\ & & 2 & 8 & 2 \\ & & & 2 & 4 \end{bmatrix} \begin{bmatrix} \theta_1 \\ \theta_2 \\ \theta_3 \\ \theta_4 \\ \theta_5 \end{bmatrix} = \begin{bmatrix} M_1 \\ 0 \\ 1 \\ 0 \\ M_5 \end{bmatrix} \tag{6-18}$$

原始方程的物理意义图解如图 6-7(a) 所示。因为在每个结点上都放置了一个附加连接，对本结点的自由度起了约束作用，使一个结点的位移只引起与它相连的单元的变形，变形的传递具有局域性，所以每个结点的位移（本例为转角）通过与其相连的单元只对相邻结点的结点力有影响，而对不相邻的结点的结点力无影响。因此，原始方程式（6-18）才具有带状性。而某结点的位移对不相邻结点的结点力的影响是通过方程组建立的联立关系达到的。

（2）引入边界条件：

$$\begin{bmatrix} M_2 \\ M_3 \\ M_4 \end{bmatrix} = \begin{bmatrix} 1 & & & & \\ & 8 & 2 & & \\ & 2 & 8 & 2 & \\ & & 2 & 8 & \\ & & & & 1 \end{bmatrix} \begin{bmatrix} \theta_1 \\ \theta_2 \\ \theta_3 \\ \theta_4 \\ \theta_5 \end{bmatrix} = \begin{bmatrix} 0 \\ 0 \\ 1 \\ 0 \\ 0 \end{bmatrix} \tag{6-19}$$

图 6-7(b) 描述的是引入边界条件以后方程的物理意义。方程式（6-19）只是针对本例边界条件（$\theta_1=\theta_5=0$）的一种数学运算的处理方法，中间结点的约束并没有改变。

（3）第一次消元：

$$\begin{bmatrix} M_1 \\ M_2 \\ M_3 \\ M_4 \\ M_5 \end{bmatrix} = \begin{bmatrix} 1 & & & & \\ & 8 & 2 & & \\ & & 15/2 & 2 & \\ & & 2 & 8 & \\ & & & & 1 \end{bmatrix} \begin{bmatrix} \theta_1 \\ \theta_2 \\ \theta_3 \\ \theta_4 \\ \theta_5 \end{bmatrix} = \begin{bmatrix} 0 \\ 0 \\ 1 \\ 0 \\ 0 \end{bmatrix} \tag{6-20}$$

图 6-7(c) 描述的是第一次消元后的方程式（6-20）的物理意义。从数学角度讲，式（6-20）可以理解成将 θ_2 对应的主元行（即 M_2 对应的行）改写成 $\theta_2=f(\theta_3,\ \theta_4)$ 的形式后，代人其下面各式消去未知数 θ_2 所得的结果。这时，转角 θ_2 对 M_3，M_4 的影响就被 θ_3，θ_4 代替了（这是波前法的依据，请记住）。

从物理角度讲，消去 θ_2 意味着去掉了结点 2 上的附加连接，解除了对结点 2 的约束，3 结点的变形 θ_3 向左可以经过②单元、2 结点传到①单元、1 结点。这时 θ_3 前的刚度系数不只是②，③单元提供的，还有①单元提供的。即 θ_3 前的系数 15/2 是 3 结点左边两跨连续梁（①、②单元连续）的刚度系数与其右边一跨梁（③单元）的刚度系数之和。

因为 2 结点无外荷载，所以 3 结点上作用的外载无变化。

（4）第二次消元：

$$
\begin{bmatrix} M_1 \\ M_2 \\ M_3 \\ M_4 \\ M_5 \end{bmatrix} = \begin{bmatrix} 1 & & & & \\ & 8 & 2 & & \\ & & 15/2 & 2 & \\ & & & 112/15 & \\ & & & & 1 \end{bmatrix} \begin{bmatrix} \theta_1 \\ \theta_2 \\ \theta_3 \\ \theta_4 \\ \theta_5 \end{bmatrix} = \begin{bmatrix} 0 \\ 0 \\ 1 \\ -\dfrac{4}{15} \\ 0 \end{bmatrix} \tag{6-21}
$$

图6-7(d) 描述的是第二次消元后的方程（6-21）的物理意义。式（6-21）左边未知数前系数的数学、物理意义的解释与上述相同。即从数学角度讲，消掉 θ_3 以后，2 结点、3 结点的转角 θ_2，θ_3 对 M_4 的影响均被 θ_4 代替了；而从物理角度讲，消去 θ_3 以后，意味着解除了 3 结点的约束，4 结点的位移 θ_4 向左可以经过③单元、3 结点、②单元、2 结点、①单元，一直传到 1 结点。这时 θ_4 前的系数 112/5，是结点 4 左边三跨连续梁（①、②、③单元连续）的刚度系数与其右边一跨梁（单元④）刚度系数之和。

式（6-21）等号右边荷载列阵中的（-4/5），则是作用在结点 4 上的相当外荷载。作用在 4 结点上的相当外荷载（-4/5）代替了原作用在 3 结点上的外荷载 $M=1$ 对整个结构的作用。

6.2 三角分解法

三角分解法也是解线性代数方程组的一种常用的直接解法，它基于消元法，但比消元法节省机时，所以有限元大型程序中也经常使用，故在此加以介绍。

6.2.1 消元法的矩阵表示

6.2.1.1 每轮消元的矩阵表达式

现将满阵存储的高斯消元法描述过的消元过程用矩阵乘的形式予以表示。

A 第一轮消元

由式（6-5），若令 $L_{ik}=k_k/k_{kk}$（程序中 L_{ik} 用的是 C），按矩阵运算法则，第一轮消元后系数矩阵可以写成如下矩阵乘形式，即：

$$
\boldsymbol{L}_1^{-1}\boldsymbol{K}^{(0)} = \boldsymbol{K}^{(1)} \tag{6-22}
$$

$$
\boldsymbol{L}_1^{-1} = \begin{bmatrix} 1 & & & & \\ -L_{21} & 1 & & & \\ -L_{31} & 0 & 1 & & \\ \vdots & \vdots & & \ddots & \\ -L_{n1} & 0 & \cdots & & 1 \end{bmatrix}_{n\times n} \tag{6-23}
$$

而 $\boldsymbol{K}^{(0)}$ 是式（6-1）的系数矩阵；$\boldsymbol{K}^{(1)}$ 是满阵存储中第一轮高斯消元完了所得方程式（6-2）的系数矩阵。

B 第 k 轮消元

第 k 轮消元后，系数矩阵可以写成如下矩阵乘形式，即：

$$
\boldsymbol{L}_k^{-1}\boldsymbol{K}^{(k-1)} = \boldsymbol{K}^{(k)} \tag{6-24}
$$

式中

$$L_k^1 = \begin{bmatrix} 1 & & & & & & \\ \vdots & \ddots & & & & & \\ 0 & \cdots & 1 & & & & \\ 0 & & -L_{(k+1),\ k} & 1 & & & \\ 0 & & -L_{(k+2),\ k} & 0 & 1 & & \\ \vdots & & \vdots & \vdots & \vdots & \ddots & \\ 0 & \cdots & -L_{n,\ k} & 0 & \cdots & & 1 \end{bmatrix}_{n\times n} \tag{6-25}$$

而 $\boldsymbol{K}^{(k-1)}$ 是 $\boldsymbol{K}^{(0)}$ 经（k-1）轮消元后所得系数矩阵；$\boldsymbol{K}^{(k)}$ 是第（k）轮消元后所得方程式（6-3）的系数矩阵。

C　第（n-1）轮（最后一轮）消元

第（n-1）轮消元后，系数矩阵可以写成如下矩阵乘形式，即：

$$\boldsymbol{L}_{(n-1)}^{-1}\boldsymbol{K}^{(n-2)} = \boldsymbol{K}^{(n-1)} \tag{6-26}$$

式中

$$\boldsymbol{L}_{(n-1)}^{-1} = \begin{bmatrix} 1 & & & & \\ 0 & 1 & & & \\ 0 & 0 & \ddots & & \\ \vdots & \vdots & & 1 & \\ 0 & 0 & \cdots & -L_{n(n-1)} & 1 \end{bmatrix}_{n\times n} \tag{6-27}$$

而 $\boldsymbol{K}^{(n-2)}$ 是（n-2）轮消元后所得系数矩阵；$\boldsymbol{K}^{(n-1)}$ 是第（n-1）轮消元后所得方程式（6-4）的系数矩阵（上三角阵）。

6.2.1.2　消元过程的矩阵表示

A　系数矩阵消元过程的矩阵表示

将式（6-22）、式（6-24）、式（6-26）所描述的消元过程写成一个矩阵乘表达式就是：

$$\boldsymbol{L}_{(n-1)}^{-1}\boldsymbol{L}_{(n-2)}^{-1}\cdots\boldsymbol{L}_2^{-1}\boldsymbol{L}_1^{-1}\boldsymbol{K}^{(0)} = \boldsymbol{K}^{(n-1)} \tag{6-28}$$

令：

$$\boldsymbol{L}^{-1} = \boldsymbol{L}_{(n-1)}^{-1}\boldsymbol{L}_{(n-2)}^{-1}\cdots\boldsymbol{L}_2^{-1}\boldsymbol{L}_1^{-1} \tag{6-29}$$

$$\boldsymbol{K}^{(n-1)} = \boldsymbol{S} \tag{6-30}$$

式中，$\boldsymbol{S}=\boldsymbol{K}^{(n-1)}$ 为式（6-4）左端上三角阵，而 $\boldsymbol{K}^{(0)}$ 就是原系数矩阵 $\boldsymbol{K}$。

将式（6-29），式（6-30）和 $\boldsymbol{K}$ 代入式（6-28），有：

$$\boldsymbol{L}^{-1}\boldsymbol{K} = \boldsymbol{S} \tag{6-31}$$

式中，$\boldsymbol{L}^{-1}$ 仍是一个单位下三角阵。

B　常数项消元过程的矩阵表示

同理，右端常数项消元过程的矩阵表达式是：

$$\boldsymbol{L}^{-1}\boldsymbol{P} = \boldsymbol{Q} \tag{6-32}$$

式中，$\boldsymbol{P}$ 为式（6-1）中右端列阵；$\boldsymbol{Q}$ 为式（6-4）中右端列阵。

C 方程组的新形式

经式（13-30）和式（13-31）的变换以后，式（13-1）可表达为：

$$S\delta = Q \tag{6-33}$$

式中，δ 为 $(x_1x_2\cdots x_n)^T$。

6.2.1.3 求解过程

用高斯消元法求解用式（6-33），现改变一下方式，按下述步骤进行。

A 求 Q

由式（6-32）得：

$$LQ = P \tag{6-34}$$

式中，L 仍是一个单位下三角阵，由 L^{-1} 求逆而得。

$$L = \begin{bmatrix} 1 & & & & \\ l_{21} & 1 & & & \\ l_{31} & l_{32} & 1 & & \\ \vdots & \vdots & \vdots & \ddots & \\ l_{n1} & l_{n2} & \cdots & l_{n,(n-1)} & 1 \end{bmatrix} \tag{6-35}$$

由式（6-34）向前回代可求出 Q，如图 6-8 所示。

B 求 δ

有了 Q 以后，可利用式（6-33）求出 δ，此时只需向后回代，如图 6-9 所示。

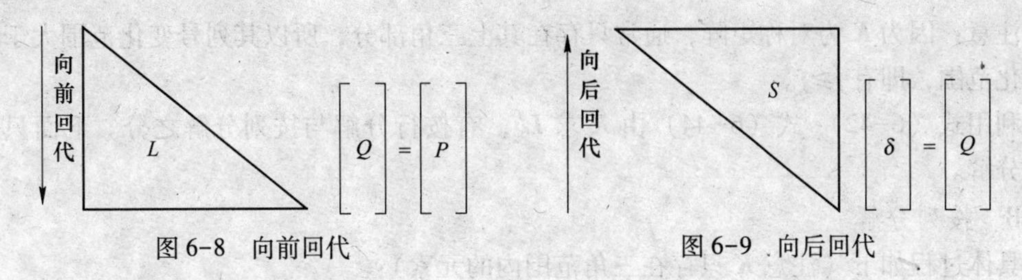

图 6-8 向前回代　　图 6-9 向后回代

6.2.2 半阵存储矩阵的三角分解

要利用式（6-34）、式（6-33）求解线性代数方程组（6-1），关键是求出 L 与 S。下面寻找求 L 与 S 的方法。

6.2.2.1 矩阵的三角分解

由式（6-31）：

$$\boldsymbol{K} = LS \tag{6-36}$$

式中，L 为单位下三角阵；S 为上三角阵。

现将 S 分解为 $S=D\bar{S}$，若令 D 为对角阵，将 S 代入式（6-36）有：

$$\boldsymbol{K} = LD\bar{S} \tag{6-37}$$

由于 $\boldsymbol{K}$ 具有对称性，K-K^T，可以得到 $\bar{S}=L^T$，代入式（6-37）：

$$\boldsymbol{K} = LDL^T \tag{6-38}$$

$$S = DL^T \tag{6-39}$$

6.2.2.2 求 L^T 矩阵

A 一般公式

由式（6-38），根据矩阵乘法规则：

$$k_{ij} = \sum_{r=1}^{n} l_{ir} d_{rr} l_{rj}^T \tag{6-40}$$

因为 L 和 L^T 互为转置，故有 $l_{ir}=l_{ri}^T$，又因 L 和 L^T 都是三角阵，l_{ir}类元素列号变化范围是 $r-1\sim i$（每一列到主对角线）；l_{ri}^T类元素行号变化范围也是 $r=1\sim j$（第一行到主对角线），所以式（6-40）可改为：

$$k_{ij} = \sum_{r=1}^{n} l_{ri}^T d_{rr} l_{rj}^T = \sum_{r=1}^{i-1} l_{ri}^T d_{rr} l_{rj}^T + l_{ii}^T d_{ii} l_{1j}^T \tag{6-41}$$

因为 L^T 是单位上三角阵，因此，对角线上的元素 $l_{ij}^T=1$，由式（6-41）可得递推公式：

$$d_{ri} l_{ij}^T = S_{ij} = k_{ij} - \sum_{r=1}^{i-1} l_{ri}^T d_{rr} l_{rj}^T \tag{6-42}$$

由式（6-42），当 $i \neq j$ 时有：

$$l_{ij}^T = S_{ij}/d_{ii} \tag{6-43}$$

当 $i=j$ 时有：

$$d_{ii} = S_{ii} \quad (l_{ii}^T = 1) \tag{6-44}$$

注意：因为 K 为对称矩阵，通常只存在其上三角部分，所以其列号变化范围大于其行号变化范围，即有 $j \geqslant i$。

利用式（6-42）~式（6-44）由 K 求 L^T，有按行分解与按列分解之分。下面只介绍按列分解。

B 按列分解

具体过程如下（注意 K 只存在三角范围内的元素）：

第一列 $j-1$

$i=1 \quad d_{11}=S_{11}=k_{11}$；

第二列 $j=2$

$i=1 \quad S_{12}=k_{12} l_{12}^T=S_{12}/d_{11}$；

$i=2 \quad d_{22}=S_{22}=k_{22}-l_{12}^T d_{11} l_{12}^T$；

第三列 $j=3$

$i=1 \quad S_{13}=k_{13} l_{13}^T=S_{13}/d_{11}$；

$i=2 \quad S_{23}=k_{23}-l_{12}^T d_{11} l_{13}^T l_{23}^T=S_{23}/d_{22}$；

$i=3 \quad d_{33}=S_{33}=k_{33}-l_{13}^T d_{11} l_{13}^T-l_{23}^T d_{22} l_{23}^T$。

⋮

第 j 列（i 从 1 开始）

$$i < j \quad S_{ij} = k_{ij} - \sum_{r=1}^{i-1} l_{ri}^T d_{rr} l_{rj}^T \quad l_{ij}^T = S_{ij}/d_{ii}$$

$$i = j \quad d_{ii} = S_{ii} = k_{ii} - \sum_{r=1}^{i-1} l_{ri}^T d_{rr} l_{ri}^T$$

在程序设计中，可取j、i、r三个循环码，它们的变化范围是：

$$j = 1,\ 2,\ \cdots,\ n$$
$$i = 1,\ 2,\ \cdots,\ j$$
$$r = 1,\ 2,\ \cdots,\ (i-1)$$

C　存储方式

存储方式如图 6-10 所示，利用原系数矩阵 **K** 的存储区按列逐个分解置换即可，不必另开存储区间。

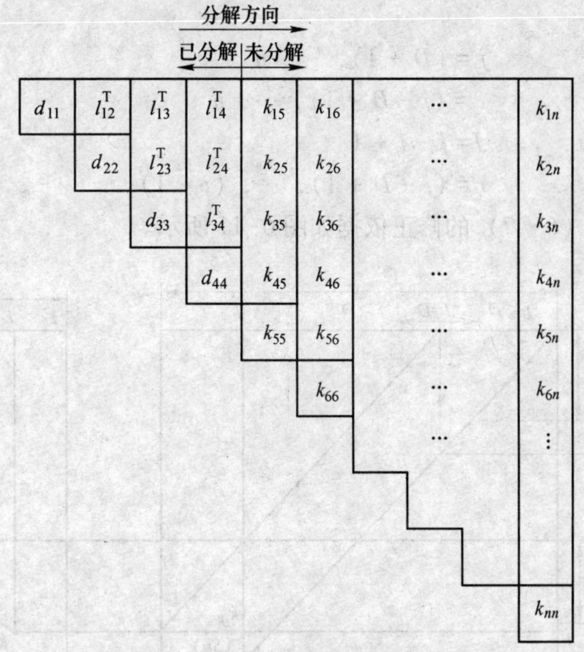

图 6-10　三角分解系数矩阵的半阵存储

6.2.3　等带宽存储矩阵的三角分解

在有限元法中系数矩阵多采用等带宽二维存储，现介绍一下等带宽存储按列三角分解的方法。

该方法的关键仍然是找出半阵存储矩阵［**K**］与等带宽存储矩阵［**K**］*中同一元素之间的对应位置关系，其对应关系是：

$$i^* = i, \quad j^* = J = j - i + 1 \tag{6-45}$$

式中的i^*，$j^* = J$是某元素在［**K**］*中的行列码，而i，j是同一元素在［**K**］中的行列码。

根据式（6-45），可以将式（6-42）~式（6-44）修改如下：

（1）当$j \leqslant D$（D为半带宽，为避免与对角线元素d混淆），公式修正为：

$$\left.\begin{aligned} S_{iJ} &= k_{iJ} - \sum_{r=1}^{i-1} l_{r,\ (i-r+1)}^T d_{r1} l_{r,\ (J+i-r)}^T \quad (i \leqslant j) \\ l_{ij}^T &= S_{iJ}/d_{i1} \quad (i \neq j) \end{aligned}\right\} \tag{6-46}$$

循环码修正为：

$$j=1,\ 2,\ \cdots,\ D$$
$$i=1,\ 2,\ \cdots,\ j$$
$$J=j-i+1$$
$$r=1,\ 2,\ \cdots,\ (i-1)$$

（2）当 $j>D$ 时，公式修正为：

$$\left.\begin{aligned} S_{iJ} &= k_{ij} - \sum_{r=(J-D+1)}^{i-1} l_{r,\ (i-r+1)}^{T}\, d_{r1}\, l_{r,\ (J+i-r)}^{T} \quad (i \leqslant j) \\ l_{iJ} &= S_{ij}/d_{r1} \quad (i \neq j) \end{aligned}\right\} \tag{6-47}$$

循环码修正为：

$$j=(D+1),\ \cdots,\ n$$
$$i=(j-D+1),\ \cdots,\ n$$
$$J=j-i+1$$
$$r=(j-D+1),\ \cdots,\ (i-1)$$

式（6-46）、式（6-47）的修正依据如图 6-11 所示。

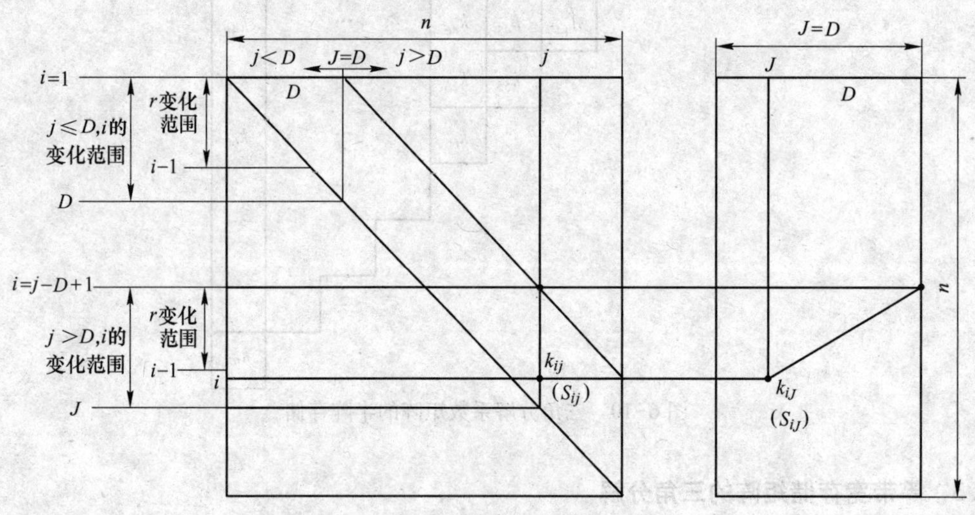

图 6-11 三角分解的等带宽存储

注：式（6-46）、式（6-47）中的 S_{iJ} 即是 d_{i1}。

6.2.4 高斯消元法与式角分解法的比较

高斯消元法与三角分解法在本质上没有什么区别，因为它们都是用的高斯消元法原理。只不过从形式上看高斯消元法有两个明显的过程——消元和回代；而三角分解法没有。但三角分解过程实质上就是消元过程。尽管如此，在上机执行时对相同的系数矩阵，三角分解法消耗的机时要比高斯消元法少，这是由于采用三角分解法时，矩阵中的每个元素都是一次完成分解过程；而用高斯消元法时，一个元素要变动好多次。这样高斯消元法在消元过程中取送元素花费的机时比三角分解法多得多。从这个意义上讲，三角分解法比高斯消元法优越，所以许多大型有限元程序都选用这种方法。

6.3 波 前 法

当用有限元法分析大型结构或复杂结构时，划分的单元很多，从而结点数很多，所得到的求解方程组阶数很高，求解方程组的系数矩阵往往不能全部进人计算机内存。针对这一情况，人们想出了两种方法：一种是分块消元法，另一种是波前法。在本节中将介绍波前法。

6.3.1 波前法的思路

6.3.1.1 高斯消元法的再分析

如图 6-12 所示为一平面问题，现以该题为例对高斯消元法进行再分析。

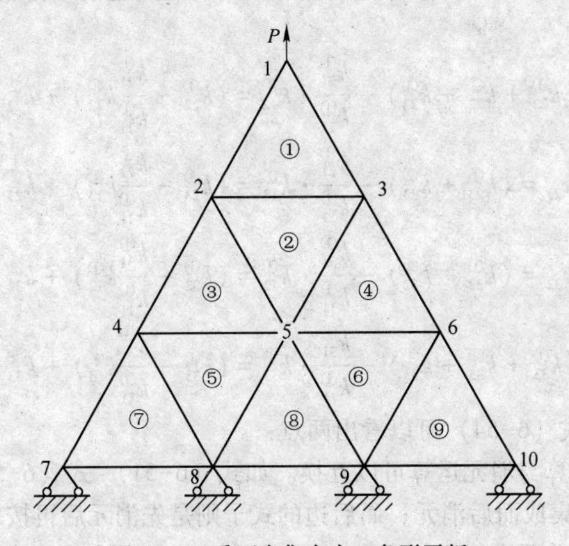

图 6-12 受面内集中力三角形平板

为了简要明了的说明消元过程，下面以结点为未知数（不以结点位移为未知数）建立整体刚度矩阵。

$$\begin{bmatrix} k_{11}^{\textcircled{1}} & k_{12}^{\textcircled{1}} & k_{13}^{\textcircled{1}} & & & \\ k_{21}^{\textcircled{1}} & k_{22}^{\textcircled{1}}+k_{22}^{\textcircled{2}}+k_{22}^{\textcircled{3}} & k_{23}^{\textcircled{1}}+k_{23}^{\textcircled{2}} & k_{24}^{\textcircled{3}} & k_{25}^{\textcircled{2}}+k_{25}^{\textcircled{3}} & \\ k_{31}^{\textcircled{1}} & k_{32}^{\textcircled{1}}+k_{32}^{\textcircled{2}} & k_{33}^{\textcircled{1}}+k_{33}^{\textcircled{2}}+k_{33}^{\textcircled{4}} & & k_{35}^{\textcircled{2}}+k_{35}^{\textcircled{4}} & k_{36}^{\textcircled{4}} \\ & k_{42}^{\textcircled{3}} & & k_{44}^{\textcircled{3}}+k_{44}^{\textcircled{5}}+k_{44}^{\textcircled{7}} & k_{35}^{\textcircled{2}}+k_{35}^{\textcircled{5}} & \\ & k_{52}^{\textcircled{2}}+k_{52}^{\textcircled{3}} & k_{53}^{\textcircled{2}}+k_{53}^{\textcircled{4}} & k_{54}^{\textcircled{3}}+k_{54}^{\textcircled{5}} & \begin{matrix} k_{55}^{\textcircled{2}}+k_{54}^{\textcircled{3}}+k_{54}^{\textcircled{4}}+ \\ k_{54}^{\textcircled{5}}+k_{54}^{\textcircled{6}}+k_{54}^{\textcircled{8}} \end{matrix} & k_{56}^{\textcircled{4}}+k_{56}^{\textcircled{6}} \\ & & k_{63}^{\textcircled{4}} & & k_{65}^{\textcircled{4}}+k_{65}^{\textcircled{6}} & k_{66}^{\textcircled{4}}+k_{66}^{\textcircled{6}}+k_{66}^{\textcircled{9}} \end{bmatrix} \tag{6-48}$$

式（6-48）中，K_{ij}^{e}上、下角标含义如下：上标代表单元号，下标 i 代表结点力号，j 代表结点位移号。因为 7、8、9、10 结点的位移均为 0，所以将这 4 个结点位移对应的刚度系数全部消掉，在式（6-48）中就不再示出了。K_{ij}虽然表示j结点的两个位移（u_j，v_j）对i结点两个结点力（U_i，V_i）的影响系数，但在说明消元法过程时，并不失一般性，且能使说明简单明确。

下面分析式（6-48）的消元过程。

A　第一轮消元

由式（6-5）：

$$k_{2j}^{(1)}=k_{2j}^{(0)}-\frac{k_{21}^{(0)}}{k_{11}^{(0)}}k_{1j}^{(0)} \tag{6-49}$$

$$k_{3j}^{(1)}=k_{3j}^{(0)}-\frac{k_{31}^{(0)}}{k_{11}^{(0)}}k_{1j}^{(0)} \tag{6-50}$$

将式（6-49）、式（6-50）具体化（略去式中右上角的消元轮次码），由式（6-49）、式（6-48）有：

$$k_{22}=(k_{22}^{①}+k_{22}^{②}+k_{22}^{③})-\frac{k_{21}^{①}}{k_{11}^{①}}\cdot k_{12}^{①}=(k_{22}^{①}-\frac{k_{21}^{①}}{k_{11}^{①}}k_{12}^{①})+k_{22}^{②}+k_{22}^{③} \tag{6-51}$$

$$k_{23}=(k_{23}^{①}+k_{23}^{②})-\frac{k_{21}^{①}}{k_{11}^{①}}\cdot k_{13}^{①}=(k_{23}^{①}-\frac{k_{21}^{①}}{k_{11}^{①}}k_{13}^{①})+k_{23}^{②} \tag{6-52}$$

$$k_{32}=(k_{32}^{①}+k_{32}^{②})-\frac{k_{31}^{①}}{k_{11}^{①}}\cdot k_{12}^{①}=(k_{32}^{①}-\frac{k_{31}^{①}}{k_{11}^{①}}k_{12}^{①})+k_{32}^{②} \tag{6-53}$$

$$k_{33}=(k_{33}^{①}+k_{33}^{②}+k_{33}^{④})-\frac{k_{31}^{①}}{k_{11}^{①}}\cdot k_{13}^{①}=(k_{33}^{①}-\frac{k_{31}^{①}}{k_{11}^{①}}k_{13}^{①})+k_{33}^{②}+k_{33}^{④} \tag{6-54}$$

由式（6-51）~式（6-54）可以看出两点：

（1）刚度集成运算与消元运算可以互换。如式（6-51）~式（6-54）两个等号中间的式子是先按单元刚度集成而后消元；而后边的式子则是先消元后再按单元刚度集成。

（2）消元可以按单元进行。如式（6-51）~式（6-54）右边式中第一项括号所包含的均是第①个单元的刚度系数，只要一个单元的刚度系数计算后，就可以进行消元运算。

B　第二轮以后各次消元

由式（6-48）可见，第二轮消元以第二行为轴行，需②，③单元的单元刚度矩阵都集成后才能进行。具体方法与第一轮相同。

以后各轮消元都与第二轮相似，这里就不重复。通过各轮消元运算可以得到以下结论：

（1）只有刚度集成完了的行才能做轴行。从数学角度讲，轴行的元素不仅参与加减运算，而且还参与乘除运算。参与乘除运算的元素要求必须是集成完的最终值，因为，随消元过程元素发生变化后，计算出的相应值与原值是不同的。从力学角度讲，集成后的行表示该行所对应的结点力处于平衡状态（因求解方程为力平衡方程式）。此时，影响该结点力的各位移间的关系才是确定的，从而才可能将该点的位移表示成其相邻各结点位移的确定关系式，才可以进一步将这一确定的关系式代入以下各行中消去该结点的位移，达到消元的目的。

（2）只要刚度集成后的行就能做轴行，消元过程不必再按行号依次进行，即消元也可按单元进行，而不一定按结点顺序进行。

(3) 轴行的元素在本轮次消元完了以后，就不再参与以后各轮的消元运算，可以将其放入外存（计算机容量大不放外存亦可）。这样，内存中只存放集成轴行元素所涉及的单元的刚度矩阵即可。如果消元路径选择的好，使轴行元素涉及的单元数目尽可能的少，则存放刚度系数所占用的内存将是很小的，这就是波前法的最大优越性。

6.3.1.2 波前法思路

根据上面的分析，可将波前法解题思路叙述如下：

当将一实际问题抽象成有限元模型（即划分单元、给出单元号、结点号并选取坐标）以后。首先要选取一个计算的起点（结点）——波源点，确定一个消元的路径；然后沿这个路径（顺序）依次调入单元，先将所选第一个单元（不一定是第①个单元）的刚度矩阵放入内存，选取轴行进行消元运算，消元完了将其轴行元素调至外存；接着再调入下一个单元的刚度矩阵与第一次消元完了的元素进行集成，而后再选轴行进行消元。这样依次继续下去，直到最后一个单元最后一次消元完了再回代，求出各结点的位移。

6.3.2 波前法的步骤

现以图 6-12 为例介绍波前法的步骤。

6.3.2.1 选择波源点

波源点是波前法计算的起点，它的条件是：能建立起消元轴行的点。这样的点通常是结构的角点，如图 6-12 所示内的 1 结点。波源点的特点是：位于边界上，只与一个单元相连，且该结点的外荷载已知。

6.3.2.2 选择消元路径

消元路径是安排消元行的次序。因为每一行是该行所对应结点的结点力的平衡方程，所以，消元路径实质是安排结点的次序。

消元路径的选择方法如下：

由波源点出发，先选与波源点共单元的点，依次向下再选与这些点共单元的点，逐渐向远方扩展，像波传播一样，这也是波前法名称的由来。对于图 6-12，路径可选 1、2、3、4、5、6 结点，单元的顺序可选①、②、③、④、⑤、⑦、⑥、⑧、⑨。

6.3.2.3 消元运算

消元运算的步骤是：计算波源点所在单元的刚度矩阵和该单元各结点的结点荷载列阵，选取轴行并进行消元运算，然后再将消元行元素调到外存，以后则按路径重复上述过程。

针对图 6-12 的具体做法是：

(1) 计算①单元的刚度矩阵。如图 6-13(a) 所示为该刚度矩阵。由于矩阵具有对称性，可以只存上三角形。该三角形称为波前三角形，其中的未知量称为波前，波前的数目称为波前数。图 6-13(a) 中，波前为 u_1，v_1，u_2，v_2，u_3，v_3，波前数 $W=6$。

(2) 计算①单元结点荷载列阵，具体计算方法在前面各章已经介绍，这里不再重复。

(3) 选择轴行。选择集成完毕的行作为轴行。本例中可选第一行，也可选第二行，为了运算方便本例选了第一行，如图 6-13(b) 所示。在波前法中，集成完毕的行所对应的未知量称为不活动变量，未集成完毕的行对应的未知量称为活动变量。在图 6-13(b) 中，u_1，v_1 是不活动变量（也称为主元），而 u_1，v_1，u_2，v_2，u_3，v_3 是活动变量。

(4) 进行消元运算。消元运算可用半阵存储的消元法程序去做，对于第①个单元的具体过程如图 6-13(b) 所示。

下面是重复上述消元运算过程，即：按路径规定的次序依次计算单元②、③、④、⑤、⑥、⑦、⑧、⑨的单元刚度矩阵，并依次送入内存中进行集成；然后选轴行进行消元运算，并将轴行元素送到外存。它们的计算过程见图 6-13(c)～图 6-13(g)。

波前	未知数		k						P	
1	u_1		×	×	×	×	×	×	×	
2	v_1			×	×	×	×	×	×	
3	u_2				×	×	×	×	×	
4	v_2					×	×	×	×	
5	u_3						×	×	×	
6	v_3	波前三角形						×	×	波前数 $W=6$

(a)

波前	未知数									
			*	*	*	*	*	*	*	— 第1次消元轴行
1	u_1			*	*	*	*	*	*	— 第2次消元轴行
2	v_1				×	×	×	×	×	* 轴行元素
3	u_2					×	×	×	×	× 消元行元素
4	v_2						×	×	×	u_1 集成完毕的未知量
5	u_3	$A_1=1$，$I_1=1$，$W_1=6$						×	×	即不活动变量（主元）
6	v_3	$A_2=2$，$I_2=1$，$W_2=5$								u_2 为集成完毕的未知量 即活动变量

(b)

波前	未知数											
			*	*	*	*	*	*	*	*	*	— 第3次消元轴行
3	u_2			*	*	*	*	*	*	*	*	— 第4次消元轴行
4	v_2				×	×	×	×		×	×	
5	u_3					×					×	
6	v_3						×				×	
7	u_4							×	×	×	×	
8	v_4								×	×	×	
9	u_5	$A_3=3$，$I_3=1$，$W_3=8$								×	×	
10	v_5	$A_4=4$，$I_4=1$，$W_4=7$										

(c)

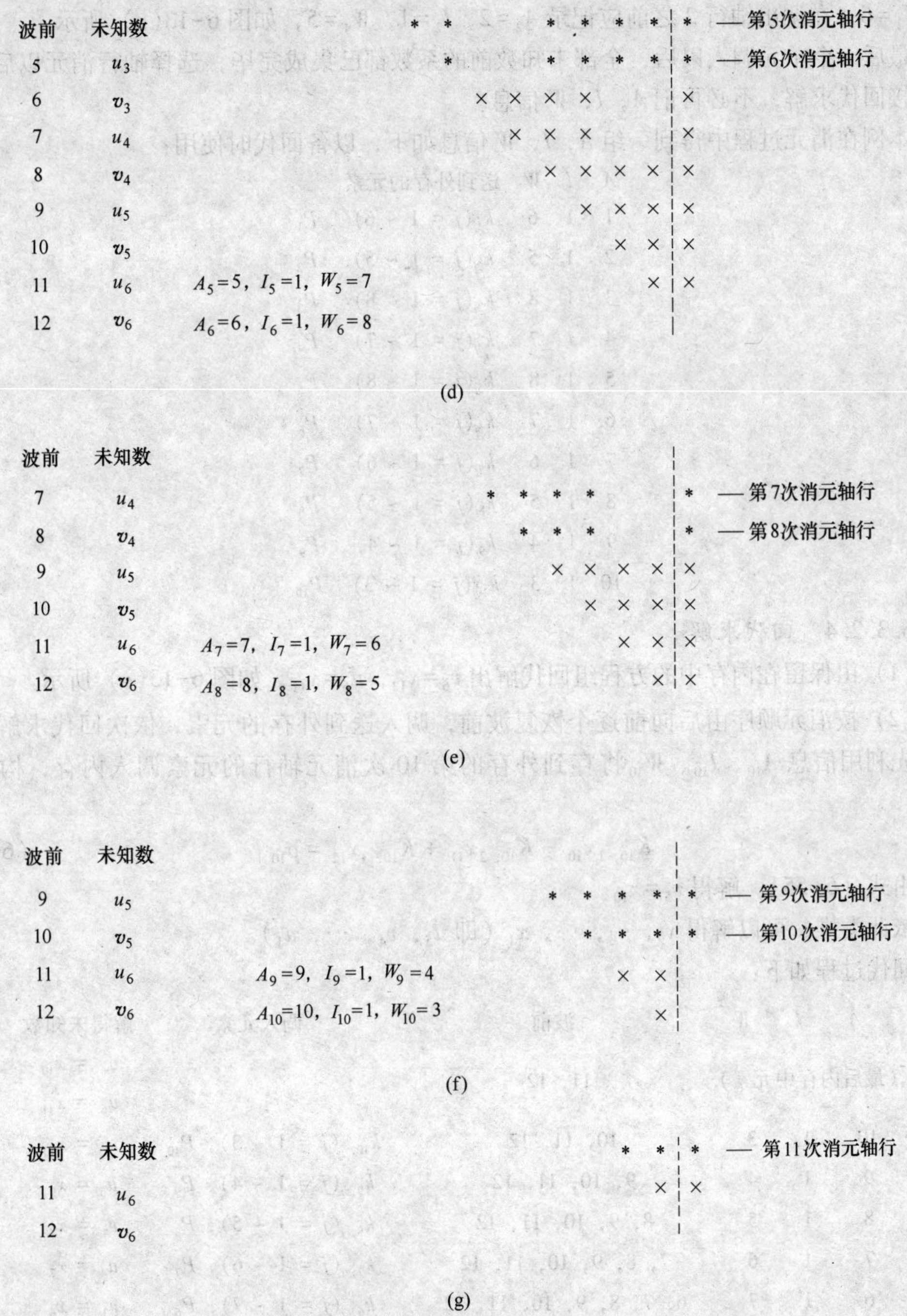

波前	未知数		元素	
			* * * * * * ┆ *	—— 第5次消元轴行
5	u_3		* * * * * ┆ *	—— 第6次消元轴行
6	v_3		× × × × ┆ ×	
7	u_4		× × × ┆ ×	
8	v_4		× × × × ┆ ×	
9	u_5		× × × ┆ ×	
10	v_5		× × ┆ ×	
11	u_6	$A_5=5$，$I_5=1$，$W_5=7$	× ┆ ×	
12	v_6	$A_6=6$，$I_6=1$，$W_6=8$	┆	

(d)

波前	未知数		元素	
7	u_4		* * * * ┆ *	—— 第7次消元轴行
8	v_4		* * * ┆ *	—— 第8次消元轴行
9	u_5		× × × × ┆ ×	
10	v_5		× × × ┆ ×	
11	u_6	$A_7=7$，$I_7=1$，$W_7=6$	× × ┆ ×	
12	v_6	$A_8=8$，$I_8=1$，$W_8=5$	× ┆ ×	

(e)

波前	未知数		元素	
9	u_5		* * * * ┆ *	—— 第9次消元轴行
10	v_5		* * * ┆ *	—— 第10次消元轴行
11	u_6	$A_9=9$，$I_9=1$，$W_9=4$	× × ┆	
12	v_6	$A_{10}=10$，$I_{10}=1$，$W_{10}=3$	× ┆	

(f)

波前	未知数	元素	
		* * ┆ *	—— 第11次消元轴行
11	u_6	× ┆ ×	
12	v_6	┆	

(g)

图 6-13 波前法消元过程图

（a）波前三角形（①单元）；（b）调入①单元；（c）调入②、③单元；（d）调入④单元；（e）调入⑤、⑦单元；（f）调入⑥，⑧单元；（g）调入⑨单元

调到外存的轴行元素实际是该方程式未知数前的系数与自由项，在回代时还要用。因此，在把轴行元素送到外存之前必须记住该主元号 A、该主元在参与本次消元过程的各波前中的位置 I 和参与本次消元的波前总数 W。例如，在调出轴行 1 之前应记录 $A_1=1$，$I_1=$

I，$W_1=6$，在调出轴行 2 之前应记录 $A_2=2$，$I_2=1$，$W_1=5$，如图 6-13(b) 所示。

最后一个单元调入以后，全部未知数前的系数都已集成完毕，选择轴行消元以后，可以直接回代求解，不必再记 A，I，W 信息。

本例在消元过程中得到一组 A，I，W 信息如下，以备回代时使用：

A	I	W	送到外存的元素	
1	1	6	$k_{1j}(j=1\sim6)$	P_1
2	1	5	$k_{2j}(j=1\sim5)$	P_2
3	1	8	$k_{3j}(j=1\sim8)$	P_3
4	1	7	$k_{4j}(j=1\sim7)$	P_4
5	1	8	$k_{5j}(j=1\sim8)$	P_5
6	1	7	$k_{6j}(j=1\sim7)$	P_6
7	1	6	$k_{7j}(j=1\sim6)$	P_7
8	1	5	$k_{8j}(j=1\sim5)$	P_8
9	1	4	$k_{9j}(j=1\sim4)$	P_9
10	1	3	$k_{10j}(j=1\sim3)$	P_{10}

6.3.2.4　回代求解

（1）由保留在内存中的方程组回代解出 $v_6=x_{12}$，$u_6=x_{11}$，如图 6-13(g) 所示。

（2）按消元顺序由后向前逐个恢复波前，调入送到外存的元素，依次回代求解。例如，先利用信息 A_{10}、I_{10}、W_{10} 将存到外存的第 10 次消元轴行的元素调入内存，构成方程式：

$$K_{10,\,1}x_{10}-K_{10,\,2}x_{11}+K_{10,\,3}x_{12}=p_{10} \tag{6-55}$$

由式（6-55），解得 $v_5=x_{10}$。

依此类推，可以解得 x_9，x_8，…，x_1（即 u_5，v_4，…，u_1）。

回代过程如下：

A	I	W	波前	调入元素	解得未知数
（最后内存中元素）			11，12		$u_6=x_{10}$ $u_6=x_{11}$
10	1	3	10，11，12	$k_{10,\,j}(j=1\sim3)$，P_{10}	$v_5=x_{10}$
9	1	4	9，10，11，12	$k_{9,\,j}(j=1\sim4)$，P_9	$u_5=x_9$
8	1	5	8，9，10，11，12	$k_{8,\,j}(j=1\sim5)$，P_8	$v_4=x_8$
7	1	6	7，8，9，10，11，12	$k_{7,\,j}(j=1\sim6)$，P_7	$u_4=x_7$
6	1	7	6，7，8，9，10，11，12	$k_{6,\,j}(j=1\sim7)$，P_6	$v_3=x_6$
5	1	8	5，6，7，8，9，10，11，12	$k_{5,\,j}(j=1\sim8)$，P_5	$u_3=x_5$
4	1	7	4，5，6，7，8，9，10	$k_{4,\,j}(j=1\sim7)$，P_4	$v_2=x_4$
3	1	8	3，4，5，6，7，8，9，10	$k_{3,\,j}(j=1\sim8)$，P_3	$u_2=x_3$
2	1	5	2，3，4，5，6	$k_{2,\,j}(j=1\sim5)$，P_2	$v_1=x_2$
1	1	6	1，2，3，4，5，6	$k_{1,\,j}(j=1\sim6)$，P_1	$u_1=x_1$

由上述解题过程可见，保留在内存中的波前区（包括波前三角形与自由项）的大小与

结点码编排顺序无关，而与单元调入的顺序有关。因此，不存在结点编号优化问题。

另外，为了确定主元变量，还应事先记下每个结点的相关单元数，这只需事先扫描一遍即可。

6.4 习　题

6-1　编写三角分解法的计算程序。

6-2　编写波前法的计算程序。

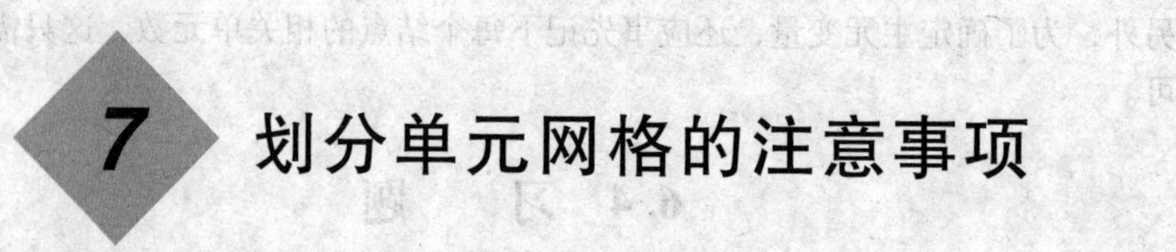

7 划分单元网格的注意事项

结构的离散化，即单元网格的划分，是进行结构计算之前首要考虑的问题，划分单元数目的多少以及疏密分布将直接影响到计算的工作量和计算精度。单元的划分没有统一的模式和要求，通常与岩土的形状、性质、结构、荷载位置及大小、应力集中部位或重点部位、施工过程及模型、计算精度和计算工具的能力等因素有关。一般情况下，随着划分单元数目的增加和计算精度的提高，计算工作量和计算时间随之增大。因此在划分单元网格时，不仅要参考单元数目的多少，而且要考虑单元划分的合理性。

7.1 单元划分遵循的原则

7.1.1 合理安排单元网格的疏密分布

在划分单元网格时，对于结构的不同部位网格疏密应有所不同。在边界比较曲折的部位，网格可以密一些，即单元要小一些，在边界比较平滑的部位，网格可疏一些，即单元可以大一些；在可能出现应力集中的部位和位移变化较大的部位，网格应密一些，对于应力的位移变化相对较小的部位，网格可以疏一些。使得能在保证计算精度的前提下，减少单元划分的数目。还应注意相邻单元网格反差不宜过大，从大到小应具有过渡性。例如，对于应力和位移状态需要了解的比较详细的重要部位，如图 7-1(a) 所示的齿轮的轮齿受有集中力处；对于应力和位移变化得比较剧烈的部位，如图 7-1(b) 所示的具有凹槽或裂缝的结构。在这些重要的部位，易发生应力集中，应力、位移变化剧烈。因此，这些部位单元必须划分得小一些。而对于次要的部位，以及应力和位移变化的比较平缓的部位，单元可以划得大一些。

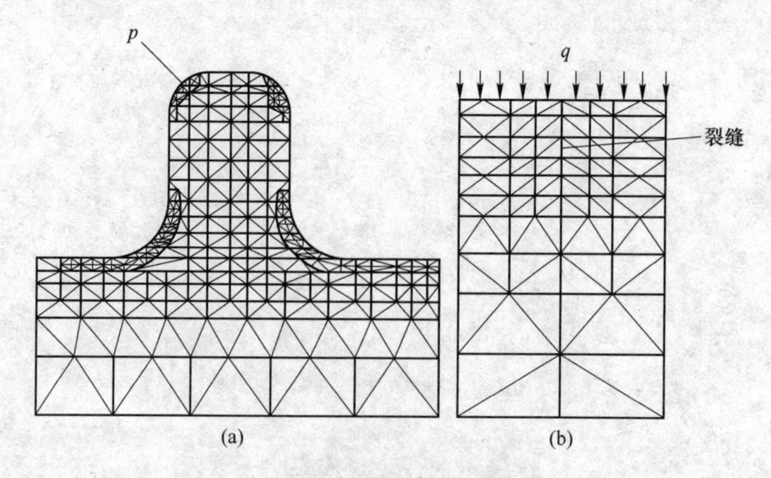

图 7-1 单元网格疏密变化图

（a）齿轮的轮齿；（b）有裂缝的结构

7.1.2 为突出重要部位的单元二次划分

为突出重要部位及满足计算精度要求，可采用分两次计算划分单元。第一次计算时，可把凹槽附近的网格划分得比别处略为密一些，以便大致反映裂缝对应力分布的影响，其目的还是算出次要部位（*ABCD* 区以外的部分）的应力及位移，如图 7-2(a) 所示。在前一次计算的基础上，将所得的 *ABCD* 一线上各点的位移作为已知量输入，进行第二次计算。这时，以 *ABCD* 区域为计算对象，如图 7-2(b) 所示，可以把凹槽附近的局部应力算得充分准确。

在结构受力复杂，应力和位移状态不易预估时，可以先用比较均匀的单元网格进行第一次预算，然后根据预算结果，对需要详细了解的重要部位，在重新划分单元，进行第二次有目标的计算。

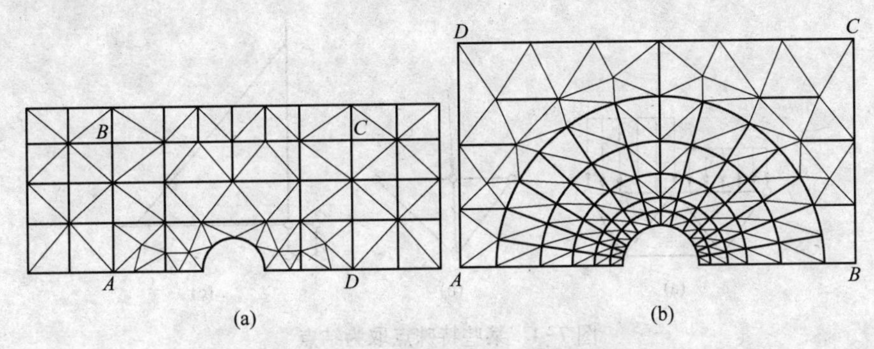

图 7-2 具有凹槽的结构

（a）第一次单元划分；（b）第二次单元划分

7.1.3 划分单元的个数

划分单元的个数，视计算要求的精度和计算机的容量而定。根据误差分析，应力误差与单元大小成正比，位移误差与单元尺寸的平方成正比，单元分的越多，块越小，精度越高，但需要的计算机容量也就越大，因此需要根据实际情况而定。

7.1.4 单元形状的合理性

在离散化过程中，单元应尽量规则。对于三角形单元以等边三角形为最好，应尽量避免出现大钝角（一般>120°）或小锐角（一般>15°）。锐角越小则误差越大，一般误差与锐角余弦成正比或与其正弦成反比。对于矩形单元，以正方形单元最为理想，相反，越是长条形的单元其误差越大。计算误差的大小除与单元形状有关外，还与相邻单元之间单元大小的相互关系有关。相邻单元间面积越接近则误差越小，相反面积相差越悬殊则误差越大。因而对如图 7-3 所示的严重畸变单元均应尽量避免使用。

7.1.5 不同材料界面处及荷载突变点、支撑点的单元划分

当计算对象由两种或两种以上材料构成时，应以材料性质发生变化的不同材料界面作为单元的边界，即勿使这种界面处于同一单元内部。在离散化过程中应将某些特殊点，如集中荷载作用点、载荷突变点、支撑点等取为单元的结点（见图 7-4）。

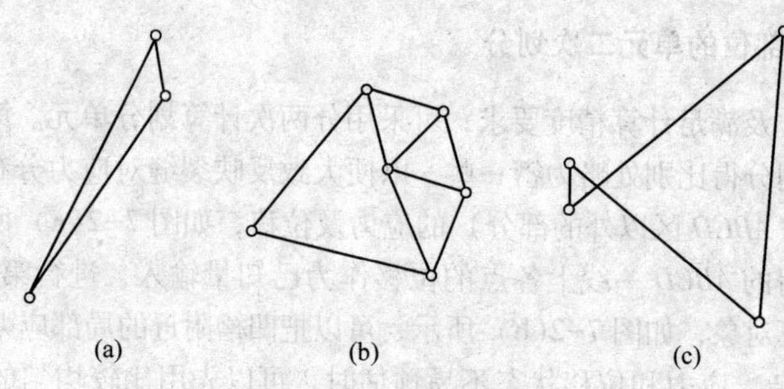

图 7-3　严重畸变单

（a）长短边比过大；（b）单元边不连续；（c）单元边自交

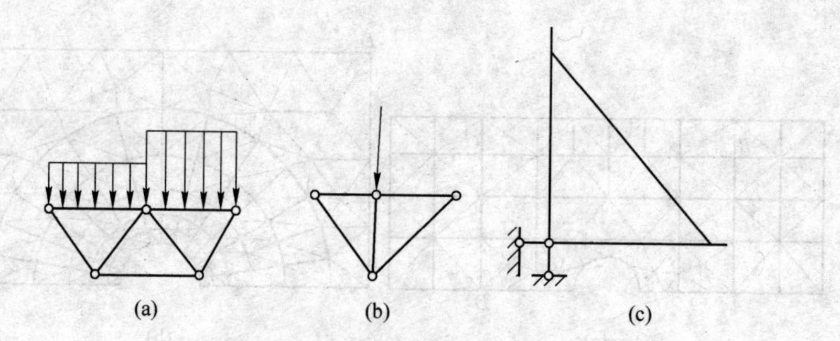

图 7-4　某些特殊点取为结点

（a）荷载突变点；（b）集中荷载点；（c）支撑点

7.1.6　曲线边界的处理

曲线边界的处理，应尽可能减小几何误差（见图 7-5）。

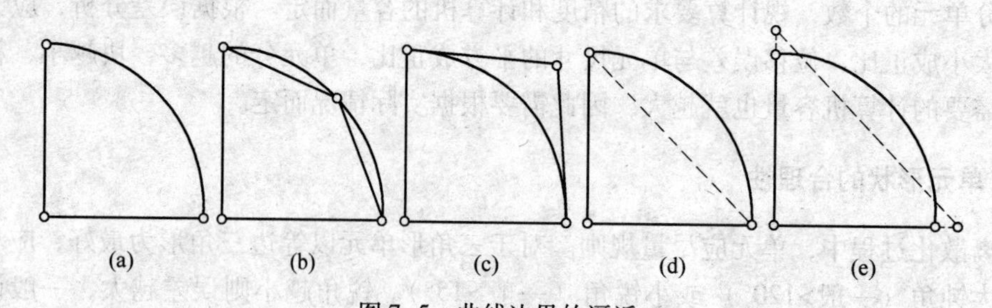

图 7-5　曲线边界的逼近

（a）原始曲线；（b）内切处理；（c）外切处理；（d）直接处理；（e）面积相等处理

7.1.7　充分利用结构及载荷的对称性，以减少计算量

所谓结构的对称性，是指结构的几何形状、支撑条件和材料性质都对某轴对称。也就是说，当结构绕对称对折时，左右两部分完全重合。这种结构称为对称结构。结构的对称，是对称性利用的前提。利用对称性时，有时还要用到载荷的正对称和反对称概念。所谓正对称载荷，是指将结构绕对称轴对折后，左右两部分的载荷作用点相重合，方向相同，载荷数值相等。所谓反对称载荷，是指将结构绕对称轴对折后，左右两部分的载荷作

用点相重合，方向相反，载荷数值相等。为了利用结构的对称性，在单元的划分上也应是对称的。根据载荷情况的不同，下面分两种情况进行讨论。

7.1.7.1　正对称性荷载的对称性利用

如图7-6(a) 所示是一方形薄板，两端作用有集中力 P，结构和载荷对 x 轴和 y 轴都是对称的，具有两个对称轴。根据对称性，我们可取结构的1/4进行分析，网格划分如图7-6(b) 所示。由于对称，结构的位移应是对称的，所以，在 x 轴上的结点在 y 方向上的位移应为零；同样，y 轴上的结点在 x 方向上的位移也应为零。因此，在结点位移为零的方向上可设为支撑，如图7-6(b) 所示。利用上述对称性的简化，几乎可节省3/4的计算工作量。

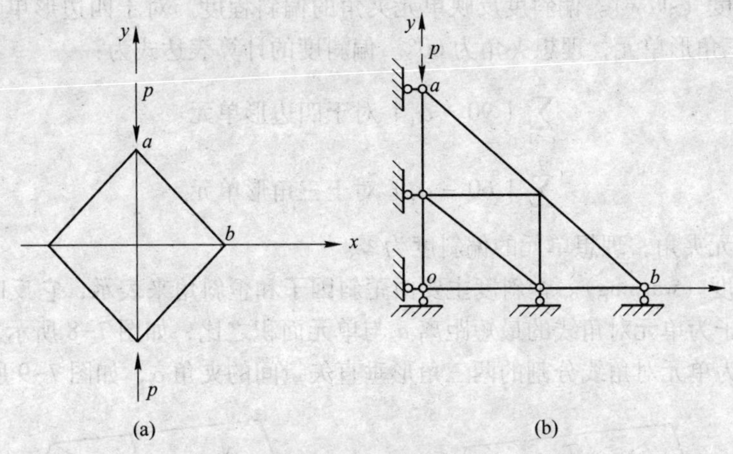

图7-6　方形薄板正对称荷载的对称性利用

(a) 正对称载荷方形薄板；(b) 单元划分

7.1.7.2　反对称性荷载的对称性利用

如图7-7(a) 所示是一个对 y 轴对称的薄板结构，荷载 P 对 y 轴反对称。可取结构的一半进行计算，网格划分如图7-7(b) 所示。由于反对称荷载，结构的位移应是反对称的。因此，对称轴上的结点将没有沿着该轴方向上的位移，即 y 轴上各结点在 y 方向上的位移为零。据此，在结点位移为零的方向上，可设为链杆支撑。在原固定边的地方，改设为结点铰支撑，如图7-7(b) 所示。经过这样的简化，可节省近一半的计算工作量。

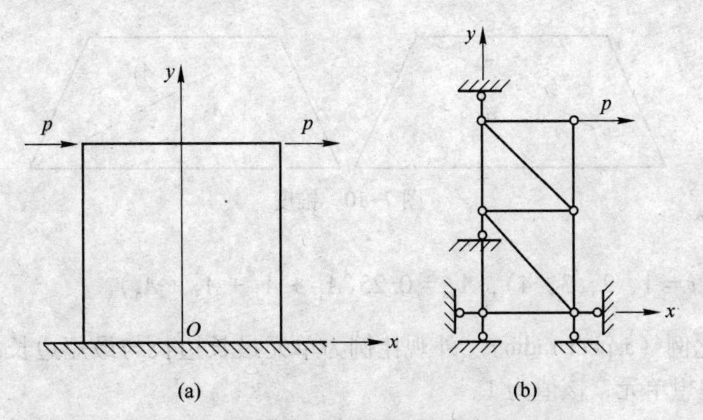

图7-7　对称薄板结构反对称性荷载的对称性利用

(a) 反对称性载荷结构；(b) 单元划分

对于对称结构，即使荷载是任意的，通常还是先把荷载分解成对称的和反对称的两组分别进行计算，然后将两组计算结果进行叠加，获得原荷载的结果。经验证明，尽管这样计算要进行两次，带来一些麻烦，但对单元划分较多的结构，仍可节省不少机时。

7.2 单元划分质量

有限元计算模型的网格化是整个有限元分析过程中最重要，也是难度最大的环节。单元划分的合理性直接影响计算误差和计算耗时，必须控制好以下单元质量指标。

（1）偏斜度（skew）。偏斜度反映单元夹角的偏斜程度，对于四边形单元，理想夹角为90°，对于三角形单元，理想夹角为60°。偏斜度的计算表达式为：

$$\sum_{i=1}^{4} | 90 - \alpha_1 | \text{ 对于四边形单元}$$

$$\sum_{i=1}^{3} | 60 - \alpha_1 | \text{ 对于三角形单元}$$

式中，α_1 为单元夹角，理想单元的偏斜度为零。

（2）歪斜度（warping）。歪斜度主要由歪斜因子和歪斜角来表示，它反映单元的扭曲程度。歪斜因子为单元对角线的最短距离 d 与单元面积之比，如图 7-8 所示。

歪斜角度为单元对角线分割的两三角形垂直矢量间的夹角 α，如图 7-9 所示。

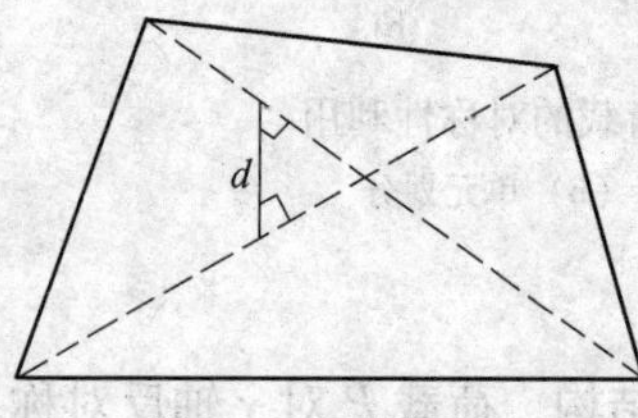

图 7-8　歪斜因子

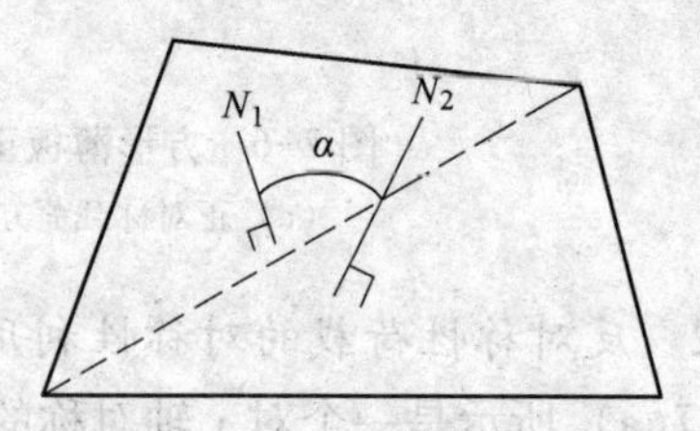

图 7-9　歪斜角度

理想单元的歪斜因子和歪斜角度为零。

（3）锥度（taper）。锥度反映单元由二对角线形成的四个三角形面积的差异程度，如图 7-10 所示。

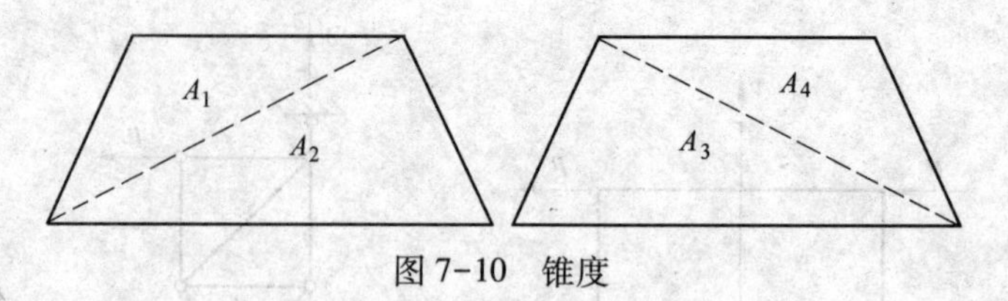

图 7-10　锥度

$$\text{锥度} = \frac{A_i}{A_\alpha}(i = 1, 2, 3, 4), A_\alpha = 0.25(A_1 + A_2 + A_3 + A_4)。$$

（4）外观比例（aspect radio）。外观比例为单元最长边长与最短边长之比，它反映边界差异。对于理想单元，该值为1。

（5）失真值（distortion）。失真值是反映单元质量的一个非常重要的参数，为了得到最高有限元的精度，现通常采用等参数单元。利用数学上的坐标变换，使位移函数采用一种新的局部坐标的形式，并且用同一结点的位移分量和坐标值进行函数插值来表示单元任一点的位移和几何坐标，对实际的位移模式和坐标变换采用等同的形函数。失真值反映目标单元（母单元）与实际单元的偏差程度。实际单元与母单元的坐标系示意图如图 7-11 所示。

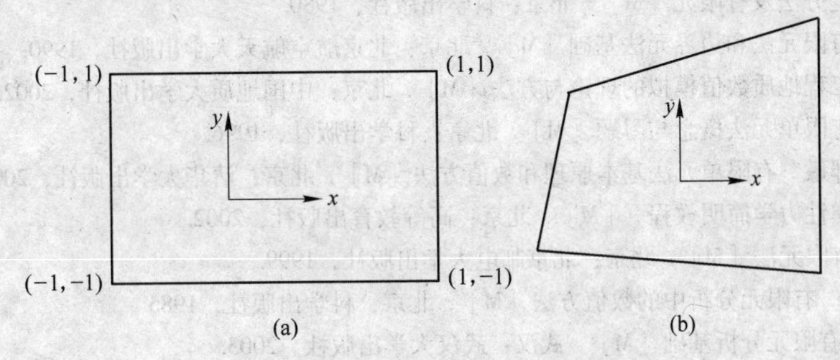

图 7-11 实际单元与母单元坐标

（a）母单元；（b）实际单元

对于三维实体单元：$dxdydz = |J|\ d\varepsilon d\eta d\xi$。

式中，$|J|$ 为雅可比（jacobian）行列式；$dxdydz$ 为母单元微体体积；$d\varepsilon d\eta d\xi$ 为实际单元微体体积，单元失真值为：

$$\frac{|J| \times \text{实际单元微体体积（或面积）}}{\text{单元微体体积（或面积）}}$$

对于二维单元，母单元面积 2×2=4；对于三维单元，母单元体积 2×2×2=8。

（6）拉伸值（stretch value）。拉伸值也是反映单元失真程度的参数。对于二维三角形单元：拉伸值=$\sqrt{12}R/L_{max}$。R 为单元最大内接圆半径，L_{max} 为单元最大边长。对于四边形单元：拉伸值=$\sqrt{2}L_{min}/L_{max}$。L_{min}、L_{max} 分别为单元的最小边长和最大边长。对于四面体单元：拉伸值=$\sqrt{24}R/L_{max}$。L_{max} 为单元最大边长，R 为内接圆半径在通常分析计算中。对于三维单元，该值应大于 0.05；对于二维单元，该值应大于 0.7。

（7）雅可比（jacobian）。在计算单元刚度矩阵时，要用到雅可比行列式的值雅可比行列式 $|J|$ 是一个多变量函数的行列式，要使 $|J| \neq 0$，必须检验许多控制点，即单元结点和积分点处的 $|J| \neq 0$。从几何意义上看，单元划分时，对于四边形单元，必须是凸四边形，即各内角都小于 180°，四边形任意两条边不能通过适当的延伸在单元上出现交点。

计算模型的离散化，最根本的一条就是尽可能降低离散误差（由于采用离散的有限元模型及假定的位移函数代替连续体而产生的误差）。而离散化过程中的网格密度、单元形态以及网格边界条件等与真实情况的逼近程度对离散误差的大小均有影响，因此在离散化过程中要综合考虑各因素，合理地进行离散化方案的选择。

参 考 文 献

[1] O. C. 监凯维奇．有限元法［英］［M］．北京：科学出版社，1985.
[2] 龙驭球．有限元法概论［M］．北京：人民教育出版社，1981.
[3] 钱伟长．变分法及有限元［M］．北京：科学出版社，1980.
[4] 饶寿期．有限元法和边界元法基础［M］．北京：北京航空航天大学出版社，1990.
[5] 唐辉明．工程地质数值模拟的理论与方法［M］．北京：中国地质大学出版社，2002.
[6] 王润富．有限单元法概念与习题［M］．北京：科学出版社，1996.
[7] 王勖成，邵敏．有限单元法基本原理和数值方法［M］．北京：清华大学出版社，2001.
[8] 徐芝纶．弹性力学简明教程．［M］．北京：高等教育出版社，2002.
[9] 李景湧．有限元法［M］．北京：北京邮电大学出版社，1999.
[10] K. J. Bathe. 有限元分析中的数值方法［M］．北京：科学出版社，1985.
[11] 傅永华．有限元分析基础［M］．武汉：武汉大学出版社，2003.
[12] 康国政．大型有限元程序的原理、结构与使用［M］．成都：西南交通大学出版社，2004.
[13] 屈钧利．工程结构的有限元方法［M］．西安：西北工业大学出版社，2004.
[14] 王生洪．有限元法基础及应用［M］．长沙：国防科技出版社，1990.
[15] 王世忠．结构力学与有限元法［M］．哈尔滨：哈尔滨工业大学出版社，2003.
[16] 俞铭华．有限元法与 C 程序设计［M］．北京：科学出版社，1998.
[17] 赵阳升．有限元法及其在采矿工程中的应用［M］．北京：煤炭工业出版社，1994.
[18] 朱加铭．有限元与边界元法［M］．哈尔滨：哈尔滨工业大学出版社，2002.
[19] 吴家龙．弹性力学［M］．上海：同济大学出版社，1987.
[20] P. I. Kattan. MATLAB 有限元分析与应用［M］．韩来彬，译．北京：清华大学出版社，2004.